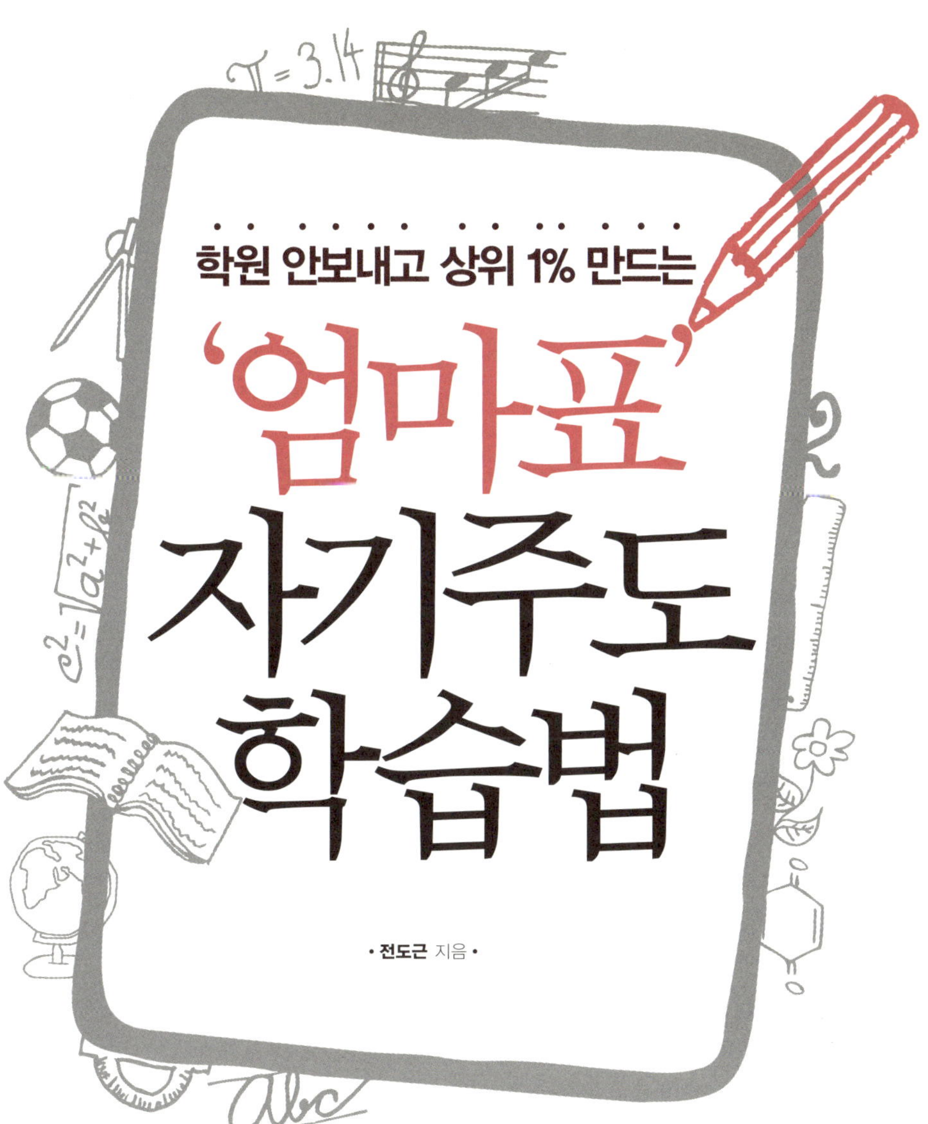

북포스

이 책을 보는 방법

- 이 책은 공부방법을 모르는 자녀, 공부를 해도 성적이 오르지 않는 자녀 때문에 고민하고 있는 부모들을 위하여 자기주도 학습을 지도하기 위한 책입니다.

- 이 책의 제I장에서는 자기주도적 학습의 개념정의를 통하여 자기주도적 학습에 대하여 정확한 이해를 높이도록 하였습니다. 제II장에서는 부모가 잘 모르는, 자녀들이 바라는 세상에 대해 설명하고 이를 통해 자녀들에 대해 부모가 진심으로 이해할 수 있도록 설명하였습니다. 제III장에서는 공부에 대한 잘못 알고 있는 오해와 진실을 파헤쳐 부모들이 공부에 대한 올바른 시각을 갖도록 하였습니다. 제IV장에서는 공부에 대한 정확한 개념을 설명하여 아이들에게 공부에 대한 올바른 지식을 전달하도록 하였습니다. 제V장에서는 부모가 자녀에게 직접 학습동기를 유발하는 지도방법을 설명하였습니다. 제VI장에서는 부모가 자녀에게 직접 기초학습능력을 높이는 지도방법을 설명하였습니다. 제VII장에서는 부모가 자녀에게 자기주도적 학습을 지원하는 학습자원 관리방법을 설명하였습니다. 제VIII장에서는 시험을 잘 보는 방법을 설명하여 자녀들이 공부한 결과가 효과적으로 나타날 수 있는 노하우를 설명하였습니다. 제IX장에서는 자기주도적 학습을 위한 공부방법을 초등학교에서 고등학교까지 설명하였습니다.

- 이 책은 아이의 올바른 자기주도적 학습습관을 길들이기 위해 먼저 아이에 대한 이해를 바탕으로 각 분야별로 전략을 제시하여 아이에게 직접 제시할 수 있도록 하였습니다.

- 이 책에 대한 문의나 자녀에 대한 학습상담은 한국자기주도적 학습코치협회(http://cafe.naver.com/forcev5)에 가시면 상담도 받을 수 있습니다.

- 저자에게 직접 상담을 원하시면 bangkok3@naver.com로 문의하시면 충실히 답변하도록 하겠습니다.

'똑똑한 엄마=똑똑한 아이', 스스로 만들어라

자기주도 학습법이 요즘 새로운 트렌드로 떠오르고 있다. 정부에서는 사교육 없는 학교의 대안으로 자기주도적 시범학교를 전국적으로 시행하고 있고, 대학입시에서도 자기주도적 학습에 따른 전형이 확대되고 있다.

지금 각 대학에서는 입학사정관제의 하나로 '자기주도적 학습' 전형을 실시해 스스로 공부하는 학생들을 선발하겠다고 발표하고 있다. 이뿐만이 아니다. 각 대학은 교과지식을 묻는 형태의 구술면접과 각종 경시대회 및 인증대회 성적 등이 과도한 사교육을 유발한다는 지적에 따라 전형요소에서 모두 배제하겠다고 선언했다. 각 대학의 이러한 입학사정관제 확대 방침에 이어 외국어고, 과학고와 일부 일반 고교에서도 자기주도적 학습전형을 도입하기로 했다. 이처럼 일부 고교에서까지 자기주도적 학습전형을 도입한다고 하자

그동안 토플과 텝스, 토익 등 영어 인증시험을 전문으로 취급하던 학원들은 충격에 빠졌고, 이로 인해 폐업이 점점 늘어나고 있다. 여기에 밤 10시 이후 심화학습을 운영하던 학원들도 주말을 이용한 편법을 쓰긴 하지만 하나 둘씩 문을 닫고 있다.

사교육 1번지라 자랑하던 대치동 학원가 역시 학원 폐업률이 점점 늘고 있다. 학원들은 이러한 시점에서 살아남기 위해 새로운 방향으로 눈을 돌리고 있다. 지금까지 교과교육 위주였던 학원들이 갑자기 업종을 바꾸어 자기주도적 학습방법으로 지도를 한다고 광고까지 하고 있는 것이다.

각종 언론기관에서도 메스컴의 위력을 내세워 앞 다투어 자기주도적 학습 캠프를 한다며 고액의 수강료로 부모들을 유혹하고 있다.

교육과학기술부나 각 시도 교육청에서는 지금 자기주도적 학습 시범학교를 지정하고 교사 연수를 진행하고 있다. '자기주도적 학습'이 사교육을 차단하고 스스로 공부하는 습관을 길들이기 위한 대안이라 여기기 때문이다. 각 학교에서도 이에 따라 너도 나도 자기주도적 학습에 열을 올리고 있다.

이처럼 자기주도적 학습이 붐을 이루고 있음에도 불구하고 학부모들은 아직도 자기주도적 학습이 무엇인지? 어떤 '자기주도적 학습'이 올바른지 판단을 함부로 내리지 못하고 있다. 이는 순수한 의미의 '자기주도적 학습'이 추구하는 방향이 다른 방향으로 흘러가고 있기 때문이다.

요즘 학생들은 실제로 '자기주도적 학습'을 한다는 명목 하에 비싼 상담료를 내거나, 또 다른 방법으로 과외를 받으며, 오히려 더 높은 학원비를 내고 있는 실정이다. 이 같은 현상은 교육당국이 어설프게 내세운 자기주도적 학습정책이 낳은 아픈 결과물이다.

가장 큰 문제는 자기주도적 학습을 표방하는 것들 중 전혀 자기주도적 학습이 아닌 것도 있고, 자칫 잘못 적용해 오히려 아이들의 내성을 키우면서 부모들의 불신만 불러일으키고 있다는 것이다.

사실, 자기주도적 학습의 뿌리는 사교육을 없애고, 아이들이 즐겁게 공부할 수 있는 세상을 만든다는 것이다. 하지만 상업적인 자기주도적 학습이 판을 치면서 오히려 순수한 의미의 자기주도적 학습마저도 효과가 없다는 의심을 받고 있는 것이 지금의 현실이다.

이 책은 자녀들에게 자기주도적 학습을 시키려고 할 때 올바른 판단을 할 수 있는 근거를 제시하고, 나아가 부모가 외부에 의존하지 않고 공부의 달인을 만드는 자기주도적 학습을 자녀에게 직접 적용할 수 있는 방법을 알려준다.

우리의 자녀들은 급변하는 세상에 적응하기 위하여 예전보다 점점 더 많은 공부를 해야 한다. 이에 따라 오늘날 학부모들은 너나 할 것 없이 자녀들에게 많은 공부를 시켜야 하는 무거운 책임을 지고 있다. 그렇다고 부모가 자녀들에게 공부를 직접 가르치기에는 한계가 있다. 따라서 이제는 자녀에게 무조건 공부를 하라고만 할 것이 아니라 공부방법을 알려주는 지혜가 필요한 때이다. 이 책이 지향하는 최종 목표가 바로 그런 것이다.

이 책은 부모들에게 조금이라도 시행착오를 덜 겪도록, 저자의 오래 동안 학생지도 경험과 공부 경험을 바탕으로 훌륭하게 자녀지도를 할 수 있도록 만들어졌다. 공부방법을 모르는 자녀, 공부를 해도 성적이 오르지 않는 자녀, 공부 때문에 갈등이 많은 자녀들을 위하여 올바른 자기주도 학습방법을 지도하기 위해 만들어졌으니 부디 학부모들에게 큰 도움이 되길 바란다.

일산의 서재에서 전도근

Ⅲ 공부에 대한 '오해'와 '진실'

왜 자기주도적
학습법이 뜨는가?

오늘날 우리 사회는 급변하고 있다. 이에 따라 우리 사회에 적응하기 위한 새로운 지식에 대한 학습이 그 어느 때보다 더 중요하게 떠오르고 있다. 예전에는 한번 배운 내용만으로 평생을 버틸 수가 있었지만 지금은 정보량이 폭증함에 따라 새로운 학습방법이 더더욱 필요하게 되었다.

미래를 이끌어 갈 인재의 조건은 창의력이다. 창의력은 현재의 주입식 교육만으로는 길러지기가 어렵다. 그래서 탄생한 것이 바로 자기주도적 학습이다. 자기주도적 학습은 변화에 발 빠르게 적응하고 자신의 가치를 높이기 위해 새로운 정보를 학습하는 최선의 학습방법이라 할 수 있다.

자기주도적 학습의 중요성이 이처럼 강조됨에 따라 여기저기에서 자기주도적 학습이란 용어를 사용하고 있다. 이는 자기주도적 학습이 과열된 입시경쟁과 주입식 교육, 엄청난 사교육비 지출로 허리가 휜 우리 교육계에 새로운 대안으로 떠오르고 있다. 하지만 어느 누구도 자기주도적 학습에 대해 정확한 정의를 쉽게 내리지 못하고 있다. 그저 단지 혼자 공부하는 것 또는 스스로 공부하는 것을 자기주도적 학습이라 생각하고 있는 것이다. 따라서 자율학습이나 복습하는 것을 자기주도적 학습이라고 표현하기도 한다. 물론 이러한 것들도 자기주도적 학습의 한 구성요소로 작용할 수는 있다. 하지만 전체를 설명하기에는 부족하다. 이들 개념은 어찌 보면 비슷한 것 같지만 상당한 차이를 가지고 있다. 문제는 자기주도적 학습에 대한 정확한 개념을 모르고 자기주도적 학습을 적용하다 보니 뚜렷한 효과가 나타나지도 않을뿐더러 기존의 학습방법과 큰 차이를 보이지 않고 있다는 점이다.

사실이 그러하다 보니 소위 무늬만 자기주도적 학습인 짝퉁 자기주도적 학습이 나오고 있고, 부모들도 정확한 개념을 모르는 채 들어서 좋은 것들만 아이들에게 자기주도적 학습이란 이름으로 적용하려 하며 오히려 아이들에게 자기주도적 학습에 대한 부정적인 의식과 공부에 대한 내성만 증가시키고 있는 실정이다.

자기주도적 학습은 처음 사교육비를 줄이고 학습능력을 높이기 위한 순기능으로 시작하였지만 자기주도적 학습시장이 과열하다 보니 오히려 역기능만 높아가고 있는 것이다. 이 때문에 일부에서는 자기주도적 학습에 대해 효과가 없다느니, 주입식 교육보다 훨씬 가치가 없는 교육으로 인정하려는 움직임도 일고 있다.

자기주도적 학습을 효과 있게 적용하기 위해서는 자기주도적 학습이 무엇이며, 왜 필요한가, 어떻게 적용하는가를 우선 알아야 한다. 왜냐하면 자기주도적 학습에 대한 개념부터 정확히 알아야 자기주도적 학습을 효과적으로 적용할 수 있기 때문이다.

자기주도적 학습(Self-Directed Learning)은 학습자 스스로 학습목표를 설정하고 학습전략과 학습자원을 결정하여 학습을 수행하고 학습결과를 스스로 평가하는 일련의 학습과정을 말한다.

자기주도적 학습,
넌 누구니?

자기주도적 학습(Self-Directed Learning)과 비슷하게 사용되고 있는 용어들을 살펴보자. 자기교육(Self-education), 자기교수(Self-Teaching), 탐구학습(Inquiry method), 자기 계획적인 학습(Self-Planned Learning), 자기학습(Self-Learning), 자습(Self-Study), 자기숙달(Self-Mastery), 자율학습(Autonomous-Learning), 개별학습(Individual Learning), 독학(Independent learning), 자력학습(Independent Learning), 개인학습(Individual study) 등이 그것들이다. 이러한 여러 용어 중 가장 일관되게 쓰는 용어는 자기주도적 학습(Self-directed learning) 이다.

자기주도적 학습이란 단어는 소크라테스와 플라톤 시대부터 개인 학습자가 자주적으로 행하는 학습활동으로 오래전부터 '자습(self study)'이란 이름으로 알려졌으나 학자들에 의해 하나씩 새롭게 정의되고 있다. 자기주도적 학습의 개념은 학자들마다 약간의 차이가 있다. 자기주도적 학습의 개념 정의는 학습과정, 학습방법, 학습자의 역할, 교육 프로그램의 차이에 따라 학자들마다 다양하게 제안되고 있다.

자기주도적 학습개념은 1961년 시카고 대학의 호울(Houle) 교수가 '탐구심(The Inquiring Mind)'이라는 책자를 출간하면서 자기주도적 학습이라는 용어를 사용했다. 그 뒤 호울 교수의 제자였던 캐나다의 터프(Tough ; 1967)는 자기주도적 학습을 '개인이 스스로 학습 과제를 계획하고, 착수하고, 실행하는 책임을 떠맡는 특정 학습에 관한 개인적인 시도'라고 정의하였다. 터프는 여기에서 자기주도적 학습에 대해 학습자들이 어떤 특정한 지식과 기술을 배우려는 계획적이고도 개인적인 시도로 정의함으로써 학습활동의 기술적인 측면을 강조했다.

노울즈(Malcolm S. Knowles ; 1975)는 성인들이 학습하게 되는 원리에서 자기주도적 학습이 중요하다고 여겨 이를 체계적으로 정리하여 제시하였다. 그는 자기주도적 학습을 '개인이 솔선수범하여 자신의 학습욕구를 진단하여 학습목표를 정하고, 학습에 필요한 인적·물적자원을 탐색하여 적절한 학습전략을 선택·시행하고 학습결과를 평가하는 과정'으로 정의하였다. 즉 전체적인 학습과정을 학습자가 자발적으로 이끌어나가는 학습으로 학습을 계획하고 시행하여 평가하는 제1차적인 책임을 학습자가 맡는 학습과정이라고 본 것이다. 이 정의에 따르면 자기주도적 학습은 학습내용보다 학습방법에 초점을 두고 있다. 노울즈의 이론은 체계화되어 아동교육

(pedagogy)과 대별되는 성인교육(andragogy)에서 성인들이 자신의 삶에 따른 과제나 삶의 문제를 해결하는 과정을 이해하는 대표적 개념으로 널리 알려졌다.

노울즈의 자기주도적 학습에 대한 이 정의는 예전까지 학습자는 교사의 가르침에 의존해서 학습하는 사람이라고 생각한 것을 학습자 스스로 자기 주도성을 높여갈 수 있는 사람으로 인정받는 계기가 되었다. 노울즈 정의가 나오기 전까지만 하더라도 학습자의 선행경험은 중요하게 생각하지 않았고, 교사의 교육내용이 더 중요한 학습자원으로 인정받았다. 하지만 자기주도적 학습에서는 학습자의 경험이 학습에 활용되어야 할 중요한 학습자원으로 생각하게 되었다.

지금까지 나온 정의를 종합하면 자기주도적 학습이란 스스로 학습동기를 가지고, 학습목표를 세워, 그에 필요한 학습전략을 선택하고, 학습자원들을 활용해 학습한 후 학습결과를 평가하는 과정이라고 할 수 있다.

자기주도적 학습이란 결과적으로 다른 학습방법과 비교할 때 학습자의 학습욕구, 학습목표, 학습자원, 학습전략, 학습평가에 얼마나 자율적으로 참여하느냐에 따라 성패가 결정된다고 할 수 있다..

'도우미'가 꼭 필요한 자기주도적 학습

주입식 교육이 교사에 의하여 모든 것이 결정되는 것에 비해 자기주도적 학습은 학생 자신이 학습의 모든 과정을 선택하고 결정해야 한다. 자기주도적 학습은 학습동기와 학습목표를 세우고, 그에 필요한 학습전략과 학습자원들을 선택하고, 학습결과를 평가하는 과정이기 때문에 학습자 자신의 능력에 따라 속도와 수준을 조절할 수 있다. 이러한 자기주도적 학습 능력은 자동적으로 만들어지기보다는 마치 기능과 같아서 훈련과 연습을 통하여 만들어진다고 해도 과언이 아니다.

자기주도적 학습은 처음부터 아이들 혼자 스스로 학습동기와 학습목표를 세우고, 그에 필요한 학습전략을 선택하고, 학습자원들을 활용하여 학습한 후 학습결과를 평가하기 때문에 혼자 하기에는 무리가 따른다. 특히 자기 통제력이 부족하고 의지가 약한 아이들일수록 자기주도적 학습을 습관으로 만드는 것은 쉽지 않다. 자기주도적 학습의 성공적인 적용을 위해서는 아이들 옆에서 학습동기와 학습목표를 세우며, 그에 필요한 학습전략을 선택하고, 학습자원들을 활용하여 학습한 후 학습결과를 평가하는 것을 도와주고, 지속적인 습관을 기를 수 있도록 가르침이 아닌 조력자인 '도우미' 역할을 해주는 사람이 절대적으로 필요하다. 그 도우미 역할은 선생님이 될 수도 있고, 엄마가 될 수도 있다.

김연아 선수의 성공 스토리를 보면 김연아 선수가 오늘날 세계적인 빙상 스타로 성장하게 된 배경에는 엄마 박미희 씨가 있었다. 박미희 씨가 도우미 역할을 하였기 때문에 가능했던 것이다.

연아가 처음으로 빙판과 만난 것은 다섯 살 때 가족과 과천 실내 스케이트장을 찾을 때부터였다. 연아의 첫 스케이트화는 그녀의 고모가 이웃에서 버리려고 하는 것을 연아에게 맞겠다며 가져다 준 것으로부터 시작되었다. 김연아의 엄마는 연아가 스케이트 타는 것을 보고 가능성을 보았고, 이를 실현시키기 위하여 엄격한 감독과 관리를 시작하였다.

연아 엄마는 그때부터 지속적으로 스케이트 타는 훈련을 시켰으며, 하루 3~4시간씩 차에 태우고 훈련장을 오가는 시간에도 영어 테이프를 끊임없이 듣도록 했다. 연아 엄마는 13년간 자신을 희생하며 오전 9시부터 새벽 1시까지 하루 16시간 연아에게 붙어 다니며 훈련시켰다.

연아 엄마는 연아가 세계적인 스타로 성장하기 위해서는 자신의 훈련에도 한계가 있다는 것을 깨달은 뒤 곧바로 캘거리 동계올림픽 피겨스케이팅 남자 싱글 은메달을 딴 오서 코치를 찾았다. 연아는 그때부터 오서 코치의 다양한 국제대회 경험과 노련한 지도로 인하여 실력이 날로 높아졌고, 세계대회를 석권할 수 있게 되었다.

얼마 전 모 프로그램에서 김연아 선수가 오서 코치를 만나면서 피겨뿐만 아니라 외향적인 성격으로 삶의 변화까지 얻었다고 말했다. 김연아 선수가 자신의 분야에서 정상에 서기까지 부모님이 빙판에 데려가지 않았더라면, 또한 오서 코치를 만나지 않았다면 지금의 김연아 선수는 없었을 것이다. 이처럼 자기주도적 학습을 성공적으로 적용시키기 위해서는 연아 엄마나 오서 코치 같은 '도우미'가 절대적으로 필요하다고 할 수 있다.

자기주도적 학습이 과열되면서 자기주도적 학습의 조력자들에 대해 부르는 명칭들도 많다. 학습코치, 학습매니저, 학습상담사, 학습멘토, 학습컨설턴트, 학습튜터, 학습트레이너 등이 그 명칭들이다. 하지만 부모들 입장에서 보면 자기주도적 학습 자체도 개념 정의가 명확하지 않은데, '도우미'에 대한 명칭까지 생각하면 복잡하다는 생각이 들 수밖에 없다. 만약 '도우미'가 필요하다면 정확한 역할의 개념 정의가 필요하다고 볼 수 있다.

자기주도적 학습을 위한 조력자는 전문성, 학습전략, 학습평가, 학습습관, 중점 관심분야에 따라 다음과 같이 다양하게 나눌 수 있다.

역할	전문성	학습전략	학습평가	학습 습관	중점 관심분야
학습코치	○	○	○	○	학습 습관
학습매니저	○	○	×	○	성적향상
학습상담사	○	×	×	×	학습문제
학습멘토	×	○	×	○	좋은 의견과 충고
학습 컨설턴트	○	○	×	×	학습 방법 이나 대학 입시전략
학습튜터	×	×	×	×	개인지도
학습 트레이너	○	○	×	○	학습전략 숙달

학습코치(learning coach)

코치는 운동선수에게 금메달을 따게 해주는 사람으로 널리 알려져 있지만 코치라는 직업은 사회 전반적으로 널리 퍼져있는 직업의 이름이다. 학습코치는 심리학을 이론적 바탕으로 자기주도적 학습에 대한 전문적인 교육을 받아 학습지도를 하는 사람을 말한다. 학습코치는 학습자 스스로 학습동기를 가지고, 학습목표를 세울 수 있도록 이끌어야 한다. 학습코치는 이뿐만 아니라 학습목표 달성에 필요한 학습전략을 지도하고, 공부에 대한 문제를 해결해 주어야 한다. 여기에 효율적인 학습이 이루어지도록 학습자원들을 활용하여 학습하게 하고, 그에 대한 학습결과를 평가할 수 있도록 습관으로 정착시키는 역할도 해야 한다. 학습코치는 아이들에게 자기주도적 학습습관을 길러주는 역할을 수행하는 사람이라고 할 수 있다.

학습매니저(learning manager)

매니저는 본래 주로 연예나 스포츠 분야에서 많이 사용한다. 학습매니저는 아이들을 전문적이고 체계적으로 관리해서 더욱 뛰어난 학습능력을 발휘하도록 돕는 역할을 수행한다. 학습매니저란 학생이 스스로 공부할 수 있도록 상담을 통해 동기부여와 목표설정을 도와주며 공부법과 시간 계획 관리법을 전수하여 성적향상을 관리하는 사람이라 할 수 있다.

학습상담사(learning counselor)

상담사는 상담기법을 이용하여 사람이 가진 고민이나 문제를 상담하고 치유하는 역할을 한다. 학습상담사는 전문적인 상담 능력을 갖춘 사람이 주로 과거의 문제를 대화를 통해 학생 스스로 답을 찾게 만들어 치유하는 역할을 수행한다. 학습상담사는 아이들이 학습에 대한 실패 경험 등으로 인해 상처를 받은 경우에 학습문제를 해결하는 역할을 하는 사람이라 할 수 있다.

학습멘토(learning mentor)

멘토링은 풍부한 경험을 갖고 있는 사람이 경험과 지식을 바탕으로 충고와 방향 제시를 해주는 것을 말한다. 학습멘토는 학생의 장점을 발견하여 북돋아 주거나 학습에 관련된 자신의 경험을 통해 좋은 학습방법을 제공하는 사람을 말한다. 멘토링과 코칭의 차이를 보면 멘토와 멘티의 관계에서 있어서 수직적이나, 코칭은 코치와 코티의 관계에서 수평적이라는 것이다. 멘토는 전문적으로 교육을 받지 않고 경험만으로 하지만, 코치는 전문적으로 교육을 받은 사람이라는 것에 차이가 있다.

학습컨설턴트(learning consultant)

컨설팅은 전문 지식을 가진 사람이 전문지식을 필요로 하는 사람들에게 상담·자문에 응하는 역할을 한다. 학습컨설턴트는 학습이나 입시에 전문지식을 필요로 하는 사람들에게 문제나 현실을 진단하고 해결책을 제시하는 역할을 수행하는 사람을 말한다. 학습컨설턴트는 학습 방법이나 대학 입시 전략을 세우는 데는 효과적이나 성공여부에 대해서는 책임을 지지 않는다.

학습튜터(learning tutor)

튜터는 개인교수를 의미하며 학습튜터는 개인적으로 자기주도적 학습방법을 지도하는 것이 아니라 일시적으로 학습 진행상 문제에 따른 조언을 하거나 스스로 해답을 찾도록 도와주는 역할을 수행한다. 학습튜터는 자기주도적 학습분야의 전문성을 가지고 체계적인 학습전략을 제공하는 것보다 아이들의 학습과정 중에 발생하는 문제를 개인적으로 보충해주는 사람이라 할 수 있다.

학습트레이너(learning trainer)

트레이너는 정해진 목표에 맞게끔 반복적인 훈련을 통해 목표를

달성하도록 하는 역할을 한다. 학습트레이너는 아이들이 학습목표
를 스스로 세울 수 있도록 이끌어주는 것보다 학습전략을 숙달하
여 학습습관을 갖도록 도움을 주는 사람이라 할 수 있다.

'엄마표' 자기주도적 학습으로 가는 디딤돌

자기주도적 학습의 개념을 보면 자기주도적 학습은 기본적으로 학습자 스스로가 첫째, 학습동기 유발, 둘째, 학습목표 설정, 셋째, 학습방법 선택, 넷째, 학습자원 관리, 다섯째, 학습결과 평가 등의 일정한 과정을 거치는 것이라는 것을 알 수 있다.

자기주도적 학습이 효과적인 학습법이 되기 위해서는 순서에 맞게 과정대로 진행해야 한다. 이 중 하나라도 빠진다면 진정한 의미에서의 자기주도적 학습이라고 보기 어려우며 변형된 자기주도적 학습이라 할 수 있다. 물론 아이의 수준이나 체질에 따라 선별적으로 적용될 수도 있겠지만 자기주도적 학습이 진정한 가치를 발휘하기 위해서는 다음의 순서대로 진행되어야 한다. 특히 엄마가 직접 지도하는 '엄마표' 자기주도적 학습이 기대하는 효과를 거두려면 최소한 학생들은 다음과 같은 전제조건이 충족 되어야 한다.

첫째, 학습동기를 가지도록 노력해야 한다.

자기주도적 학습에서 가장 중요한 것은 학습동기이다. 학습동기는 공부하고 싶은 욕구를 말한다. 옛말에 '평양감사도 자기가 싫으면 못하는 것'이라고 했다. 아무리 좋은 것도 자기가 하고 싶은 마음을 가져야 한다는 것이다. 공부는 공부를 하고 싶다는 마음을 가져야 할 수 있으며, 공부에 대한 욕구가 생기지 않으면 절대로 잘할 수 없다. 공부는 하고 싶어서 해도 힘들기 때문에 억지로 한다고 해서 할 수 있는 것이 아니기 때문이다. 따라서 공부하고 싶다는 마음이 생기면 자기주도적 학습습관을 만드는데 50%는 성공한 셈이다.

학습욕구를 갖게 하는 동기유발은 일단 학습분위기를 띄우고, 공부에 관심을 갖게 하고, 할 수 있겠다는 자신감을 갖게 해야 한다. 동기유발은 학습의욕을 불러일으켜 학습활동의 효과를 높이고, 지속적인 습관으로 정착하게 해주기 때문이다.

동기유발에 가장 큰 영향을 미치는 것은 꿈과 목표설정, 자신감, 자아효능감, 자아성취감, 주의집중력, 공부에 대한 긍정적 생각 등이다. 학습동기가 유발되어 있지 않으면 스스로 학습을 계획하고 실행에 옮기는 것을 기대할 수 없고, 자기주도적 학습습관이 형성될 가능성은 매우 희박하다. 따라서 자기주도적 학습습관을 정착시키기 위해 가장 중요한 것은 학습에 대한 동기유발이 가장 먼저 해야 할 일이다.

자기주도적 학습이 다른 학습법과의 가장 큰 차이는 다른 학습법은 대부분 국가 수준의 교육과정과 교사에 의해서 학습목표가 세워지지만 자기주도적 학습은 학생 스스로가 학습목표를 설정한다는 것이다. 여기에서 학습목표란 자신이 주어진 시간동안 도달해야 할 공부목표를 말한다.

학습목표를 정확히 세우는 것은 목적지가 있는 배를 탄 것과 같아서 원하는 시간에 원하는 목적지에 도착할 수 있지만, 학습목표를 정확히 세우지 않으면 목적지 없는 배를 탄 것과 같다 하겠다. 이처럼 목적지가 없는 배를 타면 원하는 목적지에 정해진 시간 내에 도착할 수 없으며, 심지어 제자리로 돌아오거나 바다에서 표류할 수도 있게 된다. 따라서 학습목표를 정확히 세운다는 것은 곧 자기주도적 학습의 성공과 실패를 가름하는 잣대이다.

정확한 학습목표의 설정은 자신에게 최소의 비용으로 최대의 효과를 보는 학습전략을 선택하게 하고 그에 맞는 노력을 하게 하는 데 중요한 기준이 된다. 학습목표는 학습자의 능력에 따라 다양하게 설정할 수 있으며, 이를 수행하는 절차나 과정도 학습자의 체질이나 능력에 맞게 다양하게 이루어진다.

학습목표를 정확하게 세우기 위해서는 우선 자신의 현재 상황에 대한 인식을 바탕으로 자신의 능력이나 체질을 고려하는 것이 중요하다. 아무리 좋은 학습목표라고 해도 자신의 체질이나 능력을 무시하면 결국 학습목표에 도달하지 못하기 때문이다.

학습목표는 자신이 세운 학습목표대로 학습을 실시한 후 그에 대한 평가를 통하여 다음 학습에 반영할수록 자신에게 맞는 학습목표를 세우는 능력이 생긴다. 학습을 수행한 후 평가결과에 따라 효과가 있는 학습목표는 살리고, 잘못 세운 학습목표에 대해서는 수정하여 다음 학습에 수정하는 절차를 통해야 한다. 학습목표는 이처럼 어두운 밤길을 밝히는 손전등과 같이 학습의 방향을 결정한다.

셋째, 학습전략을 알려줘라.

게임이나 스포츠를 제대로 하거나 즐기려면 규칙을 제대로 알아야 한다. 공부도 잘하기 위해서 필요한 것이 바로 공부의 규칙인 공부방법 즉 학습전략이다. 학습전략을 모르고 하는 공부는 규칙을 모르고 참여하는 게임이나 스포츠와 다를 바 없다. 게임이나 스포츠에서 규칙을 모르고 참여하면 실격을 당하거나 승리하지 못하듯이 학습전략을 모르고 하는 공부는 잘 할 수도 없을 뿐더러, 아무리 잘 세운 학습목표라 할지라도 도달할 수 없게 된다.

교사나 부모들 중에서는 공부는 무조건 열심히 노력하면 되는 것이지 특별한 방법이 없다는 편견을 가진 사람이 의외로 많다. 아이들은 이 때문에 공부의 목적이 무엇인지, 공부하는 방법을 제대로 알지 못하고 학교에 입학하게 된다. 교사나 부모는 지식의 전달과 습득에 관심을 갖고 지도하지만 정작 학습전략을 알려주는 교사나 부모는 그리 많지 않다.

학습전략에 대한 존재나 중요성을 모르는 교사나 부모들에게 지도를 받는 아이들은 학습전략이 무엇인지, 또한 어떻게 공부해야 효과적인지 알 수가 없다. 학습전략을 가르쳐주지 않고 무조건 공부하라고 내몬다면 학생들은 군에 갓 입대한 군인들에게 총을 주면서 쏘는 방법을 알려주지 않은 채 전쟁터로 보내는 것과 다를 바 없다.

총은 가지고 있지만 총을 쏠 줄 모르는 병사는 전쟁이 두려울 것이다. 마찬가지로 학습전략도 제대로 알려주지 않고 오직 공부만 하라고 한다면 오히려 아이는 공부에 대한 반감과 스트레스가 생겨 공부에 대한 부정적 의식만 심을 뿐이다.

학습전략에 대한 관심이 높아짐에 따라 지금까지 밝혀진 학습방법은 수 없이 많다. 그동안 전뇌학습법, 마인드맵학습법, 속독학습법, 체질별학습법, 혈액형별학습법, NIE학습법 등 수도 없이 많은 공부 방법이 유행처럼 나타났다가 사라졌다. 이러한 학습전략의 특징들을 보면 학습내용을 기술적으로 암기하는 방법에 비중을 두고 있다. 어느 날 매스컴에서 어떤 학습법이 효과가 있다고 하면 유행처럼 번졌다가, 실행해보니 효과가 없어 포기하는 경우도 많다. 다양한 학습법들에 의해서 부모들은 선택에 오히려 혼란을 겪고 있는 것이다.

학습전략은 기술적인 방법을 알려주는 것보다 공부의 원리를 알려주는 것이 중요하다. 예를 들면 학습전략은 기초학습능력인 읽기, 쓰기, 셈하기, 말하기의 원리를 알려주어야 하며, 예습과 복습 방법, 교과서를 읽거나 노트 필기하는 방법, 수업을 듣는 방법, 시험을 보는 방법 등이라 할 수 있다. 이처럼 이미 다 알려주었는데도 아이들이 학습전략을 모른다고 한다면 그것은 학습자들에게 알려준 것이 지식으로 끝나는 경우가 많고, 학습전략을 적용해야 하는 이유와 원리에 대한 지도가 부족했기 때문이라 할 수 있다.

학습전략을 알고 있지만 성적이 잘 오르지 않는 경우는 자기가 알고 있는 학습전략이 자신의 체질과 능력에 맞지 않기 때문이다. 아무리 좋은 옷이 있더라도 자기 몸에 맞아야 하듯이 효과적인 학습전략도 많지만 학습전략이 학생에게 맞아야 한다. 학습에 참여하는 아이는 흥미·취미·사회적 경험·사회경제적 배경 등이 서로 다를 수밖에 없기 때문에 학습자들의 학습에 대한 요구나 형태도 다양하다. 따라서 학습전략은 이와 같은 다양한 학습자의 요구나 형태에 따라 서로 다른 방법으로 적절하게 활용되어야만 효과가 있다.

넷째, 학습자원을 효율적으로 관리하게 하라.

학습에 영향을 미치는 것은 학습전략만이 아니다. 학습에 영향을 주는 주변의 학습자원도 긍정적인 작용을 해야 한다.

학습자원이란 학습자를 둘러싸고 학습에 영향을 주는 자원으로 크게 인적자원과 물적 자원이 있다. 인적자원으로는 아이가 공부할 때 직접 영향을 주는 부모, 교사, 친구, 학원강사 등이 있으며, 물적 자원은 아이가 공부할 때 영향을 직·간접적으로 주는 공부방, 교실, 책상, 의자, 교재, 참고서, 문제집, 컴퓨터, 휴대폰, 시간, 스트레스, 학원, 인터넷 강의 등이 있다.

학생들이 아무리 학습욕구를 가지고 학습목표를 세우고, 학습전략을 알고 적용하려 하더라도 주변에 있는 이러한 학습자원들이 효율적으로 관리되지 못하면 좋은 결과를 얻기 어렵다. 즉 학습자원들이 학습할 수 있는 분위기를 만든다면 학습에 도움이 되겠지만, 학습자원이 학습에 대한 방해요소가 된다면 오히려 학습을 방해하게 된다.

공부를 잘하는 학생들의 특징은 자신을 둘러싼 다양한 학습자원들을 효율적으로 잘 관리한다는 것에 있다. 공부를 못하는 아이들이나 공부를 해도 성적이 오르지 않는 아이들은 상당부분 학습자원 관리를 제대로 못했기 때문이다. 따라서 공부를 시작 하는 아이들이나, 학습습관이 제대로 형성되어 있지 않은 아이들이 스스로 학습자원을 관리하는 것은 쉽지 않다. 학습자원이 다양할 뿐만 아니라, 아이들의 체질과 능력 또한 다양하기 때문이다. 따라서 학습자원을 어떻게 관리하는지를 모르는 아이들을 위해 주변에서 학습자원들을 관리해 주어야 한다.

다섯째, 학습결과를 평가할 줄 알아야 한다.

자기주도적 학습이 습관으로 정착되기 위해서 꼭 필요한 것이 바로 학습결과 평가이다. 자기주도적 학습의 전 과정은 학습자 스스로 계획을 세워 진행하듯이 학습결과에 대한 평가도 학습자가 하고 그 결과에 대한 책임을 지는 것이 특징이라 할 수 있다.

학습결과 평가는 아이가 공부를 마친 후 스스로 세운 학습목표에 얼마나 도달했는지, 학습방법은 적절했는지, 학습자원의 관리는 제대로 되었는지를 평가하는 것이다. 예를 들면 학습결과 평가는 단지 학습결과에 대한 성취도 평가로서만 끝을 맺는 것이 아니라 평가결과를 가지고 학습욕구를 다시 진단하는 척도로 사용해야 한다. 그래야 학습목표를 구체적이고 효과적으로 세우도록 도와주는 자료로 활용하면서, 적절한 학습전략을 선택하는데 기준이 되어 학습자원을 효율적으로 관리하는데 도움을 줄 수 있다.

학습자는 학습결과 평가를 통해 학습목표에 도달했다면 공부에 대한 자신감을 갖고 습관으로 형성된다. 뿐만 아니라 자신에게 맞는 학습전략과 학습자원을 효율적으로 관리할 수 있는 능력까지 생긴다. 이러한 학습결과에 대한 평가는 공부에만 도움이 되는 것이 아니라 자신의 성취도를 높여 자아실현의 기쁨을 주며 공부에 대한 인내력도 향상시켜 준다. 게다가 자아 효능감이 발달하여 자신의 잠재능력을 발견하는 계기를 맞게 된다. 이로 인해 이전까지 몰랐던 공부의 재미까지 느낄 수 있으며 자기주도적인 삶을 사는데 지대한 영향을 끼친다.

자기주도적 학습법은 결국 성적만을 높이는 학습법이 아니라 다양한 효과를 가져오는 학습법이라 할 수 있다. 그러나 자기주도적 학습습관이 정착되어 있지 않은 아이들에게 학습결과 평가를 스스로 하게 하는 것은 쉽지 않다. 또한 주변에서 조력자 역할을 지속적으로 수행하기에도 한계가 온다. 따라서 학습결과 평가를 습관으로 길들이기 위해서는 적절한 훈련이 필요하다.

학습결과 평가를 훈련시키기 위해서는 스터디 플래너, 즉 공부 다이어리를 작성하게 하는 방법이 가장 효율적이다. 스터디 플래너는 대부분 학습목표를 연간, 월간, 주간, 일간으로 계획하도록 되어 있으며, 이에 대한 수행을 적도록 되어 있어 학습목표에 도달했는지, 도달하지 않았는지를 평가하는데 도움을 준다. 따라서 엄마는 아이가 스터디 플래너를 통해 학습목표를 세우고, 학습을 수행한 후 그 결과를 평가하도록 지도하는 훈련이 필요하다.

자율학습이 자기주도적 학습이라구요???

많은 부모들은 자율학습이 바로 자기주도적 학습이라고 생각하고 있는 경향이 있다. 현재 자율학습은 우리나라 일부 중학교와 대다수 고등학교에서 학생들을 대상으로 운영되고 있다. 자율(自律)이란 글자 그대로 다른 사람의 지시 없이 자신의 의지에 따라 조절, 통제하면서 어떤 일을 하는 것을 말한다. 학습이란 필요한 지식과 학문을 익히는 과정을 말한다. 이 자율과 학습이 합해진 자율학습(自律學習)은 말 그대로 자율적으로 자신의 부족한 부분을 보충하고 익히는 공부를 말하는 것이다. 하지만 학교 현장의 자율학습은 그 취지나 뜻과 다르게 운영되고 있다.

자율학습과 자습은 같은 뜻으로 쓰이기도 하지만 엄격하게 분리하면 자습은 정규시간에 교사의 가르침 없이 학생들 스스로 학습하는 수업을 의미한다. 따라서 자율학습은 정규시간외에 하는 것이고, 자습은 정규시간에 하는 것에 차이가 있다.

자율학습은 정규수업이 시작되기 전 0교시에도 하지만 대부분은 정규수업 후 이루어지는 야간자율학습을 말한다. 학생들은 이 때문에 야간자율학습을 줄여 '야자'라 부른다. 자율학습은 말 그대로 스스로 하는 학습이므로, 보충수업이나 방과 후 학교와는 달리 교사나 교육프로그램이 제공되지 않는다.

자율학습이란 말은 본래 자신에게 필요한 공부를 스스로 해나간다는 의미지만, 실제로는 비자발적으로 실시되는 경우가 많으므로 학생들은 타율학습 또는 강제학습이라고 부르고 있다. 이는 자율학습이 자신을 스스로 통제하고 조절해야 하지만, 학교에서 운영시간을 먼저 정하고 그에 맞게 학생들을 통제하기 때문이다.

일반적으로 야간자율학습을 하는 이유는 사교육을 줄이고 학생들의 대입진학과 학교경쟁력을 갖추기 위해서이다. 부모들 입장에서는 학교에서 자율학습을 해준다는 것은 매우 바람직한 일로 학교 선택의 중요한 기준이 되기도 한다. 부모 입장에서 보면 언뜻 학원을 다니지 않는 학생이나, 학교 밖에서 노는 학생들에게 학교에서 공부를 시켜준다니 좋다고 여길 수도 있다. 또한 집처럼 TV나 컴퓨터, 침대처럼 공부를 방해하는 요소가 아예 없으므로 좀 더 공부에 집중할 수 있다는 장점도 있다.

문제는 야간자율학습이 아닌 타율학습으로 성질이 바뀌었다는 것이다. 학교에서는 사정이 있든 없든 모든 학생들을 학교에 남겨 강제적으로 야간학습을 시키는가 하면, 남아서 자습하는 학생들

중에서도 태도가 약간 불량하다거나 조는 학생이 있으면 선생님에게 혼이 나기도 한다. 이 때문에 자율학습이 아닌 타율학습이 되는 것이다. 뿐만 아니라 학원을 다니고자 하는 학생들은 야간자율학습 후에도 학원을 다니기 위해 바쁘게 움직이기도 한다. 정부는 이러한 문제를 해결하기 위해 학원에서 10시 이후 심야교습을 중지시켰지만, 주말에 더욱 열기를 더해 학원으로 가는 학생들이 더 늘어나고 있는 실정이다.

결과적으로 자율학습에 참여하는 학생들은 타율적으로 참여하기 때문에 교육적 효과를 기대하기 어렵다. 공부는 하고 싶은 마음으로 해도 어려운 것인데 억지로 참여시킨다면 어떠하겠는가. 다음 글은 인터넷에 올라온 고등학교 1학년 학생이 자율학습에 대해 자신의 소감을 밝힌 글이다.

와 정말 기분 더럽습니다.
집에서 할 일은 많은데 태양 보고 집에 가고 싶습니다. 진짜……
야자 9시까지 하는 곳도 여럿 있는데 10시, 11시까지 하는 미친 학교들이 있다는 것은 문제라고 봅니다.
제 친구도 10시까지 해서 머리가 터질 지경이라고 하더군요.
아직까지는 팔팔한 1학년인데 10시까지 학교에서 시체처럼 생활합니다.
친구들도 내색은 안 하는데 못 견디는 것 같고요.
잠 와서 자는 애들은 이유를 묻지도 않고 선생이 불러내서 혼내기만 합니다.

여기는 감옥보다 더하다고 생각이 듭니다.

한번 빼 달라고 그러면 별의별 쇼를 다해서라도 빼는데

그것마저 안 된다고 발뺌하는 선생들을 보면 울화가 치밀죠.

우리나라 교육제도가 원망스럽습니다.

하다못해 대한민국이라는 곳에서 태어난 것 자체가 원망스럽더

군요.

청소년기에 그냥 겪는 일일지도 모르지만 정말 답답해서 화병이라

도 걸릴 지경입니다.

교육청은 언제 폐지시킬 겁니까?

말 그대로 자율로 바꿀 순 없는 겁니까?

야자해서 무조건 성적 오른단 보장이 어디 있습니까?

이건 완전 야간타율강제학습이죠.

말 그대로 야! 타.

학생들은 무슨 공부하는 기계입니까??

윗글을 보면 글을 쓴 학생은 자율학습에 대한 정신적 부담감이 극에 달한 것으로 보이는데, 문제는 이러한 학생들이 적지 않다는 것이다. 부모들 입장에서는 학생들이 학교에서 많은 시간을 보내니까 마음 편하게 지낼 수 있지만 그 시간에 학생들은 억지로 붙잡혀 있는 경우가 많다는 것에 대해 한번쯤은 고민을 해봐야 할 것이다.

만약 부모들에게 3년 뒤에 좋은 학교 보내준다고 매일 밤 10시까지 공부하라고 하면, 미래를 생각할 줄 아는 성인임에도 불구하고 인내심을 갖고 그대로 따를 사람은 거의 없을 것이다. 우리의 아이

들 중 일부는 지금 어른들의 욕심 때문에 하고 싶지 않은 자율학습을 강제적으로 하고 있는 것이다.

자율학습은 예전에 일본에서도 시행했지만 선진국이 되면서 폐지가 되었고, 우리나라는 2006년 교육부 정책으로 강제적인 자율학습이 금지되었다. 하지만 일부를 제외한 대부분의 학교에서는 아직도 부모들이 원한다는 이유로 자율학습을 계속 시행하고 있다. 학생들의 자발적인 의지와는 상관없이 강제적으로 참여하는 자율학습은 오히려 학생들에게 스트레스를 주고 장기적으로는 학습에 도움이 되지 않는다. 심지어 어릴 때부터 공부에 대해 무조건적인 반항과 미움을 키워서 오히려 공부와는 담을 쌓게 만들 수도 있는 것이 자율학습이다.

자율학습에 어쩔 수 없이 참여하는 학생들은 자율학습 내내 지도교사의 눈치만 살피다가 틈이 나면 떠들고, 잠을 자면서 자신의 처량한 신세를 한탄한다. 이렇게 되면 진심으로 공부하고자 하는 학생들에게도 좋지 않은 영양을 주게 된다.

자율학습의 성과를 높이려면 교사가 학생들이 떠들지 않게 하는 최소한의 질서 유지만 하면 된다는 기대는 희망사항일 것이다. 진정으로 자율학습이 되려면 자율학습에 참여하고 싶은 학생들만 참여하도록 해야 한다. 교사들은 무조건적인 감독만 할 것이 아니라 최소한 자기주도적 학습을 적용해 정해진 시간 동안 학습목표를 세우고 그에 맞는 학습전략을 지도하고, 학습결과를 평가하도록 이끈다면 학생들은 자율학습을 자기주도적 학습으로 바꿀 수 있을 것이다.

수업 VS 자율학습 VS 자기주도적 학습

학습은 일반적으로 학교나 학원에서 듣는 수업, 스스로 하는 자율학습, 자기주도적 학습을 통해서 이루어지고 있다. 그렇다면 수업, 자율학습, 자기주도적 학습의 차이는 어떤 것이 있을까?

수업은 교과를 직접 지도하는 교사가 있다면 자율학습과 자기주도적 학습은 교과를 집적 지도하는 교사가 없이 혼자 공부한다는 것이다. 시간관리에 있어서도 수업이나 자율학습은 교사가 하는 반면에 자기주도적 학습에서는 학생이 직접 한다. 학습의 주도자는 수업에서는 교사가 주도하나 자율학습과 자기주도적 학습은 학생이 주도를 하게 된다.

학습목표 또한 수업에서는 교사가 세우고, 자율학습에서는 학습목표를 세우지 않고 하기도 하며, 자기주도적 학습에서는 학생이 직접 세워서 한다.

학습전략은 수업은 교사가 이끄는 대로만 따르면 되고, 자율학습에서는 자기가 해오던 방식으로 공부를 하기 때문에 특별한 학습전략이 필요하지 않다. 하지만 자기주도적 학습에서는 효율적인 공부를 위하여 학습전략이 필요하다.

학습자원관리는 수업에서는 교사와 학교가 영향을 주고, 자율학습에서는 학교 환경이 영향을 준다. 하지만 자기주도적 학습은 모든 인적자원이나 물적 자원이 영향을 준다.

학습전략 면에서 보면 수업은 교육은 이루어지지만 학습전략이 부족하고, 자율학습은 학습전략 없이 하는 것이고, 자기주도적 학습은 학생 스스로가 학습전략을 선택하고 그에 맞게 공부하는 것을 말한다.

학습평가에서는 수업은 학습평가가 수업내용에 대한 형성평가나 진단평가 형태로 이루어지지만, 자율학습에는 학습평가가 없으며, 자기주도적 학습에서는 스스로 학습한 것에 대해 얼마만큼 목표에 도달했는가를 평가한다.

공부에 대한 참여형태는 수업에서는 수동적으로 참여하나 자율학습에서는 자기가 하고 싶은 학생들은 능동적으로 참여하고, 하고 싶지 않은데 억지로 하는 학생은 수동적으로 참여하게 된다. 반면 자기주도적 학습에서는 학생이 능동적으로 참여하게 된다.

자율학습은 지도교사가 없다는 측면에서 보면 학생 스스로에게 부담 없이 공부할 수 있는 시간이기도 하다. 하지만 공부의 방법이나 전략을 모르거나, 공부에 대한 동기와 목적이 없거나, 전략 같은 것이 없으면 공부에 대한 포기로 이어질 수도 있다.

피드백이란 학습이 이루어진 후 부족한 부분을 수정하기 위해서 환류(되돌아 흐름)하는 것을 말한다. 수업은 피드백이 수업 중에서 이루어지지만, 자율학습에서는 피드백이 주어지지 않으며, 자기주도적 학습에서는 평가결과를 가지고 다음에 학습할 때 부족한 부분을 메우거나 잘못된 부분을 수정하면서 피드백이 이루어진다.

공부하는 것이 습관으로 정착되는 것에 대해서는 수업이나 자율학습은 이미 정해져 있어 어렵지만 자기주도적 학습은 습관으로 굳어진다. 수업이나 자율학습은 능동적으로 참여하기보다 수동적으로 참여하기 쉬우나 자기주도적 학습은 능동적이고 자발적으로 참여하기 때문에 기억에도 오래 남게 된다.

학습한 내용에 대한 기억효과를 본다면 수업은 들을 때만 기억하기 쉽고 그것도 주의 깊게 듣지 않으면 기억으로 남지 않는다. 자율학습은 스스로 공부를 하기만 한다면 기억에 남는데 도움이 된다. 그러나 자기주도적 학습은 학습목표를 세우고 전략적으로 학습을 하기 때문에 장기적으로 기억하는데 도움이 된다.

결과적으로 수업보다는 자율학습이나 자기주도적 학습이 이루어진다면 여러 가지 면에서 교육적 효과가 높아짐을 알 수 있다.

수업, 자율학습, 자기주도적 학습의 차이점 비교

구분	수업	자율학습	자기주도적 학습
교과지도교사	0	×	×
시간관리	교사	교사	자신
주도자	교사	학생	학생
학습목표	교사	없음	자신
학습욕구	×	×	0
학습전략	×	×	0
학습자원 관리	불필요	불필요	필요
학습평가	0	×	0
참여형태	수동적	수동적이거나 능동적	능동적
피드백	0	×	0
습관	×	×	0
기억효과	단기	중기	장기

잘못된 자기주도적 학습이
우리 아이 망친다

자기주도적 학습에 대한 관심이 증가하면서 사교육에서는 학습코칭이나 학습 매니지먼트 등을 도입하고 있다. 공교육에서는 방과 후 수업에 자기주도적 학습능력을 신장시키기 위한 수업이 생기고 있다. 문제는 그만큼 자기주도적 학습을 표방하는 기관이 많아짐에 따라 자기주도적 학습을 마음대로 적용하는 경우나 잘못 적용하는 사례가 생기게 되었고 오히려 학생들에게 피해를 주는 사례도 적지 않게 나타나고 있다는 현실이다.

학생들에게 피해를 주는 사례를 보면 아이들을 예전보다 의존적으로 만들고, 학습법에 대한 내성을 증가시켜 오히려 새로운 학습법을 잘 받아들이지 않으려는 성향이 나타나고 있다는 것이다. 뿐만 아니라 많은 비용을 들여 조력을 받는 동안 반짝 효과만 거둘

뿐, 장기적으로 습관이 형성되지 못하는 경우도 생기고 있다. 여기에 사교육의 또 다른 하나로 자기주도적 학습이 등장하고 있다는 것도 문제다.

이러한 이유는 자기주도적 학습을 아이 스스로 알아서 하게 해야 하는데 스스로 하기에는 한계가 있기도 하며, 나름대로 일정한 조건을 가지고 과정대로 해야만 효과를 가질 수 있는데 변칙적으로 운영되고 있기 때문이다.

현재 국내에서는 자기주도적 학습습관을 정착하게 도와주는 서비스가 다양한 형태로 제공되고 있다. 다양한 서비스가 지향하는 목적은 다들 자기주도적 학습습관을 정착하는 것으로 하고 있으나 어떻게 하느냐에 따라 차이가 있다. 서비스는 기관, 내용에 따라 나눌 수 있다.

기관에 따른 분류 :

학원

심야 영업 규제에 따라 새로운 사업으로 자기주도적 학습을 지원하는 학원이 늘어가고 있다. 학원의 정규과정을 마치고, 학습코칭을 도입하여 제공하는 경우도 있다. 여기에 보습학원이 학습에 대한 관리만을 강화하여 학습코칭을 제공하는 경우도 있다.

학습클리닉센터

학생의 학습에 관련된 학생들의 지능이나 기초학습능력, 학습전략, 학습자원, 학습습관, 학습평가 등을 평가하고 객관적인 검사를 통해 자기 이해의 폭을 넓히며, 부모의 자녀에 대한 객관적인 이해를 도와주는 곳이 학습클리닉센터이다. 이 센터는 학생 각자의 특성에 맞는 학습방법을 찾아 잠재력을 충분히 발휘할 수 있도록 도와주는 교육상담 및 컨설팅기관이다. 통상적으로 1회에 걸쳐 이루어지나 학습상담 결과를 가지고 학습지도를 병행하는 곳도 있다.

자기주도학습관

자기주도학습관은 독서실처럼 학습공간을 차려 놓고 일정한 기간 동안 사용하여 자기주도적 학습습관을 정착시켜 주는 것이다. 자기주도학습관에서는 매일 간단한 학습상담을 하고 주어진 시간동안 학습할 수 있는 공간을 제공해주고 학습결과를 평가해준다. 통상 3개월 정도 이루어진다. 일부에서는 자기주도학습관이 학습상담보다 인터넷 강의업체가 제공하는 강의를 활용하는 것을 도와주는 곳도 있다.

방문지도

전문적인 교육을 받은 학습코치가 집으로 방문하여 학습클리닉센터처럼 학생들의 지능이나 기초학습능력, 학습전략, 학습자원, 학습습관, 학습평가 등을 평가하는 객관적인 검사를 통해 자기 이해의 폭을 넓히며, 부모의 자녀에 대한 객관적인 이해를 도와준다. 방문지도는 나아가 학생 각자의 특성에 맞는 학습방법을 찾아 잠재력을 충분히 발휘할 수 있도록 도와주고 자기주도적 학습습관이 정착하도록 지도한다. 통상 3개월을 원칙으로 하지만 가정형편상 시기를 조절할 수도 있다. 학습지 회사에서는 온라인 형태로 인터넷을 이용해 집에서 스스로 학습할 수 있도록 전화로 지도하거나 방문지도 하는 경우도 있다.

학습캠프

학습캠프는 일정한 장소를 이용해 일정한 시간 동안 집단적으로 자기주도적 학습습관을 익히도록 지도한다. 이 캠프는 학교 밖의 연수원이나 숙박시설을 이용하는 경우가 있으며 학교에 직접 학습코치들이 찾아가 '놀토'를 이용하거나 방학 때 실시한다. 기간은 학교나 학생들의 상황에 따라 1박 2일부터 15박 16일까지 다양하다.

내용에 따른 분류 :

학습동기유발 프로그램

자기주도적 학습의 가장 기본이 되는 학습동기유발을 가장 중요한 것으로 보고 공부의 시작을 학습동기유발에 중점을 두는 프로그램을 말한다. 학습동기는 공부하고 싶은 마음을 이끌어 내는 것을 목표로 한다. 학습동기가 생기면 학습자의 특성에 맞는 학습전략을 알려주고, 학습자원을 관리하고, 학습평가를 통해 자신의 공부습관을 수정하면서 자기주도적 습관을 길러주는 것이 목적이다.

시간관리 프로그램

자기주도적 학습습관 정착을 위하여 시간관리가 중요하다고 보아 스터디 플래너 작성을 가장 우선적으로 하는 프로그램을 말한다. 자기주도적 학습이 습관이 되기 위해서는 학습계획을 잘 세우고 실천해야 하는데, 이것을 체계적으로 하게 해주는 것이 스터디 플래너다. 스터디 플래너는 진로·진학에 대한 것과 직업, 꿈, 사명에 관한 것까지 길게는 1년에서부터 분기별, 월별, 주간별, 일별로 학습계획을 세울 수 있는 다이어리와 같다. 학생은 이를 통해 효율적인 시간관리와 계획된 공부를 할 수 있게 도와줌으로 인해서 자기주도적 학습습관을 정착시킬 수 있다.

학교현장에서 활용하는 자기주도적 학습노하우

자기주도적 학습이 가지는 가장 큰 특징은 학습에 있어서 학생이 주도권을 가질 수 있다는 것이다. 학습에 주도권을 가진 학생들은 수동적으로 가르쳐 주기를 기대하는 학생들 보다 더 많은 것을 학습하고 더 잘 배우게 된다는 것이다. 실제로 연구결과를 보면 학습에 대한 주도권을 가진 학생들은 뚜렷한 목적의식과 동기를 가지고 학습하기 때문에 내용을 더 잘 기억하고 그것을 더 잘 활용하여 성취도 평가에서도 월등한 차이를 나타내는 것으로 나타났다.

학교현장에서도 자기주도적 학습 원리를 적용하여 학생지도를 한다면 학생들의 학습동기를 높이거나 참여도를 높이는데 기여할 수 있다. 자기주도적 학습은 교사 주도의 수업과는 다른 전제에서 출발한다. 학교현장에서 자기주도적 학습원리를 적용하기 위해서는 다음과 같은 방법이 있다.

첫째, 학습자 개인의 특성을 고려한다.

학교에서는 아무리 적은 학급이라도 30여 명 안팎이므로 개인의 특성을 반영한 학습이 이루어지기 어렵다. 따라서 학생의 수준에 맞는 교육이 이루어지기 위해서는 학생들에 대한 학습습관검사를 통해 비슷한 학습습관이나 유형으로 분리해 수준별 교육을 진행하면 효과적인 학습이 이루어질 수 있다. 예를 들어 학습동기가 부족한 학생, 학습전략이 부족한 학생, 기초학습능력이 부족한 학생, 학습자원 관리가 잘 안 되는 학생들을 그룹으로 모아 지도하면 학생들의 자기주도적 학습능력을 키우는데 도움이 된다.

둘째, 학습목표를 학생들이 직접 세우도록 이끈다.

학습목표를 계획함에 있어 교사가 전권을 행사하는 것보다 학습자의 욕구가 반영된 학습목표를 정하게 하는 것이다. 이러한 학습목표는 정규 교과시간에도 가능하지만 자율학습시간에도 학습목표를 세우는 것을 습관으로 만들어주는 것이 좋다. 예를 들면 수업을 시작하기 전에 학생들이 무엇을 배우고 싶은가에 대한 욕구를 반영하여 학습목표를 만들면 학습자들의 책임감과 참여욕구를 높일 수 있다. 자율학습에서도 학생들이 주어진 시간 동안 아무 공부나 하는 것이 아니라 학습목표를 세워 스스로 평가를 하고 그 결과를 반영하도록 습관으로 만들어주면 자기주도적 학습습관을 정착시키는데 도움이 된다.

셋째, 공부의 목적과 이유를 정확히 알려준다.

학습동기를 유발하기 위해서는 학습자 스스로 공부에 대한 긍정적인 판단을 해야 한다. 공부에 대한 판단을 잘하기 위해서는 '왜! 공부를 해야 하는가?', '공부하면 무엇이 좋은가'를 구체적으로 설명하거나 정보를 충분히 제공해주는 것이 좋다. 이러한 과정을 통해 학생들은 수업에 자기주도적으로 참여하게 된다.

넷째, 학습자원을 확보하는 방법을 알려준다.

학습목표를 달성하기 위해 요구되는 학습활동과 학습경험에 필요한 학습자원을 스스로 확보하고 조직·계획할 수 있도록 조언해주고 도와주는 것이 중요하다.

다섯째, 학습자의 가능성을 믿어줘야 한다.

학습자가 학습목표를 실행할 수 있도록 교사는 학생들의 잠재능력과 가능성을 믿고 칭찬과 격려를 아끼지 말아야 한다. 성적과 등수를 따지기보다 아이들이 변할 수 있다는 가능성을 가지고 학습에 대한 자신감과 성취감을 느낄 수 있도록 만드는 것이 중요하다.

여섯째, 스터디 플래너 작성을 지도한다.

학생들이 학습목표를 세워 목표에 도달하기 위해서는 스터디 플래너를 작성하도록 지도한다. 스터디 플래너를 통해 학생은 효율적인 시간관리를 할 수 있으며 학교에서도 계획된 공부를 하게 도와줌으로 인해 자기주도적 학습습관을 정착시킬 수 있다. 실제로 스터디 플래너를 1달 정도 작성하고 실행하여 학습태도가 좋아지고, 교과성적이 크게 상승한 사례가 많다.

자기주도적 학습은 아직까지 주로 사교육 분야에서 집중적으로 다루고 있지만 최근에는 공교육에서도 그 필요성을 느껴 도입하는 학교들이 점점 늘어나고 있다. 이러한 학교에서는 자기주도적 학습을 적용하기 위해 교사연수는 물론 시범학교 지정을 통해 자기주도적 학습을 점점 확산시키고 있다. 일부 학교에서는 방과 후 학교 형태로 진행하는 곳도 있으며, 교사가 주도하는 캠프를 진행 중이기도 하고 전문가를 초빙하여 진행하는 곳도 있다. 부모에게 자기주도적 학습방법을 가르쳐 학교에서 직접 학부모들이 학생들의 자기주도적 학습을 돕고 있기도 하다.

똑똑한 인재 키우는
자기주도적 학습

엘빈 토플러의 《제3의 물결》이란 책을 보면 사회는 크게 3번의 혁명을 거치며 발전하였다고 한다. 제1의 물결은 농업혁명이고, 제2의 물결은 산업혁명이며, 제3의 물결은 지식정보화혁명이라는 것이다.

그는 농업혁명시기에 사회의 부는 땅을 많이 가진 사람이고, 땅을 갖지 못한 사람이 노예가 되는 시대라 했으며, 산업혁명시기에는 공장과 자본을 많이 가진 사람이 자본가로서 부자가 되고, 공장과 자본을 갖지 못한 사람은 노동자가 되는 시대라 했으며, 지식정보화혁명에서는 지식을 많이 가진 사람이 부를 갖는다 했다.

우리나라는 2000년 전까지만 하더라도 대학을 나오지 않았어도 운이 좋으면 성공할 수 있었다. 하지만 이제는 대학을 졸업하지 않으면 취직 자체가 어렵기 때문에 성공할 수 있는 확률이 점점 적어진다.

우리나라 사회는 점점 고학력 사회로 진입하게 되었고 이러한 학구열은 대학 진학률 85%의 나라로 만들었다. 문제는 일정한 지식을 가진 사람이 너무 많아 대학을 나왔다고 해서 무조건 성공하는 것이 아니라 취업조차 못하는 경우가 많이 생기고 있다. 이것은 누구나 알고 있는 일반적인 지식을 다 같이 많이 가지고 있기 때문이다. 즉 지식의 차별이 적다는 것이다.

시대의 변화는 기업활동에도 큰 변화를 불러일으키고 있다. 산업혁명사회에서는 커다란 공장을 지어 일정한 모델의 상품을 만들어내기만 하면 팔렸던 시대이었다. 하지만 정보화사회로 전환되면서 소비자들은 금방 싫증을 내면서 새로운 것을 요구하고 있다. 정보화사회는 소비자들의 이러한 다양한 욕구를 충족시킬 수 있는 다양한 상품을 지속적으로 개발하고 만들어야만 하는 시대로 바뀌었다. 게다가 전문적인 지식만으로는 다양한 새로운 상품을 개발하는데 한계가 있게 되었다.

시대의 변화는 결국 새로운 사회로의 변화를 요구한다. 그것이 바로 제4의 물결 또는 제4의 혁명이다. 앞으로 다가오는 미래시대는 제4의 혁명인 '꿈의 혁명시대'라 한다. 꿈의 혁명시대는 바로 꿈을 꾸면 다음날 이루어지는 사회를 의미한다. 꿈의 혁명시대를 이끄는 사회의 주역은 바로 창의성을 가진 사람들이다. 20세기가 공산품의 수요와 공급에 매달린 사회였다면, 21세기는 정보라는 상품의 수요와 공급이 강조되는 사회이다. 새로운 정보를 생산해서 공급하는 사람이 되지 못하면 경쟁에서 뒤진다. 고유한 정보를 소지하거나 생성하지 못하면 결국 그런 정보를 비싼 값을 주고 사야 할 것이기 때문이다.

교육과학기술부에서 고시한 2009년 개정 교육과정에는 개정방향의 목표로 '창의적 인재양성'을 목표로 명시했다. 여기에 기능인력 육성으로부터 창의인재 중심으로, 국내적 인재로부터 글로벌 인재로의 교육을 지향한다는 것이 주목할 만하다. 우리나라에서도 점차 창의성 교육의 중요성이 높아지고 있는 것이다.

창의성이란 곧 창의적인 사고를 할 수 있는 능력과 소질을 말한다. 창의성은 선천적으로 가지고 태어나는 것이 아니라 다양한 경험을 바탕으로 만들어지는 것이다. 창의성은 기존의 지식들을 융합하여 새로운 것으로 만들어내는 것으로 창의성을 높이기 위해서는 자기가 하고 싶은 마음이 기본이 되어야 하고 다양한 경험을 할 수 있는 것이 무엇보다 중요하다.

하지만 실제 학교교육을 들여다보면 입시위주의 주입식교육으로 인해 창의적 인재육성이라는 목표가 잘 실현되지 못하고 있는 실정이다. 학생들은 이로 인해 잠재된 창의성을 발휘할 수 없고, 계속적인 단순 주입식교육으로 인해 창의력을 요구하는 문제에서는 해결 능력이 떨어지게 되었다.

아이들을 창의적 인재로 성장시키기 위해서는 '자기주도적 학습'에 길들여야 한다. 자기주도적 학습을 통해 스스로 목표를 세우고 실천·반성해가는 태도가 습관화되면, 학습에 대하여 새로운 생각과 새로운 방법을 찾게 되므로 자연스럽게 창의성이 높아진다.

이제 묵묵히 맡겨진 일에만 만족하는 사람은 환영받기 어려운 시대가 되었다. 우리 사회는 변화를 추구하고 미래를 개척하며 꾸준히 성장·발전해가는 사람을 원한다. 지식기반사회에서는 그때그때 꼭 필요한 창의적 인재가 요구되기 때문이다. 자기주도적 학습이 습관이 되면 성인이 돼도 자기주도적인 삶을 살아가면서 꾸준히 성장해 나아갈 잠재력이 생기므로 창의적인 인재가 될 수 있는 것이다.

'공부' 잡는
그물=자기주도적 학습

자기주도적 학습의 궁극적 목적은 의미 있고 행복한 삶을 영위할 수 있도록 학생의 학습능력을 높이는 데 있다. 자기주도적 학습은 단기적으로 성적 올리기에 급급한 교육이 아니라 장기적 안목에서 학습습관을 길들이는 것이라 할 수 있다. 학생은 이를 위해 처음에는 모방과 암기를 통하여 지식을 습득하기도 하지만, 결국 그 스스로 의견을 창출하고 필요한 논리와 지식을 생성해내는 사고력을 가져야 한다.

유태인들은 아이들에게 잡은 고기를 주기보다는 스스로 고기를 잡을 수 있도록 가르쳐야 하는 것이 참교육이고 가르침이라 한다. 마찬가지로 자기주도적 학습은 학생들로 하여금 학교 성적을 높게 받기 위한 문제 푸는 기술과 정답을 내는 요령, 그리고 암기와 같은 맹목적 학습을 요구하지 않는다. 오히려 학습과 관련된 심리적, 환경적 변수들을 충분히 고려하여 스스로 학습할 수 있는 힘을 강하게 배양하는데 그 목적이 있다.

지식을 암기하게 하는 교육은 가장 효율성이 낮은 교육이다. 왜냐하면 지식의 암기는 다른 지식을 생성시킬 가능성을 적게 만들기 때문이다. 교육은 궁극적으로 볼 때 '스스로 지식을 생성하고 창출하는 능력'을 길러주는 것이다.

예컨대 역사에 관한 지식의 암기는 역사에 관한 새로운 지식의 발견에 크게 기여하지 못하지만, 역사를 보는 관점과 사고방식의 습득은 역사와 관련된 사실과 현상의 발견을 촉진시키게 한다. 이 점은 특히 수학교육과 관련해서 더욱 명백해진다. 수학문제를 그냥 외우게 하거나 풀이방식을 정형화시켜서 단지 기억만 하게 한다면 유사한 문제에는 그런 정형화된 풀이방식을 그대로 적용할 수 있을지 모르나 전혀 새로운 문제에 대해서는 외운 풀이방식이 없기 때문에 무능력하게 될 수밖에 없다. 하지만 수학 원리에 익숙하고, 수학적 사고방식에 친숙한 사람은 그 스스로 풀이방식을 찾아낼 수 있게 된다.

자기주도적 학습은 아이들에게 지식을 전달하는 것이 아니라 공부하는 방법을 알려주는 것에 초점을 맞추고 있다. 공부하는 방법은 곧 사고력을 높이는 것이다. 사고력이란 생각하는 힘을 말한다. 사고력에는 판단력, 비판력, 추리력, 분석력, 문제해결력, 창의력, 주의력, 암기력이 있다. 결국 시험도 사고력을 측정하는 것이라고 할 수 있기 때문에 사고력을 높이는 것은 자기주도적 학습능력을 높이는 지름길이라 할 수 있다.

　교육학자 불름도 지적능력의 효율성과 복잡성의 순서에 따라 가장 낮은 단계로 지식을 꼽았고, 다음으로는 이해, 적용, 분석, 종합, 평가로 지적능력을 분류하였다. 그는 지식을 가르치는 것보다는 이해가 더 나은 지적능력이라 보았다. 이해보다는 배운 것을 써먹는 적용이, 적용보다는 분석이, 분석보다는 종합이, 종합보다는 평가하는 능력을 더 나은 지식으로 보았다. 따라서 효율성과 복잡성이 가장 높은 지적능력은 평가능력이다. 결국 사고의 활성화를 위해서는 지식, 이해, 적용, 분석, 종합, 평가 등의 단계로 발전시켜야 지적능력이 높아지고 원하는 학습목표에 도달할 수 있다.

　자기주도적 학습에서는 이처럼 지식보다는 사고방식과 사고의 과정이 중시되어야 할 것임은 더 말할 나위가 없다. 사고력을 높이기 위해서는 다른 심리적 특성과 마찬가지로 연습이 필요하다. 사고력을 높이는 방법은 많은 책을 읽는 것이 가장 쉬운 방법이며, 사고력의 각 분야별로 활동지를 풀면서 숙달하는 것도 가능하다.

자기주도적 학습이
성취감을 높인다

공부를 잘하고 못하는 것은 여러 가지 학습행동에 따른 문제 때문이다. 공부를 잘하려면 우선은 공부하려는 마음가짐을 가져야 한다. 공부하려는 마음가짐을 갖추는 것은 학습자 자신이 자기의 학습행동(공부)에 대해 어느 정도 자신을 가지고 있어야 한다는 것을 말한다.

　자신감이란 심리학에서 말하는 자기암시와도 비슷한 것으로 학습자 자신이 공부에 대해 '나는 하면 된다'와 같은 긍정적인 자아를 내세우는 것이 중요하다. 사람은 어떤 일에도 일단 해낼 수 있다는 자신감과 그에 대한 결심을 하게 되면 뜻밖의 위력을 발휘하게 된다. 부모는 자녀의 학습지도에 있어서 자신감을 갖게 하고 자기 자신이 시작한 일을 자신의 힘으로 끝내도록 지켜보는 태도가 중요하다.

아이들은 대부분 나름대로 학업성적이나 흥미에 따라 좋아하는 과목이나 분야가 있게 마련이다. 부모는 아이가 좋아하는 과목이나 쉽다고 느끼는 공부부터 시작하게 도와줌으로써 아이가 공부하는 일에 재미를 느끼게 해주어야 한다. 즉 조그마한 성취감들을 맛보게 하는 요령이 필요하다는 말이다.

성취감이란 목적(目的)한 바를 이루었을 때의 만족감을 말한다. 성취감을 느껴보지 못한 학생들은 공부를 해도 행복하지 않다. 아니 공부가 오히려 지겹다고 느끼게 된다. 공부가 지겹다고 느끼는 이유는 공부하는 진정한 목적을 간과한 채 그저 성적만을 높이기 위한 공부를 하기 때문이다. 수학공부를 할 때 무조건 공식을 외우거나 반복해서 문제를 풀면 실력이 늘지 않는다. 학생들이 공부하는 것 자체에 즐거움과 성취감을 갖게 된다면 성적향상은 시간문제다.

공부에 대해 성취감을 느낀 학생들은 공부가 재미있어지고 공부하는 동안 즐겁다. 성취감을 느껴보지 못한 학생들은 공부를 해도 좋은 것을 모른다. 게임이 중독성을 갖게 하는 중요한 원리가 바로 짧은 시간에 성취감을 지속적으로 느끼게 해주기 때문이다. 따라서 공부에 대한 성취감은 공부를 즐겁게 하고 자신감을 고취시켜, 공부에 대한 의욕을 불러일으키는 효과가 있다. 학생들에게 공부에 대한 생각을 바꾸어주기 위해서는 성취감을 느끼게 하여 나도 할 수 있다는 자신감을 키워주어야 한다.

부모들은 흔히 어느 과목의 점수가 나쁘다고 해서 학교에서 돌아오는 즉시 아이에게 취약과목의 공부를 강요한다든지 어느 특정과목에 대한 공부만을 강요하는 일이 종종 있다. 그러나 이는 자칫하면 아이의 공부에 실패경험만을 누적시켜 결과적으로 학습에 대한 부정적인 자아를 심어주기 쉽다. 학습을 도와주기 위해서는 아이가 조그마한 것에서부터 성취감을 느낄 수 있도록 지도해야 한다.

어떠한 일에서나 계획이 있기 마련이듯 학습에 있어서도 학습하는 아동이 직접 자신의 수준에 맞는 학습계획을 세우고 스스로 평가하고 다음 계획을 세워서 실행하도록 해야 한다. 사람들은 무턱대고 높은 목표를 세워 놓은 뒤 그 목표에 이르는 심리적인 혹은 능력상의 문제로 중도에서 의욕을 잃거나 좌절하는 경우가 적지 않다.

목표는 되도록 도달하기에 가깝게 세워 쉽게 달성하는 것이 좋다. 공부하는 계획을 세움에 있어서도 최종 목표 설정이 중요하지만 대개는 단순하고 작은 학습목표를 달성하는데 역점을 두도록 이끌어야 한다. 여기에서 유의해야 할 사항은 실패를 두려워한 나머지 처음부터 목표를 너무 낮게 잡는다든지 반대로 목표를 너무 높게 잡음으로써 강박관념을 유발하는 경우이다. 아이들의 학습계획과 목표는 아이들 스스로가 자신의 능력을 감안하여 짜도록 하며. 부모는 다만 주변인으로서 아이들이 목표달성을 할 수 있도록 도와주는 입장이 되어야 한다.

어려서부터 이렇게 훈련받는 자기주도력은 아이가 앞으로 살아가는 동안 여러 가지 영역에서 많은 도움을 주게 될 것이다. 특히 어려운 상황을 만나 중요한 판단과 결정을 해야 하는 경우에 올바른 판단력과 결단력을 가지고 어려움을 극복할 수 있게 해준다. 그리고 매사에 자신의 현실적인 능력과 여건을 고려하여 계획성 있게 일을 계획하고 실행하며 또 잘못된 점을 스스로 고쳐나가는 능력을 길러줄 것이다.

'엄마표' 자기주도적 학습이 사교육 잡는다

김은실의 『사교육 1번지 대치동 엄마들의 입시전략』에서는 '대입 성공 키포인트 사교육 99%, 학교교육 1%'라는 글귀로 사교육의 중요성을 강조하고 공교육을 처참히 짓밟고 있다.

우리 사회에서 사교육 문제는 어제 오늘의 일이 아니다. 사교육 문제는 우리나라 국민의 과도한 교육열과 불완전한 입시제도가 함께 엮어낸 결과이다. 사교육이 이렇게 뜨거운 감자가 된 이유를 알기 위해서는 공교육과 사교육이 무엇인가에 대한 정확한 개념정의가 필요하다.

공교육은 훌륭한 국민을 육성한다는 공공적인 목적을 위하여 국가 또는 지방자치단체가 설립 운영하는 학교교육 또는 이에 준하는 학교교육을 말한다. 보통의 의미로는 국가나 지방자치단체가 설립해 운영 관리하는 국공립학교의 교육을 공교육이라 한다. 그러나 최근에는 넓은 의미로 공교육에 준하는 사립학교의 교육도 공교육에 포함시키고, 공교육은 과외와 같은 사교육과 구별하는 뜻으로 쓰이기도 한다.

사교육은 고액의 비용을 지불하면서 입학시험준비를 하는 과외수업이나 직업기술을 가르치는 학원에서의 교육을 말한다. 사교육은 이에 따라 개인이나 사법인 등이 베푸는 교육에 대해 그 대가를 지불해야 한다.

사교육의 발생원인은 학벌 중시 사회 풍조, 대학 서열화, 성적 위주의 학생평가, 공교육의 불신, 좋은 학벌을 가져야 성공할 수 있다는 관념 등에서 시작되었다. 그러나 아이러니 한 것은 실질적인 사교육의 초점은 대학진학, 즉 입시경쟁에 맞춰져 있다는 것이다.

공교육과 사교육의 차이는, 사교육은 공교육과 달리 시간과 공간에 제약을 받지 않는다는 점이다. 따라서 학교라는 공간적 좁은 의미를 넘어 교육이 시행됨으로써 평생교육의 목적에 잘 맞는다. 사실 평생교육은 누구나에게 이루어질 수 있어야 하는데 사교육은 그 비용을 지불하지 못하면 교육을 받기 힘들다. 피교육자가 교육을 받고 싶어도 대가를 지불하지 못한다면 받을 수 없는 것이 사교육의 부정적인 면이다. 좋은 대학에 진학하기 위하여 남보다 좋은 교육을 받아야 한다는 경쟁 심리에서 사교육비는 과열되고, 여기에서 빈부의 격차에 따른 교육의 차별화가 이루어지고 있는 것이다.

실제로 신문기사를 보면 사교육비의 부담이 얼마나 큰가를 이해할 수 있을 것이다.

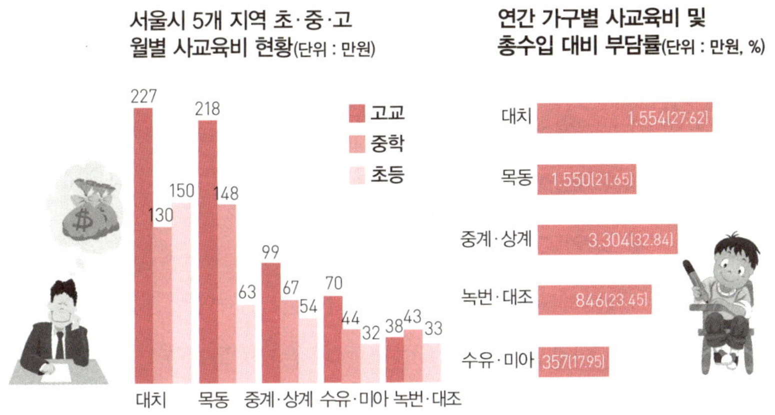

서울시 사교육비 지출현황

　서울경제신문이 부모 100명을 직접 대면해 조사한 결과 연 평균 사교육비는 1,375만 원으로 정부 통계보다 1.9배 이상이다. 물론 두 통계를 나란히 비교하는 것은 무리지만 사교육비 통계가 발표됐을 때 '과연 그것밖에 안 될까'라는 의문을 푸는 데는 충분하다.

　조사대상을 넓히면 실제로 사용한 사교육비가 더 내려갈 가능성이 크지만 반대의 경우도 가능하다. 영어조기교육 열풍을 타고 진행 중인 미취학 아동에 대한 사교육비와 초중고생의 교재비, 취업을 위해 학원에 다니는 대학생의 학원비까지 포함할 경우 그러하다.

　지역별로 보면 대치동 지역의 부담률은 '교육 특구 1번지'라는 별칭답게 평균을 훨씬 웃도는 32.84%이다. 총소득에 대한 사교육비 이 점유율 순위는 대치동에 이어 노원(27.62%), 은평(23.45%), 목동(21.65%), 강북(17.95%)순으로 나타났다. 결국 서울 부모들의 평균 학원비 부담률은 25.49%. 수입의 4분의 1은 애들 학원 보내는 것에 썼다. 이처럼 사교육은 가정의 사교육비 부담을 가중시키며 또한 공직자의 부패요인이 되기도 한다. 게다가 사교육 담당자들을 졸부로 만들어 소득분배의 불공정을 초래함으로서 국민의 위화감을 조성한다는 것 등으로 요약할 수 있다.

부모들은 자녀에 대한 기대감으로 월평균 소득에서 많게는 80%까지 사교육에 아낌없이 지원을 한다. 여기서 소득계층 간 교육격차의 심각성을 알 수 있는데 상류층 자녀들은 더 좋은 사교육을 받을 수 있으며, 빈곤층 자녀들은 사교육을 받지 못하는 경우도 있다. 이로써 교육의 차이는 벌어지며 이런 현상이 지속되면서 상류층 자녀들은 명문대를 나와 대기업에 취업하여 상류층을 그대로 유지하고, 빈곤층 자녀들은 대학을 나오지 못하여 그대로 빈곤층으로 살게 되는 현상이 생기는 것이다.

인간은 누구나 교육을 받을 수 있어야 한다. 하지만 사교육비로 인한 교육 문제는 방송매체를 통하여 접할 수 있으며 이제는 교육 문제를 넘어 심각한 사회문제로까지 비화 되고 있다. 그러나 사교육비 못지않게 중요한 문제는 바로 공교육의 붕괴라는 것이다.

실제로 초등학교 현장에서 학생들이 수업시간에 서로 떠들며 장난치고 선생님의 수업에 집중을 하지 않는 학생들이 많다는 것이다. 그런데 더욱 이상한 것은 한 두 명의 학생이 그런 것이 아니고 태반의 학생이 같은 현상을 보여서 가르치는 선생님조차 어떻게 손을 쓸 수가 없는 실정이라는 것이다. 이러한 원인은 바로 초등학교 학생들이 방학기간이나 평소에 사설학원을 이용해서 학교에서 배울 교과 진도를 미리 배워오기 때문에 흥미도가 떨어져서라고 한다. 이러한 현상은 비단 서울에만 국한된 것이 아니라 지금 현재 전국 대부분의 초·중·고등학교에서 같은 상황일 것이다. 이렇게 사교육이 학교의 공교육을 정상화 하지 못하게 하는 부정적인 면도 가지고 있다.

사교육은 이처럼 학교의 공교육을 정상화하지 못하게 하는 부정적인 면을 가지고 있다. 이렇게 과열된 사교육에 맞설 대안이 있다. 그것이 바로 '엄마표' 자기주도적 학습이다. 자기주도적 학습과 학교교육 그리고 사교육에 대한 차이를 보면 왜 자기주도적 학습을 적용해야 하는지를 알 수 있다.

사교육이 학교교육을 보완하는 차원에서 교사 중심의 선행 학습적으로 이루어진다면 자기주도적 학습은 학습자의 자기주도적 학습을 고려한 학습자 중심교육이라는 것이 가장 큰 차이이다. 학교교육이나 사교육은 아무리 작아도 소집단 학습을 하기 때문에 학습자 개개인의 수준에 맞는 교육은 어렵다. 하지만 자기주도적 학습은 1:1개별 학습이 가능해서 학습자의 개인 수준에 맞는 교육이 가능하다.

학교교육이나 사교육은 주차별로 정해진 학습목표에 따라 학습자의 요구와 상관없이 진행되지만 자기주도적 학습은 학습자 스스로가 세운 학습목표에 의해 자유스럽게 진행된다. 따라서 학교교육의 보완적인 역할로 '엄마표' 자기주도적 학습을 적용한다는 것은 지금의 사교육 문제를 해결하는 유일한 대안이 될 수밖에 없다.

'엄마표' 자기주도학습 출발점은 '자녀 이해'

공부를 잘하는 학생들의 특징은 여러 가지가 있다. 그동안 나온 여러 연구결과를 종합해보면 무엇보다 중요한 것은 부모와 자녀의 관계가 원만해야 한다는 것이다. 부모와 자녀 간에 갈등이 있다면 부모가 아무리 좋은 방법을 사용하더라도 아이들이 반항을 하고 말을 듣지 않는다. 자녀가 학교를 마치고 집으로 돌아오면 갈등으로 인해 공부를 하고 싶어도 집중을 하기 어렵다. 따라서 아이가 공부를 잘하게 하려면 부모와 자녀가 원만한 관계를 가져야 한다는 것이 필수적이다.

부모보다 좋은 교사는 없다고 한다. 공교육이 활성화되기 전까지는 모두 부모에 의한 교육이 전부이기도 하였다. 그러나 문제는 우리나라 부모는 교육열이 지나치지만 그에 맞는 정확한 정보를 가지고 아이들을 지도하지 못하고 있다는 점이다. 오히려 부모가 잘못 알고 있는 교육 정보로 인하여 역기능을 가져오는 경우가 더 많은 게 현실이기도 하다. 부모는 아이를 사랑한다고 말로는 표현하지만 실제로는 아이들의 요구에는 관심이 없고 오직 성적을 높이는 일에만 관심을 가지고 있다. 이번 장에서는 아이들의 생각이 어떤지를 속속들이 살펴보도록 하자.

엄마!
제 친구가 되어주세요

조혜정 교수의 『누르는 교육, 자라는 아이들』이라는 책에 쓴 글을 보면 재미있는 이야기가 나온다. 글의 내용은 조 교수가 초등학교 학생들을 대상으로 돌린 설문지의 결과를 보고 '그 대답이 너무나 똑같은 것에 놀랐다'고 쓰고 있다. 부모가 자주 하시는 말씀을 묻는 질문에 학생들은 모두가 똑 같이 '공부해라', '밥 먹어라', 'TV 보지 마라', '일찍 일어나라'는 대답이었다 한다. 결국 아이들이 가장 많이 듣는 말이 아이들이 가장 싫어하는 잔소리기 때문에 기억에 남아 적었다는 것이다.

무언가 새로운 것이 나올까 하는 기대감을 갖고 질문지를 돌린 조 교수는 자신이 부질없는 짓만 했다는 생각이 들었다고 고백하고 있다. 부모가 가장 좋았을 때에 대한 응답은 대다수가 '선물을 사주

셨을 때'와 '칭찬을 하셨을 때'였다. 결국 아이들은 선물을 받고 칭찬을 듣고 싶은 것인데 반대로 부모는 아이들에게 '공부해라', '밥 먹어라', 'TV 보지 마라', '일찍 일어나라'는 등 부담을 주는 부정적인 말을 더 많이 하고 있다는 것이다.

조 교수는 장래 직업을 묻는 질문에 대해서는 '과학자', '운동선수', '의사' 등 인기 직종을 선호하고 있음이 현저하게 드러났다고 서술했다. 그는 초등학교에서는 이렇게 인기 직종을 선호하지만 상급 학교인 중학교나 고등학교로 진학을 하게 되면 이 꿈은 현실을 인식하면서 점차 사라지게 된다고 썼다.

소원을 묻는 질문에 대해서는 약간의 차이를 보였지만 '명문대에 가는 것', '시험이 없는 나라에서 사는 것', '공부하라는 말을 듣지 않는 것' '방학을 늦을 때까지' 등의 내용이 공통적으로 많이 나왔다.

결국 아이들의 소원은 온통 공부에 관련된 것이었다. 공부를 하지 않거나 공부를 해도 명문대에 가는 것이 소원이라는 것이다. 이 사회에서 존경받는 사람이나 훌륭한 사람이 되겠다는 아이는 없고 온통 공부와 관련된 자신들의 기대를 드러내기만 했다. 명문대에 가고 싶다는 소원을 갖은 아이나 시험이 없는 나라에 살고 싶다는 아이나, 공부하라는 말을 안 듣고 평생 놀고 싶다고 한 아이들은 결국 그만큼 공부에 대한 스트레스를 많이 받고 있다는 뜻이다.

연구결과 중 특별히 주목해야 할 점은 경제상황의 차이에 따라 소원이 다르게 나타나고 있다는 점이다. 즉 경제적으로 어려운 편인 학교에서는 '부모님을 호강시켜 드리는 일', '부모님과 오래오래 사는 것', '가정 화목' 등 인간적인 측면이나 부모를 생각하는 응답이 주로 나왔다. 반면, 경제적으로 윤택한 편인 학교에서는 '강아지를 갖는 것', '세계 일주를 하는 것', '부자가 되는 것', '코가 좀 높아지고 예뻐지는 것' 등 개인적인 행복을 꼽는 항목을 선택하였다.

물론 한 가지 사안을 놓고 세태를 평가하는 것은 무리가 있지만 여기서 우리가 알아야 할 것은 아이들을 너무 부족함이 없이 키운다고 해서 올바로 성장한다는 것이 아닐 수도 있다는 점이다. 오히려 경제적으로 부족한 학생들이 부모를 생각하고 가족을 생각한다는 것을 알아야 한다.

한국교육과정평가원이 1만 9,166명의 학생을 분석한 결과 부모와 거의 매일 대화를 하는 학생이 대화를 전혀 하지 않는 학생에 비해 과목별 평균점수가 최대 25점 이상 높다는 결과가 나왔다. 그런데 특이한 것은 공부하라고 강요하는 부모보다 아이들을 있는 그대로 보고 칭찬과 격려를 해주는 부모를 둔 아이가 모든 학년, 모든 과목에서 성적이 우수했다. 결국 부모의 공부에 대한 요구는 아이들 성적에 영향을 주지 못하고 부모의 애정이 성적에 영향을 준다는 것이다.

이 같은 조사를 살펴보면 아이들이 원하는 것은 공부하라는 말보다는 묵묵히 지켜보면서 격려와 칭찬받기를 원하고 있다는 것을 잘 알 수 있다. 하긴, 연인들도 사랑을 얻기 위해 밀고 당기기를 포함한 전략을 구사한다는데, 부모도 아이들에게 사랑을 전하는데 기술이 필요하지 않겠는가.

부모는 아이들이 자신을 사랑하는 마음을 알 것이라고 생각하지만 그렇지 않은 경우도 많이 있다. 유아기 때 무조건적으로 자신을 사랑하고 안아줬던 부모가, 아이가 학교에 입학하고부터 화를 내고 짜증을 내는 모습을 보면서 아이들은 당황하고 혼란스러움을 느낀다. 아이를 낳았을 때 세상에서 처음 만난 그때의 기쁨으로 아이를 바라봐야 하는데, 언제부터인가 조급한 마음이 들고 생각만큼 따라오지 않는 아이가 미울 때도 있을 것이다.

부모는 아이들과 대화할 때 어른의 입장에서 사사건건 간섭만을 하려고 한다. 간섭하는 이유는 아이를 믿지 못하고 아이들을 끌고 가야 한다고 믿는 고정관념 때문이다. 그러나 정작 아이는 부모의 훈계나 간섭이 잔소리로만 생각되면서 오히려 귀찮게 생각하고 있다는 것이다. 아이는 부모의 잔소리가 지나치면 힘들게 스스로 알아서 하는 법을 배울 필요가 없다는 것을 금방 알아채게 된다. 따라서 부모의 지나친 잔소리는 아이들의 자율성을 저해하는 가장 큰 걸림돌이다. 잔소리를 심하게 하면 할수록 아이들은 스스로 하기보다 부모에게 의존하려고 한다. 그러나 부모가 아닌 친구처럼 이야기하면 아이는 부모를 편한 상대로 인식하여 부담을 갖지 않는다. 부모가 편해지면 아이들은 오히려 스스로 무엇인가를 해야겠다는 자율성을 갖게 된다. 이 자율성이 바로 자기주도적 학습의 기본이 된다.

아이를 진정으로 사랑한다면 부모가 먼저 원칙을 가지고 흔들리지 말고 친구처럼 동반자가 되어 함께 길을 가야 한다. 코치의 훌륭한 전략과 선수의 피나는 노력이 어우러질 때 값진 성과를 만들어 낼 수 있는 것과 같다.

엄마는 코치다. 엄마는 절대 선수가 될 수 없다. 그런데 뛰고 있는 선수가 조금 못한다고 해서 운동장에서 나오게 하고 코치가 직접 뛰려고 하면 되겠는가? 훌륭한 아이로, 공부 잘하는 아이로 키우기 위해서는 엄마의 코칭 전략이 절실하다.

엄마! 하고 싶은 것 좀 하게 해줘요

우리나라는 창피하게도 OECD 국가 중 가장 자살을 많이 하는 나라로 알려지고 있다. 실제로 하루에 평균 40여 명이 자살을 하고 있다. 그 중에는 공부와 관련된 청소년들의 자살률도 심각하다. 이러한 청소년 자살률의 주범인 공부는 이처럼 극단적인 결과를 초래하지만 입시전쟁은 갈수록 치열해져 심지어 그 여파가 유치원에까지 이르고 있다.

서글픈 현실이다. 이러한 우리와는 달리 시험, 숙제, 성적표 등이 없고 어른들의 벌이나 잔소리가 없는, 꿈속에서나 있을 법한 자유롭고 행복한 학교가 이 세상에 실제로 존재하고 있다. 그곳은 바로 20세기의 대표적 교육개혁가인 닐(Alexander Sutherland Neill, 1883~1973)이 영국에 세운 서머힐 학교이다.

그가 학교를 처음 세울 무렵(1921년)의 영국교육은, 무조건 과목들의 내용을 외우게 하고 걸핏하면 가죽 매를 휘두르던 때였다. 닐은 이에 반기를 들고 '아이들을 학교에 맞추는 대신 아이들에게 학교를 맞추는' 이상적인 학교를 만들겠다고 결심했다. 이런 학교의 근본은 아이들이 그들 본연의 자연스러운 모습으로 생활할 수 있도록 많은 자유를 허용하고 스스로 배워가는 교육환경을 만드는 데 목적이 있었다.

서머힐은 학습을 자유롭게 선택할 수 있다. 학교에서는 매 학기 초에 시간표를 짜서 게시하면 학생들은 그 중에서 자신의 수준과 흥미에 맞는 반을 선택해 들어간다. 배우는 학과목들의 내용과 수준은 대학입학을 위한 국가고시에 응시할 수 있게끔 대강 맞추어져 있다. 수업 출석은 자유이기에, 자기가 들어가고 싶지 않으면 며칠이건 몇 년이건 안 들어가도 된다. 하지만 2주 동안 결석하면 한 번 선택해 들어갔던 교실에는 다시 들어갈 수 없다. 그 이유는 다른 학생들의 진도에 방해가 되기 때문이다.

수업 출석률을 보면 어려서 이 학교에 온 학생들은 처음부터 수업에 잘 들어오는 편이나, 도중에 전학해 온 학생들은 이전 학교에서 심어진 수업 혐오증 때문에 한동안 자유를 즐긴 뒤에야 수업에 들어온다고 한다. 전학을 온 학생들이 서머힐에 적응하는 기간은 대개 3개월 정도 걸리며 최장 기록은 3년간 수업에 들어오지 않은 경우도 있다고 한다.

시험, 숙제, 성적표 등이 없는 이 학교에서 학생들은 열세 살이 될 무렵까지 주로 활발한 놀이에 열중하거나 예술, 창작활동을 즐긴다. 열네 살이 되면 대개 대학진학이나 취직을 해야겠다고 스스로 목표를 세우고 열심히 공부하기 시작한다. 결국 이 학교에서는 수업 출석이 강제인 다른 학교에서 7, 8년에 걸쳐 얻는 실력을 단 2년 반 만에 얻음으로써 대다수의 학생들이 좋은 성적으로 대학에 진학하고 있다.

서머힐도 처음에는 부모들의 많은 반대에 부딪쳤고 심지어 지역사회로부터 고립되기도 하였다. 그러나 점차 그러한 실험학교가 인정되는 사회적 분위기가 조성되었고 무엇보다 그런 어려움 속에서도 꿋꿋하게 계속해 나가려는 노력이 있었기 때문에 지금의 서머힐이 존재할 수 있었던 것이다.

사실상 서머힐에서 표방하는 철학은 요즘 우리의 교육현실과는 거리가 있다. 우리의 학교는 하기 싫어도 앉아 있어야 하고 그 수업에서 아무런 의미를 찾지 못해도 계속해야 한다. 한마디로 아무 것도 선택할 수 없이 오직 공부에만 내몰리고 있는 것이다. 게다가 자기가 하고 싶은 것을 아무 방해나 질책을 받지 않고 할 수 있는 곳은 없다. 어떤 아이가 학교에 가기 싫어 결석을 하면 학교와 집에서 난리가 나고 이 학생은 곧바로 문제학생으로 취급된다. 이러한 현실에서 서머힐은 우리에게 많은 것을 시사한다.

서머힐 학교는 우선 학생들에게 강요하지 않는다. 남들이 다 하니까 너도 해야 한다는 식으로 부추기는 사람이 없다. 이런 분위기 속에서 학생들은 경쟁이나 권위나 타인을 의식해서가 아니라 자기 자신을 위하여 자신의 법칙대로 사는 것을 배우게 된다. 스스로가 내린 결정은, 무엇을 하든지 재미있게 만들고 발전하게 만든다.

닐은 아동들에게 가장 중요한 것은 혼자서 자유롭게 노는 것이라고 말한다. 규칙이 있는 놀이는 이미 진정한 의미의 놀이가 아니라 생각한다. 규칙이 있다는 것은 상대가 있다는 것이고, 상대가 있다는 것은 언제나 이겨야 하는 경쟁심을 불러일으키기 때문이다. 닐의 생각으로는 아이들은 본성적으로 이해력을 가지고 있고 또 현실적이어서 그냥 그대로 스스로에게 맡겨두고 어른들의 영향을 받지 않게 하면 자기 능력에 맞도록 스스로 발전한다는 것이다. 닐은 '자기가 학고 싶은 대로 할 수 있는' 학교를 설립한 것이다. 바로 서머힐이 자기주도적 학습을 이끌어가는 대표적인 학교라고 할 수 있다.

엄마!
제 눈높이로 봐주세요

여성들은 결혼을 하게 되면 자신이 가졌던 남편에 대한 애정이 아이가 생기면서 자연스럽게 아이들에게로 전환된다. 아이들이 커가면서 엄마들은 점차 여가 시간이 많이 생기게 되고 자신이 공허하고 지루한 삶을 살고 있다는 생각을 갖게 된다. 이러한 생각은 아이가 유일한 희망이라고 생각하면서, 아이가 자신의 말을 잘 듣고 무조건 따르기만을 기대하게 된다. 이러한 환경에 있는 아이들은 그냥 아이로만 존재하는 것이 허락되지 않으며 엄마가 못다 이룬 꿈과 공부를 이루도록 재촉 받을 수밖에 없다.

아이를 훌륭하게 키우려면 부모 자신의 욕구와 고집스런 관점에서 벗어나 아이들의 눈높이에서 그들을 이해하고 생각할 수 있어야 한다. 그렇게 되려면 우선 부모가 아이가 무엇을 원하는지 정확히 알고 있어야 한다.

　우리는 아이들이 생각이 부족하고 아직 어리다는 생각에 아이의 이야기를 들어주기보다는 부모가 가진 고정관념으로 아이들을 지도하기 쉽다. 부모는 이러한 고정관념에서 탈피해 아이를 있는 그대로 보아야 한다.

　자기주도적 학습을 성공하려면 아이가 스스로 계획을 세우고 실천할 수 있도록 부모의 믿음이 중요하다. 아이의 공부계획과 실천 여부를 평가하라고 하면 대개 부모들은 '무엇을 못 했는가'를 중점적으로 본다. 그 다음에는 '분명 계획을 지키지 못할 테니 감시해야 한다'고 생각하기 일쑤다.

　공부에서도 피그말리온 효과가 매우 중요하다. 우선 아이가 분명히 계획을 잘 지킬 것이라 믿고, 전혀 지키지 못하는 아이에게도 '다음 스케줄은 뭐니?'라는 식으로 부드럽게 조언하는 것이 좋다. 만일 아이가 열심히 노력하고 있는데도 불구하고 성적에 변화가 없다면 무슨 문제가 있는지 함께 논의하고 조언을 해주는 것이 좋다. 그러나 문제를 해결하는 과정에 부모의 의사대로 주도하는 것은 좋지 않다.

　계획을 조금만 실천했다고 해서 아이를 나무라기보다 아무 것도 하지 않은 것보다 낫다는 마음으로 아이가 성취감을 느낄 수 있도록 '조금씩 변해가고 있어, 엄마는 기분이 좋아'라고 긍정적인 피드백을 해주는 것이 좋다. 당장 성적이 크게 오르지 않는 것에 가슴 아파 하지 말고 아이가 스스로 공부하는 능력을 키워가도록 긴 안목으로 바라봐야 한다. 학원을 그만두면서 성적에 거품이 빠져 조금 떨어지더라도 부모가 먼저 흔들리면 안 된다. 아이가 꾸준히 노력할 수 있도록 일관된 태도를 보여주어야 한다. 이때 칭찬과 격려를 적절히 사용하면서 공부습관이 정착되도록 이끌어야 한다.

공부는 자신감과 비례한다. 아이들이 공부를 잘하게 하려면 아이들에게 '네가 자랑스럽다', '엄만, 널 믿는다', '세상 그 누구보다 널 사랑해' 등 이렇게 따뜻한 사랑이 전해지는 말이나 아이를 인정해주는 말들을 자주 해준다. 이러한 말들은 아이의 자존감을 높여주는 말들이며, 이러한 자존감이 높은 아이들은 자기를 가꾸고자 하는 마음이 있기 때문에 자기관리가 가능해진다. 그리고 어떤 과제가 주어지더라도 스스로 문제를 해결하고자 하는 자기주도적 학습이 가능하게 된다.

엄마!
너무 급해요

자고 나면 바뀌는 입시제도와 쏟아지는 교육정보, 선행학습과 조기교육의 일반화 등은 엄마들의 조급증을 부채질한다. 엄마의 전략이 아이들의 장래를 결정한다는 믿음은 조급증과 결합하여 이성적 판단을 제한하고 불안감을 부추긴다. 엄마는 아이가 학교에만 들어가면 꼭 1등을 해야 한다고 생각한다. 마치 씨앗을 땅에 심은 직후 바로 열매가 맺기를 바라는 마음과 같다. 까닭에 공부를 더 잘하게 하기 위해, 더 빠른 방법 더 나은 결과를 만들어내기 위해 엄마들의 발걸음은 바쁘기만 하다.

역도선수라고 해서 날마다 바벨만 들어 올리는 것은 아니다. 피겨 스케이팅 선수는 스케이팅만 날마다 하는 것이 아니라 기초체력훈련도 한다. 축구선수라면 전후반 90분을 완전히 뛸 수 있는 체력을 비축하지 않으면 안 된다. 그만큼 기초체력은 모든 것의 바탕이 된다. 공부도 마찬가지다.

수많은 엄마들은 이런 얘기를 들으면 맞는 말이지만 지금 급한데 그럴 시간이 없다고 한다. 성적지상주의에 빠져 하루 빨리 아이 점수 올리기에만 급급하다. 기초체력 키우기는 '배부른 소리'로만 들린다. 공부하는 방법을 알려주기보다 아이에게 기계적인 암기를 하도록 지시한다. 길을 가다가도 '4주 완성 내신 1등급 만들기' '초등학생, 고등수학 두 달 완성 과정' '특목고 합격 파이널 반 모집' 등 학원에서 걸어놓은 플랜카드를 보면 나도 모르게 내 아이의 팔목을 잡고 나선다. 동창모임이나 옆집에 놀러갔다가 용하다는 학원에 대해 듣기만 해도 귀가 쫑긋 서고 꼭 보내고야 말겠다는 생각을 가진다.

중간고사 수학성적이 떨어지면 그날로 과외 선생님을 바꾼다. 영어 독해가 약하다 싶으면 학원은 그대로 둔 채 '독해 전문 고액과외 선생님'을 집으로 끌어들인다. 기말고사에서 사회과목 성적이 떨어지면 사회과목 전문 학원으로 직행한다. 이 엄마가 '이 학원이 좋다' 저 엄마가 '저 선생이 대단하다'고 하면 그때마다 모든 투자를 아끼지 않는다. 이것이 바로 '내 아이를 망치는 최선의 방법'임을 알아야 한다.

아이의 의지와는 상관없이 억지로 시키고, 몇 일만에 효과가 없다고 바로 바로 바꾸어 버리면 아이들은 바뀐 환경에 적응하다 시간을 다 허비하게 된다. 결국 학습환경을 자주 바꾸는 것은 아무런 효과도 거두지 못할뿐더러 오히려 아이들에게 내성을 증가시켜 새로운 학습내용을 받아들이는데 있어 거부감을 가질 수 있다. 여기에 엄마의 변덕스런 습관이 아이에게 고스란히 전달되어 조그만 일에도 참지 못하고 화를 내는 어른이 된다는 것을 알아야 한다.

엄마는 아이의 기계적인 암기에만 관심을 갖지 말고, 공부의 기본이 되는 주의집중력, 기억력, 논리력, 창의력, 추리능력 등을 키워주도록 해야 한다. 지금 당장은 공부에 큰 역할을 하지 못하지만 나중에는 자기주도적 학습습관을 길러 줄 수 있기 때문이다.

인스턴트 음식이 최고의 음식이 될 수 없듯이, 내 아이를 최고로 만들고 싶다면 기다리는 여유가 있어야 한다. 무엇을 시키든지 결과가 나올 수 있는 만큼 기다려야 한다. 예를 들어 학원을 보냈다면 최소한 중간고사나 기말고사를 보고 결과가 나올 때까지 기다렸다가 결과가 나쁘면 옮겨도 늦지 않다. 자기주도적 학습을 지도한다면 최소한 3개월은 지켜봐줘야 한다.

엄마가 볼 때에는 좀 돌아가는 듯 보이겠지만 조금 기다리는 여유를 가져야 한다. 최소한 땅에 심은 씨앗이 줄기가 돋고 나뭇잎도 생겨 열매를 맺을 때까지 기다리는 마음이 필요하다. 엄마는 그 나무가 잘 크도록 지속적으로 비료를 주는 것처럼 자기주도적 학습습관을 심어주는 것이 필요하다. 이것이야말로 아이에게 공부에 관한 제일 큰 유산을 남기는 진정한 부모의 도리다.

엄마! 공부 못하는 아이도 인간이에요

저자는 고교 비평준화 시절 때 신도시에서 가장 늦게 신규로 생긴 H고등학교에 근무한 적이 있었다. 고교 비평준화 시절에는 신도시가 만들어지면 첫 번째 설립한 학교가 명문이 되기 쉬우며, 늦게 개교할수록 수준이 낮은 학교가 되기 쉬웠다. 왜냐하면 머리가 좋은 학생들이나 교육에 관심이 많은 부모들은 좋은 학교로 아이를 보내려고 하기 때문에 주로 처음 생긴 학교에 몰린다.

H고등학교는 신도시에서 가장 늦게 개교한 인문계 고등학교로 가장 인기 없는 학교였다. 당연히 입학한 학생들의 수준도 좋지 않았지만 부족한 인원을 채우기 위하여 학교생활에 적응을 제대로 못하는 문제 학생들이 전학 오는 경우가 많았다.

H고등학교는 주로 공부를 못하는 학생들로 구성되어 있었기 때문에 하루 종일 교실에 붙잡아 놓고 수업하는 것이 무척 힘들고 어려웠다. 선생님들이 교실에 들어가 수업을 하기 위해 인사를 주고받으려는 순간에도 아이들은 일어나지 않고 전부 엎어져 잠을 잤다. 오래되지 않아 그 학교는 학부형들에게 학업능력이 부족하거나 학교생활에 적응을 하지 못하는 학생들이 지원하는 학교로 낙인이 찍혀버렸다.

학부형들 또한 자녀가 공부 못하는 것이 창피해서 그런지 학교 방문을 꺼렸다. 어쩌다 학부형을 만나보면 자기 자녀가 공부를 못하는 이유에 대하여 대략 세 가지로 정리하고 있었다. '우리 애는 머리는 좋은데 공부에 흥미가 없어서', '초등학교 때까지는 공부를 잘했는데 중학교 때 친구를 잘못 사귀어서', '다른 아이는 공부를 잘하는데 요 녀석만 머리가 나빠서' 등이 그것들이다. 한마디로 공부 못하는 아이를 둔 것이 창피한 탓에 아이가 공부를 못한다는 것을 인정하려 들지 않았던 것이었다.

학부형들의 이야기를 종합해보면 현실을 잘못 인식하고 있다는 것을 알 수 있었다. 즉 아이가 공부만을 못하는 것인데도 모든 것이 뒤떨어지는 것처럼 인식하고 있었던 것 같았다. 게다가 아이가 공부를 못하니까 앞으로 험난한 세상을 어렵게 살아갈 것이라는 그런 걱정만 앞선다는 것이다.

하지만 학교에서 학생들과 만나는 나는 공부는 시험을 본 결과가 나타났을 때만이 우열의 차이를 인식할 뿐 나머지는 전혀 차이를 못 느꼈다는 것이다. 공부를 못하는 아이들이 잘하는 아이들에 비해 다른 능력에서는 큰 차이를 거의 느끼지 못했다. 친구들도 잘 사귀고, 반장이 되어 남들보다 탁월한 리더십을 발휘하거나, 하다못해 청소를 열심히 하거나, 학급의 궂은 일을 혼자 열성적으로 능숙하게 해내는 일, 학급에 어려운 일이 생기면 자원하여 해결하기도 하며, 체육대회나 체험학습을 떠나도 나름대로 선생님 모르게 이벤트를 완벽하게 해내는 모습 등은 감동적이기까지 했다.

교내 체육대회나 예술제를 하면 학생들은 눈부시게 싱싱하고 아름답다. 수업시간에 졸던 학생들이 스스로 기획하고 준비해서 행사를 멋지게 치러낸다. 어떤 면에서는 공부를 잘하는 학생들보다 뛰어난 부분이 더 많게 보이는 것이었다. 그런 학생들은 게임을 잘 하거나, 노래를 잘 부르거나, 춤을 잘 추거나, 리더십이 있거나, 운동을 잘 하기도 하였다. 그런데도 학부형들은 오히려 이런 것을 잘 하면 공부를 못하는 학생들이라고 몰아붙이고 있으니, 참 아쉽기도 하였다.

대학에서는 요즘 40%정도는 수시모집으로 학생을 선발하고 있다. 수시모집은 자신의 내신성적과 학교생활만으로 대학을 갈 수 있는 제도이기 때문에 자신의 전체적인 실력보다도 성적이 높은 대학에 많이 합격할 수 있다. 그런 학생들이 대학에 들어가면 뒤처질 것처럼 보이지만 놀랍게도 우수한 성적을 자랑하는 학생들이 많다. 고등학교 공부에서는 재능을 발휘하지 못했던 아이들이 자기가 좋아하는 전공과목에서 두각을 나타내는 것이다.

이처럼 긍정적이면서도 발랄하고 총명한 학생들이 공부에 관련된 일에서는 소극적이고 위축된 모습을 드러낸다. 남을 걱정하고, 반의 굳은 일을 도맡아 하던 학생들도 누구와 조금만 비교하는 말을 해도 예민한 반응을 보인다. 이것은 학생들이 서열을 앞세우는 교육을 받으면서 그동안 얼마나 큰 상처를 받았는지 짐작할 수 있게 해 준다.

‘공부 못하는 아이들’은 학교에서 정해 놓은 공부만을 못하는 아이들이다. 그런데도 우리 사회나 부모는 공부를 못하면 공부 못하는 아이로 규정한다. 공부라는 기준만 벗어나면 참으로 똑똑하고, 능력 있고, 멋있고, 잘난 아이들인데도 말이나. 공부만을 못하고 다른 분야에는 능력 있는 아이들은 참 많다. 그런데도 불구하고 공부 못하는 인간으로 분류하여 그들을 기죽임으로서 그들은 학교생활이 끝나고 사회에 나갈 때 무능력해져서 나가는 경우가 많다. 우리 사회는 공부 못하는 아이들보다 아이들을 제대로 평가해내지 못하는 어른들이 많아서 더 큰 문제다.

엄마!
벌이 전부는 아니에요

미국에 있는 교사들은 유학온 한국인 학부모로부터 가끔 '미국에 오니 미국인 교사가 통 아이들을 야단치지 않지 뭐예요. 선생님, 숙제도 좀 많이 내주시고 잘못하면 아프게 때려도 주세요' 하는 부탁을 자주 들었다고 한다. 그래서 한국 학생들을 가르치는 교사들은 한국 사람들은 아이들이 공부하는데 매나 숙제가 제일 효과가 있다고 생각하게 되었다고 한다.

'벌'이란 아이들이 바르게 성장하는데 꼭 필요한 것이기는 하지만 꼭 벌로 아이를 가르쳐야만 한다는 것은 이해하기 어렵다. 잘못된 행동 자체를 나무란다고 아이의 몸에 손을 댄다는 것은, 잘못했다는 생각이 들게 하기에 앞서 반항심만 키우기 쉽다.

미국의 학교에는 체벌이 없어 아이들에게는 천국이라는 말을 하지만 과거에는 체벌이 많이 행해졌고, 아직도 40여 개 주에서는 이유 있는 체벌이 허용되고 있다. 그러나 체벌이 아이들 공부에 도움이 안될 뿐만 아니라 아이들 인격형성에 문제가 많아 체벌을 중지하기 시작한 것은 오래되지 않았다.

　벌은 잘못된 행동을 중지시키기 위해 가해져야 한다. 우리는 교육현장에서 아무런 근거도 없이 강압적으로 내려진 벌을 경험하는 경우가 많다. 실제로 벌에 대해서 학생들이 어떻게 반응하는지 실제 사례를 들어보자.

중학교 2학년인 상철이는 시험때만 되면 심한 스트레스를 받는다. 상철의 어머니는 시험보러 가는 상철이에게 오늘 시험 못보고 집에 오면 각오하라는 경고의 말을 자주 던지기 때문이다. 나름대로 시험 공부를 하고 집을 나서는데 엄마의 경고는 갑자기 상철이를 두려움에 떨게 만드는 것이다. 학교 가는 동안 계속 시험을 못보면 어떤 일이 생길까 두려움이 생기고, 막상 시험이 시작해서는 불안해서 문제를 제대로 풀지도 못하고 답안지에 적을 때도 자꾸 틀려서 자신이 공부한 만큼의 결과도 얻지 못했다. 상철이는 엄마가 미웠다. 자신에게도 중요한 시험보는 날 최선을 다하라는 말을 듣고 싶었지만 엄마는 자기의 마음과는 너무 달랐기 때문이다. 그래서 상철이는 엄마가 없는 곳으로 도망가고 싶었다.

초등학교 6학년생 철수는 성적표를 받는 날만 되면 불안에 떨었다. 철수의 아버지는 철수의 성적이 떨어질 때마다 하루에 30분씩 팔굽혀펴기를 시키기 때문이다. 철수는 성적이 떨어진 것과 팔굽혀펴기가 무슨 연관이 있는지 이해가 되지 않았지만 화가 난 아버지가 시키는 일이라 할 수 밖에 없었다. 성적이 나쁘면 그에 대한 원인을 분석하여 세진을 도와줘야 할 텐데 아버지는 공부와는 전혀 상관없는 팔굽혀펴기만 시키고 있었던 것이다. 아버지가 두려운 세진은 가능한 한 아버지가 집에 들어오기 전에 잠자리에 들거나 토요일이 되면 할아버지 집으로 뺑소니를 친다.

고등학교 2학년인 가희는 성적만을 가지고 이야기 하는 아버지가 너무 싫었다. 가희는 학교에서 성적이 중간 정도인데 가끔 아버지와 식사를 할 때면 가희 아버지는 '너 때문에 창피해서 얼굴을 못 들겠다'고 하거나 '너 그러면 시집이나 제대로 갈줄 아니?'라고 하며, 성적표를 가져오면 심지어 '아빠는 공부를 잘해서 좋은 대학을 나왔는데 너는 왜 그렇게 머리가 나쁘니?'라고 하거나 '집을 나가 죽어라'라고 한다. 가희는 아버지가 너무 미웠다. 어떻게 자기의 딸에게 그렇게 말을 할 수 있는지 이해가 되지 않았다. 가희는 자신감이 더욱 상실되었고, 가족 내에서 존재감마저 잃어버려 자살하고 싶은 생각만 들었다.

아이들은 공부를 못한 것에 대해서 일방적으로 벌을 받아야 하는 연관성과 이유를 모르고 있다. 아이가 벌을 받는다고 해서 못하는 공부를 잘 할 수는 없다. 오히려 혼나거나 매를 맞는 것에 대한 공포감으로 아는 답조차 틀릴 우려가 커진다. 아이가 자꾸 틀리면 엄마는 더 화가 날 것이고 그러다가 아이를 때리거나 소리를 지르게 된다. 아이들은 벌을 받아야 하는 이유를 모르는 상태에서 벌을 받으면 아이는 자기가 잘못했다는 생각보다는 부모에 대한 미움과 복수심을 가지게 되며, 자신에 대한 분노와 절망을 느끼게 된다. 아울러 아이들은 맞을 때 어른들이 그러듯 심한 모욕감을 느끼게 된다. 심한 경우에는 자살로 이어지기도 한다.

벌은 아이들의 정신을 바로잡기 위해 주어야지, 그들의 연약한 신체에 고통을 가하기 위해 주면 안 된다. 공부의 결과에 대한 벌은 충격이 오래 간다. 성인인 우리가 공부를 해야 하는데 사칫 잘못하여 벌을 받는다고 한다면 아마 성인들은 공부 자체를 하지 않으려고 할 것이다.

흔히 '아이는 어른의 아버지'라고 하지만 아이의 모든 행동은 어른들의 모방에서 시작된다. 그러므로 부모 자신이 자신의 성에 못이겨 심한 언사를 아이에게 마구 퍼붓거나 가리지 않고 신체의 아무 곳이나 때리는 일은 사라져야 한다.

엄마!
화 좀 그만 내세요

아이를 가르치다 보면 손이 먼저 올라간다고 하는 엄마들이 많다. 화가 난다고 하더라도 잠시 한번쯤 심호흡을 가다듬고 생각할 시간을 갖는다면 아이의 마음에 상처를 내는 일은 없을 것이다.

아이는 부모가 무조건 사랑만을 주는 존재라는 고정관념을 가지고 있다. 그런데 엄마가 화를 내면 아이는 왜 화를 내는지 이해를 못한다. 아이들이 누워있을 때 부모들은 아이에게 '눈에 넣어도 아프지 않을 정도로 사랑스럽다'고 한다. 그리고 아이에게 하는 말도 '조금만 더해 봐', '일어서 봐!', '잘했어', '우리 아기 잘했어'라는 긍정적인 말만 한다. 아이는 이러한 부모의 격려 덕분에 아이는 넘어져서 다칠 수도 있지만 지속적으로 일어나 걸으려는 도전을 한다. 그러나 아이가 걸어 다니고 호기심을 가지고 낙서를 하거나 물건들을 망가뜨리기 시작하면서 부모들은 '그만하라니까', '가만히 있으라니까', '너는 왜 그 모양이니', '다리 밑에서 주워온 애'라며 화를 내게 된다. 아이들에게는 충격적인 변화라고 할 수 있다. 매일 좋은 말만 하던 부모가 갑자기 화를 내기 때문에 아이들은 어떻게 적응해야 하는가 고민하기도 한다. 결국 아이는 엄마가 시키는 대로 하는 것이 편하다는 생각에 모든 도전본능과 호기심을 버리고 엄마가 지시하는 대로 살게 된다.

원래 사람은 도전본능을 가지고 있었기 때문에 어려운 환경에서도 도전하고 분명을 발전시켜왔다. 따라서 아이들은 도전본능을 가지고 있기에 신체의 성장에 따른 정신적인 발전을 가져오는 것이다. 특이 아이들이 기고, 걷고, 뛰는 것들은 바로 도전의 결과라고 할 수 있다. 그러나 부모의 지나친 간섭과 통제는 아이들이 갖고 있던 도전본능과 호기심을 버리고 안주하게 만든다. 공부는 바로 도전본능과 호기심이 바탕이 되는 것인데 부모가 화를 내면 아이들은 도전과 호기심을 포기하게 한다.

아이들이 학교에 입학해서 공부를 못하게 되는 원인도 입학 전에 부모가 아이의 자신감을 상실시키거나 호기심을 갖지 못하도록 하는데 있다. 도전본능이 없으니 공부를 열심히 해야 한다는 생각도 들지 않을 뿐더러 공부에 대한 호기심도 생기지 않는 것이다. 부모가 화를 내는 이유는 아이가 부모의 기대감을 저버리거나 원하지 않는 행동을 하기 때문이다. 아이는 사리판별 능력이 부족하기 때문에 부모가 무엇을 원하는지 알지 못한다. 그런대도 부모는 어른의 기준에 맞지 않는다는 이유로 화를 내는 경우가 많다. 예를 들면 늦게 들어오거나, 엄마에게 전화를 하지 않았거나, 늦게 일어나거나, 동생과 싸우거나, 약속을 지키지 않거나, 게으르다는 이유로 화를 낸다.

실제로 부모의 화 내는 것에 대해서 학생들이 어떻게 반응하는지 실제 사례를 들어보자.

중학교 3학년인 상근이는 친구들과 노는데 정신이 팔려 집에 들어가는 시간이 늦어졌다. 집에서는 부모님들이 집에 들어올 시간이 지나도 오지 않아 걱정이 되어서 언제 들어오나 기다리다 화가 났다. 상근이는 미안한 마음에 뛰어서 집에 들어왔는데 거실에 있던 부모님들은 문을 열고 들어오는 상근이에게 갑자기 '너! 왜 이렇게 늦게 들어왔어'라고 소리치면서 화를 냈다. 상근이는 나름대로 변명을 하려했지만 부모는 들으려고 하지 않고, '너 다음에 한번만 늦으면 가만두지 않을 거야'라고 하였다. 상근이는 방에 들어와서 생각했다. 엄마 아빠도 때로는 늦게 들어오시면서 왜 내가 조금 늦게 왔다고 저렇게 화를 내는가에 대해서 이해를 하지 못했다. 상근이는 나랑 같이 있는 친구들도 다 늦게 집에 들어갔는데 왜 나만 가지고 그러는지 부모가 야속하기까지 했다. 상근이의 생각대로 이런 악순환이 지속된다면 상근이는 제대로 가정생활을 할 수 있을까?

초등학교 4학년과 6학년 두 아이를 둔 엄마가 있었다. 아이들이 휴대용 게임기를 서로 가지려고 싸우는 일이 있었다. 옆에 있던 엄마는 아이들을 향해 소리를 질렀다. "너희들 누가 싸우랬어. 엄마가 미쳐서 죽겠다. 그만두지 못해!" 아이들은 싸움을 멈추려고 하지 않았다. 엄마는 말로 했는데 듣지 않아서 뜯어 말리면서 애들을 때리려 했다. 먼저 작은 애를 때리려고 했더니 아이는 엄마의 내리치는 손목을 잡고 '왜! 때리려고 그러는데' 하고 막았다. 아이가 손을 잡고 막는 것을 당한 엄마는 당황해서 빗자루를 들고 이번에는 큰 아이를 때리러 갔더니 큰 아이는 맞기 보다는 엄마를 소파로 밀어 버려 결국 엄마는 주저앉을 수밖에 없었다. 엄마는 충격에 빠졌다. 지금까지 이런 일이 없었는데 왜 아이들이 그런가에 대해서 도저히 이해할 수 없어서 퇴근하는 남편을 기다렸다가 일러야겠다고 생각하였다.

중학교 1학년과 2학년을 둔 다른 엄마가 있었다. 이 엄마는 똑같이 형제가 싸우면 다가가서 아이들을 조용히 떼어놓고 싸우면 안 되는 이유를 설명한 후 두 아이를 몇 분간 떨어져 앉아 있게 한 다음, 시간이 조금 지나 아이들의 화가 풀리게 되면 그들을 다시 놀게 한다고 한다. 이 엄마는 아이들 앞에서는 결코 화를 내지 않았다고 한다. 그래서 그런지 아이들은 엄마가 말하면 말을 이해하고 엄마의 말을 따르려고 한다고 한다.

화가 난다고 자신이 잘못한 것이 무엇인지 모르는 아이에게 소리를 지르고, 매를 든다면 아이는 자신에게 문제가 있을 때마다 남에게 공격적인 자세를 취함으로써 문제를 해결하려고 할 것이다. 아무 것도 생각하지 못하고 오직 싸우는 일에 열중인 아이들에게 '내가 몇 번이나 싸우지 말라고 했잖니?' 하며 다분히 공격적으로 소리를 지를 때, 싸우는 것이 왜 나쁜 것인지 모르는 아이들이 싸우는 것을 멈출 수 있을까?

그렇다고 무조건 화를 내지 말라는 것은 아니다. 화를 내는데도 절차를 가지고 해야 한다는 것이다. 부모가 화를 낼 때는 아이가 잘못했다는 감정을 가지고 있어야 하며, 화를 내서 다시는 그 행동이 반복되지 않을 수 있을 때 해야 한다. 그렇게 하기 위해서는 부모가 화를 낼 때 성난 음성이나 노기를 보여서는 안 되고, 화를 내는 이유나 목적 또한 명백해야 한다. 화를 낼 때는 부모가 화를 내는 이유를 아이에게 알려줘야 한다. 납득이 가도록 차근차근 설명을 하면서 조용히 화를 내고 자신의 잘못을 수긍하도록 해야 한다. 그러나 아이가 잘못을 인정하지 않고 있거나, 화내는 것을 수용하지 않으려고 하는데 일방적으로 화를 내면 고학년이 될수록 아이는 반항하거나, 심한 경우에는 부모를 욕하거나 때리기도 한다.

유치원 때부터 고등학교 때까지 부모가 해줘야 할 일은 어른의 입장에서 아이들을 지도하는 것이 아니라 아이들 입장에서 생각하고 행동해야 한다는 것이다. 어른의 역할은 어른의 세계를 아이들에게 이해하도록 종용하는 것보다 아이들로 하여금 스스로 자기 자신을 통제할 수 있도록, 또 자신이 한 행동에 대하여 책임질 줄 아는 사람이 되도록 돕는 것이다. 자기주도적 학습은 바로 아이들을 스스로 통제하고, 자기가 한 공부에 대하여 책임질 줄 아는 사람이 되도록 습관을 길들이는 것이다.

엄마!
저를 믿어 주세요

자기주도적 학습은 자신에 대한 믿음과 교사나 부모의 믿음 없이
는 이룰 수 없다. 자기주도적 학습은 학생 스스로 자신의 능력, 존
재가치, 가능성, 자기효능감, 자신감 등에 대해서 믿음을 가져야 실
행할 수 있다. 자신을 믿지 못한다면 학생들은 자신의 능력을 의심
하게 되고, 자신의 존재가치가 없다면 자기 효능감이 부족해지고,
결국에는 자아실현에 대한 성취감을 느낄 수 없으므로 자기주도적
인 학습이 성공적으로 실행될 수 없다. 뿐만 아니라 부모나 교사가
학생을 믿지 못하면 자기주도적 학습은 공부하는 것으로 보이지 않
기 때문에 학습방법을 중단하거나 바꾸게 될 수 있어 성공적으로
실행하기 어렵다. 아이를 믿어 준다는 것은 다음과 같은 측면에서
이해될 수 있다.

첫째, 자신의 능력을 믿게 하는 것이다.

아이가 자신의 능력을 믿게 하기 위해서는 먼저 부모가 아이의 능력을 인정해주는 것이 필요하다. 부모는 아이가 어떤 과업에 직면했을 때 그 과업을 성취할 수 있는 능력을 가지고 있다고 아이에게 확신시켜 주는 것이 좋다. 이러한 믿음은 바로 인간의 성장 가능성을 인정하는 것이다. 아이가 자신이 능력있는 사람이라고 믿을 때 학습에 대해서 갖는 기대도 긍정적이고 희망적이다. 그러나 자신이 능력없는 사람이라고 생각한다면 학습은 부정적이고, 절망적일 수밖에 없다.

둘째, 자신의 존재가치를 믿게 한다.

아이에게 개인마다 존재해야 하는 분명한 가치를 인정해 준다. 부모는 아이와의 대화 속에서 우리 모두가 하나하나 분명한 존재 가치가 있다는 것을 알려준다. 이러한 믿음은 아이로 하여금 자신이 이루어야 할 꿈이 있다는 것을 알게 하는 것이다.

셋째, 자신의 잠재능력을 믿게 한다.

잠재능력은 겉으로 드러나지 않고 속에 숨어 있는 힘을 말한다. 잠재능력은 신체의 조직이나 기관 등을 관장하는 자율신경을 담당하는 것 외에도 정보를 기억, 저장하는 기능, 직감이나 감정, 확신과 영감, 암시와 추리, 상상과 조직력 등의 기능을 관장한다. 잠재능력은 마치 빙산과 같아서 인간의 능력 중에서 95%나 되지만 잠재의식 속에 저장되어 있다. 따라서 잠재능력은 활용할수록 능력도 증가가 되고, 새로운 능력을 개발해 나갈 수 있다는 것이다.

아이의 잠재능력을 높이기 위해서는 아이에게 잠재능력이 있다는 것을 확신시켜 주어야 하며 아울러 잠재능력을 발견하게 해주어야 한다. 부모는 아이에게 성공한 자신의 모습을 그리며 성공을 해야겠다는 강한 결심을 마음속에 새기게 한다. 그 이미지가 구체적일수록, 자주 반복될수록 잠재능력은 높아진다. 아이가 스스로 잠재능력을 발견하게 하고 그에 따라서 학습결과에 대하여 놀라운 효과를 발견하게 된다.

넷째, 자신의 효능감을 믿게 한다.

자기효능감은 특정한 상황에서 원하는 결과를 얻을 수 있다는 확신을 말한다. 즉 자기효능감이 높으면 어떤 일을 하던지 자신감을 갖게 될 뿐만 아니라 좋은 결과를 가져오게 된다. 따라서 부모는 아이에게 무엇이든 할 수 있다는 자신감을 심어 주는 것이 중요하다. 자기효능감에 따라 어느 정도까지 많은 노력을 기울일 것인지와 많은 장애에도 불구하고 얼마나 오랫동안 그 노력을 지속할 수 있는지를 결정한다. 이러한 긍정적 사고와 행동은 결국 보다 나은 성과로 이어진다.

자기효능감이 높은 아이들은 스트레스, 신경증, 노이로제에 덜 걸리며, 술이나 기타 약물 등에 중독되는 경우도 더 적다. 자기효능감이 높은 학생들은 자기효능감이 낮은 학생에 비해 도전적으로 공부를 하며 오랫동안 지속하고 보다 성공적으로 수행한다. 특히 자기효능감이 높은 학생들은 도전하려는 욕구가 강하고, 실패할 때 더 큰 노력을 발휘한다고 한다. 따라서 공부습관을 형성하기 위해서는 반복적 도전과 성공의 체험을 통해 할 수 있다는 자신의 능력에 대한 긍정적 믿음을 확대해 나가야 한다.

자기주도적 학습은 바로 이러한 자신에 대한 믿음에서 시작한다. 교사나 부모도 학생의 능력, 존재 가치, 잠재가능성, 자기효능감에 대해서 믿음을 가져주어야 한다. 부모는 학생이 미숙한 행동을 하더라도 학생에 대한 믿음을 가지고 성장 가능성을 인정해야 한다. 이러한 믿음 속에서 학생은 자신을 능력이 있는 존재라고 믿고 자신감을 가지게 된다. 이러한 믿음에 기초를 두고 교사, 학생, 부모가 함께 인간관계를 형성하는 것이 바로 자기주도적 학습인 것이다.

엄마!
저를 인정해주세요

자기주도적 학습은 한 개인의 존재가치와 존엄성을 인정하는 학습이다. 자기주도적 학습에서는 학생을 단순한 학습자로 보지 않고 존엄성을 가진 하나의 독립된 인격체로 보아야 한다. 그러나 교사의 입장에서는 학생을 단순히 자신으로부터 특정한 지식을 필요로 하는 존재로 보기 쉽고, 부모의 입장에서는 자신에게 모든 것을 의존해야 하는 무능력한 존재로 보기 쉬우나, 자기주도적 학습에서는 학생 이전에 한 인간으로 보는 것이다. 그래서 아이가 학습동기를 세우도록 도와주고 스스로 세운 학습목표를 인정해 주어야 한다. 부모는 그에 따른 학습환경을 조성해 주는데 의의가 있는 학습법인 것이다. 부모가 아이를 인정하기 위해서는 다음의 시각이 필요하다.

첫째, 인간이라는 사실만으로 인정해준다.

지구상에 존재하는 모든 동물이나 사물은 각자 나름대로 존재가
치를 가지고 있다. 따라서 아이가 어떤 조건을 갖추었기 때문에 존
중하고 인정하는 것이 아니라 인간이라는 사실만으로 조건 없이 존
엄성을 인정해주어야 한다. 자기주도적 학습이 성공하기 위해서는
학생들이 가지고 있는 존재가치인 개인의 특성을 존중하여 체질에
맞는 학습전략을 세워주는 것이 필요하다.

둘째, 독립된 개체로서 인정해준다.

자기주도적 학습이 성공하기 위해서는 아이들이 부모나 교사에게
예속된 존재가 아니라 나름대로의 개성을 가진 독립된 인격체로 인
정해주는 것이 중요하다. 부모들은 아이들을 자기 것이라는 소유개
념을 가지고 있기가 쉽다. 그래서 아이를 독립된 개체로 인정해주
는 것이 아니라 나의 아이라는 데서부터 시작하기 때문에 아이들과
갈등이 생긴다. 자기주도적 학습을 실행하기 위해서는 학습목표,
학습전략, 학습환경을 결정한다든지 아이에 관한 진로에 대한 결정
을 내릴 때 부모의 가치관이나 또는 교사의 선호에 의해서 결정하
는 것이 아니라 학생의 독자성을 인정하고 학생의 입장에서 결정해
야 한다.

셋째, 개인의 성장가능성을 인정해준다.

인간은 누구나 성장하고 발전할 수 있는 잠재능력을 가지고 있다.
부모나 교사는 인간의 이러한 능력을 인정하고 잠재력을 개발할 수

있도록 도와야 한다. 따라서 아이가 공부는 좀 못하더라도 학생의 발전 가능성에 대한 믿음을 가지고 대해야 한다. 역사 속에서 바보 온달의 이야기를 다들 아실 것이다. 온달은 소문난 바보였지만 울보 공주였던 평강이 결혼하면서 장군이 되었다는 이야기다. 바보 온달이 장군이 된 것은 바로 평강공주의 온달에 대한 성장가능성을 인정하고 칭찬과 격려를 했기 때문이다. 아이들은 자신의 성장 가능성을 인정해주고 믿어주는 만큼 성장하게 된다.

자기주도적 학습은 개인의 손엄성을 인정하는 인간 존중이 바탕이 되는 학습방법이라고 할 수 있다. 교사나 부모가 아이의 인격을 존중하고, 하나의 독립된 인격체로서 인정하고, 발전가능성을 인정해줄 때 비로서 아이는 자기주도적 학습능력이 형성되는 것이다.

엄마!
잔소리 좀 그만하세요

부모의 의도는 사랑과 양육으로 시작되지만 어떤 일에 짜증이 나면 마음과는 달리 화를 내고 소리를 지르게 된다. 부모는 금방 후회하곤 하지만 아이와 어색해지는 관계와 갈등의 골은 깊어만 간다. 실패를 했을 때에도 꾸지람을 주어서는 안 된다. 그렇게 하면 실패에 대한 두려움이 생겨 자신감을 상실하게 된다. 따라서 최소한 가정에서라도 아이들이 불안해하지 않도록 안전한 공간을 마련해 줌으로써 학습에 대한 아이의 불안을 줄여야 한다. 아이는 실수를 할 때에도 실수 때문에 비판받지 않을 거라고 느껴야 한다. 그래야 아이는 성공과 실패에 대한 부담감에서 벗어나 편안해질 수 있다.

사춘기 자녀의 자존감을 꺾고 가능성의 싹을 자르는 잔소리를 알아보면 다음과 같다.

● **"너, 그 따위로 하려면 다 때려치워!"**

아이로 하여금 극도의 반항심과 좌절감을 동시에 느끼게 한다. 아이가 하는 행동이 마음에 들지 않더라도 극단적인 표현을 사용하는 것은 금물이다. '아이가 왜 그런 결과를 맞게 되었는지' '지금 이 일이 왜 중요한지' '처음 의도와 얼마나 달라졌는지'부터 살피는 지혜가 필요하다.

● **"그것 봐라. 엄마 말 안 들으니까 그렇지. 왜 엄마 말 안 들어?"**

이 말은 아이로 하여금 비꼬는 듯한 인상을 심어주며, 아이의 가능성을 부인하고 결점을 들춰내며 너는 엄마 말을 안 들으면 아무것도 할 수 없다는 결론을 만들어 좌절하도록 만든다. 아이가 어떤 행동을 하기 전, 충분히 의견을 나눴다면 아이를 탓하는 이야기는 하지 않는 것이 좋다. 그리고 무조건 부모님 말을 잘 듣는다고 해서 훌륭한 아이로 큰다는 보장도 없다. 오히려 소신 없고 무계획적이며 책임감 없는 아이로 클 수도 있다.

● **"다 너 잘되라고 하는 거야."**

'너는 내 말만 따르면 된다'는 식의 말은 반발심만 불러일으킨다. 이런 말을 했을 때 아이가 '나 위하지 마. 누가 위해 달래?'라며 방문을 걸어 잠그는 모습을 본 적이 있을 것이다. 만약 어쩔 수 없이 화를 냈다면 차분해진 후에 꼭 이유와 상황을 설명하도록 하고 사과할 부분이 있다면 사과를 하자. 내가 아이를 위해 희생한다고 생각하면 보상심리 때문에 아이에게 더 화를 내게 되고, 아이는 그런 상황을 더 납득할 수 없게 되어 점점 사이가 멀어지게 된다.

● "너는 왜 그렇게 머리가 안 돌아가니?"

마치 온 가족이 머리가 좋은데 너만 그렇다는 식으로 들려 아이가 소외감을 느낄 수 있다. 특히 '공부'를 이슈로 아이를 비난하고 비교하기 시작하면 아이는 부모와 투쟁하느라고 정작 공부에 집중하는데 에너지를 쏟을 수 없게 된다. 아이는 그렇게 분노로 사춘기를 다 보내게 된다.

● "아주 매를 버는구나."

아이에게 부모는 문제가 해결되지 않으면 폭력이나 권위로 누르려는 사람으로 인식된다. 아이 역시 화가 나는 상황이 되면 형제자매나 주변인에게 스스럼없이 폭력에 대한 언어를 사용하게 될 것이다. 상황을 차분하게 이해시키고 시간이 걸리더라도 납득시키는 지혜가 필요하다.

● "내가 너를 키우느라 얼마나 고생이 많은지 아니?"

아이가 문제행동을 했을 때 부모가 화가 나면 제일 많이 하는 이야기가 이 말이다. 또한 아이들이 가장 듣기 싫어하는 말 1순위라고 한다. 얼마나 자주 들으면 싫은 소리가 될 것인가? 아이들이 이 말을 들으면 아이들은 부모에게 오히려 '누가 낳으라고 그랬어?'라고 말한다고 한다. 심한 경우는 '나를 낳고 좋아했으면서'라고 말한다. 부모가 아이를 낳으면 고생하는 것은 당연한 것으로 인식하기 때문이다. 이런 말보다는 '내가 너를 얼마나 사랑하는지는 아니? 네가 그렇게 해서 엄마는 마음이 아파'라고 말하여 스스로 문제행동을 줄이도록 납득시키는 지혜가 필요하다.

아이가 태어나 가장 먼저 사랑하게 된 사람, 가장 믿는 사람은 부모다. 부모는 어린 자녀에게는 신앙의 대상과 같은 완벽하고 절대적인 모습이다. 그런 부모에게서 불신과 저주의 말을 듣는다면 얼마나 괴로울까? 예민한 사춘기를 위한 세심한 대화가 필요할 때다.

엄마!
공부할 시간이 없어요

학습상담을 해보면 자녀의 공부문제로 찾아온 부모들은 한마디로 '아이가 공부를 하지 않아서 고민이다'라고 한다. 심지어는 아이가 공부를 하지 않아 그로 인해 집안 분위기가 나빠졌으며 부부간에 싸움까지 생겼다고 한다. 서양에서는 아이가 공부를 하지 않으면 개인의 문제로 돌리지만 우리나라는 아이가 공부를 하지 않게 되면 집안의 분위기까지 부정적으로 몰아간다고 여기고 있다.

 부모는 아이가 성적이 나쁘게 나오면 '공부를 하지 않아서'라고 표현한다. 이러한 표현은 잘못된 것이다. 역설적이지만 요즘 아이들은 공부를 '안'하는 것이 아니라 '못'하고 있는 것이다. 아이들은 이미 과도한 부모의 학습욕구로 인해 여기저기 끌려 다니면서 학습의 흥미를 잃고 공부를 포기하고 있기 때문이다. 더구나 학교를 마친 후 학원으로 과외로 밤늦게 돌아오는 아이들에게 공부는 더 이상 호기심의 대상도 즐거운 유희의 대상도 아니다. 뿐만 아니라 공부할 시간도 없다.

공부는 하고 싶어도 하기 힘든 것이다. 우리는 이미 성인의 욕심에 맞추어 아이들을 학습전쟁 속에 몰아넣고 공부하기를 바라고 있다. 그러니까 아이들은 정반대로 갈 수밖에 없는 것이다. 아이들은 친구들과 놀고 싶고, 잠도 충분히 자고 싶을 것이다. 그런데도 계속 공부만 하라고 하면 아이들은 학습에 대한 저항의식까지 생겨 공부를 '안'하는 게 아니라 '못'하게 되고, 하기 싫게 되는 것이다. 아이들 입장에서는 공부의 목적이나 공부방법을 알려주지도 않고 무조건 공부만 하라고 하는 부모가 오히려 야속할 수도 있다.

요즈음 현명한 부모들은 무조건 공부를 하라고 하기보다 자녀들에게 공부방법을 알려주기 위해 '공부비법'에 대한 관심을 많이 가지고 있다. 학습동기를 부여하고, 과목별로 효과적인 공부방법이 뭔지 고민하고 있는 것이다. 교육에 관한한 둘째가라면 서러울 한국의 학생과 부모에겐 '공부비법'이 공통의 관심사이자 고민거리가 아닐 수 없다.

공부방법을 알면 공부를 더 효과적이고 효율적으로 할 수 있는 것은 사실이다. 하지만 분명히 알아야 할 것이 있다. 필자가 코칭을 하면서 만나본 많은 학생들은 공부방법을 잘 몰라서 공부를 못하는 게 아니라 일단 학습량이 절대적으로 부족했다. 하루에 실질적으로 공부하는 시간이 1시간도 안 되는 학생들이 대다수였다. 학교에서도 공부하고, 학원에서도 공부하는데 1시간도 안 된다니 무슨 소리인가라고 반문할지도 모르겠다. 하지만 그 많은 시간동안 아이들은 공부를 하지 않았고 평론가의 입장에서, 영화감상 하듯이 그렇게 공부 아닌 공부 비슷한 걸 하고 있었다. 당연히 하루를 마칠 즈음에 머리에 남겨진 것은 거의 없다.

공부를 잘하려면 실질적으로 공부하는 시간과 양을 늘려야 한다. 공부하는 양을 늘려가다 보면 학습방법이 궁금해지고 어느 순간 자신에게 맞는 공부방법을 터득하게 된다. 야구선수가 수천 번의 배트를 휘두르고 수백 개의 공을 던지다보면 자연스럽게 더 나은 방법을 알아내듯이 일단 공부량을 늘려가면서 각자의 수준에 맞는 공부방법을 찾아야 한다.

이른 바 '공부비법'이라는 것도 이 세상 어디에나 널려있는 것들이다. 누구나 마음먹고 손을 뻗으면 닿을 위치에 있다. 인생에 성공하는 방법을 알려주는 성공학 관련서적도 참고서만큼이나 많이 시중에 나와 있다. 그런데 성공한 사람들은 쉬이 찾기가 어렵다. 방법을 몰라서 일까? 아니다. 실천하는 꾸준함과 성실함이 부족하기 때문이다. 아이들이 공부를 잘하게 하기 위해서는 공부할 수 있는 시간을 만들기 위한 시간관리 방법을 지도해야 한다.

실제로 필자가 코칭을 한 중학생 중에는 학원을 열심히 다니는데도 영어점수가 40점 정도로 낮게 나오는 학생이 있었다. 그 학생은 학교가 끝나고 학원에 다녀오면 곧바로 잠만 잤다. 나는 그 학생에게 매일 30분 정도의 공부분량을 제시해 주었고 꾸준히 실천하게 했다. 결과는 6개월 만에 80점 이상으로 향상되었다. 분명히 다른 이와 같은 사례는 다른 학생들에게서도 비슷한 결과가 나옴으로써 확인 할 수 있었다. 부모들은 아이가 학원과 과외를 하기 때문에 많은 시간을 공부한다고 생각한다. 하지만 생각대로 그렇게 많은 시간을 공부하는 것이 아니다.

공부를 못하는 학생에게 처음부터 많은 과제를 부여하면 성취감을 느끼지 못하기 때문에 쉽게 포기하고 만다. 성취감을 느낄 수 있을 정도의 분량을 주면서 조금씩 더 높은 단계로 나아갈 수 있도록 난이도를 올려야 한다.

수많은 부모들은 아이가 쉼 없이 공부하기를 요구한다. 뒤쳐져 있기 때문에 더 많이 노력하지 않으면 따라 잡을 수 없다는 것이다. 맞는 말이지만 아이가 내면에서 그것을 받아들이지 않는 상황에서는 역효과만 난다는 사실을 꼭 기억했으면 좋겠다.

공부에 대한 '오해'와 '진실'

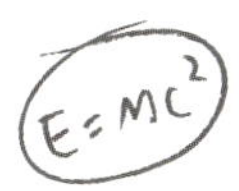

부모는 아이가 무엇을 좋아하는지, 공부에 대해서 어떻게 생각하는지, 아이의 수준이 어떤지는 무시한 채 오직 숫자로 된 결과만을 위해서 아이들을 닦달하고 있다. '남이 하니까 우리 아이도' 혹은 '우리 아이만 안 하면 뒤에 처지는 것 같아서'라는 이유로 과외, 피아노 학원, 속셈학원, 미술학원 등으로 아이들을 내몰며 혹사시키는 것이다. 뿐만 아니라 속독법이나, 전뇌학습법, 논술교육, 대치동 공부방법, 등 검증되지 않은 학습법이 뜨기만 하면 아이들을 거기에 끼워 맞춰 실험을 당하게 하고 있다.

공부는 결국 부모가 교육을 어떻게 이해하느냐에 따라 아이의 학습뿐만 아니라 아이의 인생에 있어서도 매우 중요한 인격형성의 밑거름이 된다. 부모가 아이에게 남들이 하니까 나도 한다는 식으로 억지로 공부를 강요하게 되면 아이가 학업에 대한 흥미를 갖지 못하므로 성적이 부진해지게 된다. 또한 그로 인한 열등감 때문에 안정적인 인격형성이 방해받게 되어 성장기 동안 많은 문제점이 나오게 된다.

이 세상에서 성공하려면 공부하라

가끔 부모들은 공부를 하지 않는 자녀들에게 '공부하지 않고도 성공할 수 있다'며 용기를 불어넣곤 한다. 한술 더 떠서 '옛날에 누구는 초등학교밖에 나오지 못했지만 잘만 살더라'라고 해서 공부를 못해도 된다고 위안을 주기도 한다. 때로는 공부는 잘못해도 좋으니 인성만 좋으면 된다고 격려를 하기도 한다.

성공의 개념을 한마디로 어디까지라고 규정하기는 어렵겠지만 먹고 사는데 지장만 없는 것을 성공이라고 한다면 대학을 가지 않아도 성공할 수 있다. 그러나 공부를 하지 않고 자기 분야에서 최고가 되는 성공을 하기에는 어려움이 너무 많다. 공부를 많이 하지 않은 아이는 2인자, 3인자는 될 수 있어도 1인자가 되는 것은 거의 불가능한 게 우리네 현실이다.

서울의 한 구청에서 청소용역원 모집 공고를 냈더니 100대 1의 경쟁률을 자랑한다고 하면서 신문에 난 적이 있었다. 그런데 특이한 것은 청소용역원을 지원한 사람들 중에 대학 이하의 학력자가 하나도 없다는 사실과 박사학위를 가진 사람도 지원을 했다는 것이다. 이제 우리 사회에서 대학을 나오지 않으면 청소용역원도 쉽게 하기 어려운 세상이 온 것이다. 예전에는 대학을 나온 사람이 얼마되지 않아서 대학만 나오면 취업이 쉬웠던 적이 있었다. 그러나 이제는 고등학교 졸업생 중에서 85% 이상이 대학을 진학하고 대학졸업자의 30% 이상이 대학원을 진학하고 있다는 것을 보면 우리 사회는 고학력 사회가 되었다는 것을 증명하는 것이다.

'공부를 하지 않고도 성공할 수 있다'는 것에 대해 다시 한번 되짚어 보아야 한다. 실제로 역사 속에서 공부하지 않고도 성공한 사람들은 공교육을 제대로 받지 못했을 뿐이지 성공을 위해 이루 말할 수 없는 노력을 다했다는 사실을 깨달아야 한다. 우리 역사 속에 많은 공부를 하지 않았지만 성공한 사람들은 너무나 많다. 처칠, 에디슨, 빌게이츠, 정주영……. 그러나 이들이 성공하기까지의 삶의 과정을 보라. 이들은 지식을 쌓기 위하여 처절할 정도로 끊임없는 노력을 하였다.

이 사람들은 단지 성공의 수단으로 학교를 이용하지 않았을 뿐이었지 더 많이 공부를 하였고 피나는 노력으로 지식을 갖춘 사람들이다. 그들은 공부를 하기 싫어서가 아니라 학교를 다니기 어려운 삶의 역경이 있었기 때문에 공교육의 혜택을 제대로 받지 못한 사람들이 대부분이다. 그들은 못 배운 것에 대한 한이 맺혀 성인이 되어서도 더욱 열심히 배우려는 의지가 강했으며, 지식을 갖추기 위해 독서를 생활화했다는 것이다.

지금 시대는 어떠한가. 취업난으로 눈높이를 낮춰 지원하는 대졸 구직자가 늘어나면서 고졸 구직자들의 취업이 상대적으로 어려워지고 있는 현실이다. 이를 살펴보면 고등학교만 졸업한 사람들은 취업이 더욱 어려운 시대가 올 것으로 보인다. 더욱이 대학을 나오지 않으면 대기업에서 사무직으로 일하는 것도 어렵고, 임원으로 승진하는 경우도 어렵다.

노동부가 발표한 자료를 보면 연봉 차이는 고졸자를 100으로 봤을 때 대졸 이상 근로자가 받는 월급여는 152.3으로 1.5배 차이가 나는 것으로 파악됐다. 전문대졸은 102.4로 고졸과 별반 차이를 보이지 않고 있었다.

지금 우리 사회는 좋은 학벌, 명문대학, 좋은 환경에서 충분히 공부한 사람들도 경쟁을 통하여 자기 분야에서 최고의 경지에 오른다. 대학에 가지 않고도 이들과의 경쟁에서 이겨 원하는 성공을 하기 위해서는 좋은 학벌을 가진 사람들보다 몇 배나 되는 피나는 노력과 끈기, 각오가 없으면 힘들다. 특히 자기의 적성을 살려서 원하는 직업을 갖기 위해서는 대학을 나오지 않았기 때문에 노력의 정도가 달라야 한다.

'산입에 거미줄 치겠느냐?'는 긍정적인 사고로 막연하게 공부를 안 한다면 평생을 고통스러운 밥벌이를 위해 고생하면서 사는 삶을 살아야 한다는 각오를 해야 한다. 다시 말해 우리 사회에서 성공하려면 공부를 하지 않고는 어렵다는 사실을 명심해야 한다.

우리 아이는
게으르다?

우리 아이는 게으르기 때문에 공부를 못한다고 생각하는 부모님이 있다. 문요한의 『굿바이 게으름』을 보면 게으름이란, '삶의 에너지가 저하되거나 흩어진 상태'를 말한다. 게으름에서 쉽사리 벗어나지 못하는 원인을 에너지 차원에서 본다는 것이 흥미롭다. 긍정적 에너지가 고갈되고 부정적 에너지로 가득 찬 아이는 의욕을 내는 것부터 쉽지 않다는 것이다. 연료가 없는 자동차가 어찌 움직일 수 있겠는가? 삶을 이끌어가기 위해서는 정신적인 에너지가 필요하다. 그러나 게으른 아이는 자책하기 쉽다.

아이들 대부분은 게으름을 깊이 있게 생각하지만 해결점을 찾으려 하지는 않는다. 부모들 중에는 아이가 다 알아서 하면 되고, 남들처럼 공부를 강요하는 부모가 되기 싫다고 얘기하는 경우가 있다. 이해는 가지만 상당히 위험한 생각이며 무책임한 행동일 수도 있다.

한때 인기리에 방영된 '공신'이라는 드라마에 나오는 오봉구의 부모가 그랬다. 아이가 먹고 싶은 대로 먹게 하고 자고 싶은 대로 자게 했다. 과연 이것이 올바른 행동일까? 오봉구는 공부를 잘하고 싶었다. 그런데 문제의식 없는 부모의 영향으로 꿈도 목표도 정하지 못한 채 고3까지 오게 된 것이다. 오봉구는 다행이 강석호 변호사를 만나 꿈을 찾고 목표도 정하게 되었다. 아이에게 무턱대고 공부를 강요하는 것도 문제지만, 오봉구 부모처럼 아이가 하고 싶은 대로 내버려두는 것도 큰 문제가 된다.

아이들의 게으름을 방치하게 되면 나중에는 만성적인 게으름에 빠지게 된다. 게으름은 마치 늪과 같다. 아이들은 더구나 아직 세상 경험이 적고 유혹에도 약하다. 때문에 끈기를 배우고 몸에 익혀서 세상으로 나갈 준비를 해야 한다. 게으름은 한 번 빠지면 헤어 나오기가 힘들다.

게으름을 좀 더 깊이 생각하면 모든 경우에 게으름이 생기지는 않는다는 것이다. 아이들에게 싫어하는 일은 부정적인 에너지를 가져오는 것이기에 게으름이지만, 아이들이 좋아하는 일을 하게 될 때는 결코 게으르지 않다는 것이다. 예를 들자면 아이들에게 공부하라고 하면 바로 눕거나 잠을 자기도 하지만 게임을 할 때나, 원하는 것을 먹으러 갈 때는 아이들이 참 부지런하기 때문이다. 심지어는 하루에 꼭 8시간 이상 잠을 자야 하는 아이들도 좋아하는 게임은 밤새도록 한다는 것이다.

게으름을 결정하는 것은 결국 동기다. 동기가 있으면 게으름이 나타나지 않고 동기가 없으면 게으름이 자리를 잡기 때문이다. 가령 집 근처 역에서 누군가 돈을 뿌리고 있다는 얘기를 듣는다면 가만히 집에 있을 사람이 얼마나 될까? 아이에게 뭔가 행동의 변화를 기대한다면 먼저 그들의 가슴속에 뭔가 동기를 불어 넣어야 한다. 하지만 학부모 대부분은 아이들에게 꿈은 심어주지 않고 행동의 변화만을 요구한다. 그리고 변화되지 않는 아이의 모습을 보면서 실망해 잔소리를 하게 되고, 아이는 반항을 하게 된다. 이렇게 되면 항상 똑같은 사이클의 반복이 일어나고 자녀와의 관계는 악화되기만 한다.

아이들의 가슴속에 소망을 품게 하자. 스스로 목표를 정해서 앞으로 나아가게 하자.

우리 아이 성적,
쑥쑥 키우는 '선행학습'

선행학습은 다음 학기에 학교에서 배울 내용을 미리 익혀 공부의 부담을 줄이고 이해도를 높이는 공부법이다. 잘만 활용하면 효과는 매우 좋다. 보통 영어와 수학 등의 과목에서 조기교육을 효과적으로 수행한 학생들은 성적도 높고 자기관리도 뛰어난 편이다. 그러나 선행학습은 장점만이 있는 것이 아니라 문제가 하나 있다. 선행학습을 한 학생 대부분이 학교수업에 집중하지 않는다는 점이다. 선행학습을 한 학생들은 '이미 학원에서 배운 건데 들을 필요 있나'라며 학교에서 딴 짓을 하기가 쉽다.

학교에서 수업을 듣지 않는다면 선행학습은 차라리 안 하느니만 못한 효과를 낸다. 잘난 척, 자만에 빠지기 십상이라는 그 말이다. 자만은 결정적인 순간에 치명적으로 작용한다. 선행학습은 교과과정을 이해하기 위한 밑바탕이 될 뿐이지, 공부를 아예 끝내는 것은 아니다. 뿐만 아니라 선행학습을 한 학생은 수업에 충실하지 않고 자거나 떠드는 경우가 많다. 따라서 이러한 학생들은 교사들에게 좋은 대우를 받기가 어렵다. 자신의 수업을 잘 듣지 않는 학생을 어느 교사가 좋아하겠는가? 결국 이러한 교사의 인식은 아이들에게 수행평가나 평소 성적에서 불이익을 줄 수도 있다.

그렇다고 선행학습을 무조건하지 말자는 게 아니라 선행학습을 하더라도 효율적으로 하자는 것이다. 선행학습을 효율적으로 하기 위해서는 다음과 같이 하는 것이 효과적이다.

첫째, 나뭇잎보다는 줄기를 파악하는 것을 목표로 하게 한다.

공부를 나무로 비유했을 때 세세한 나뭇잎만을 공부하다가는 금방 내용을 잊어버리거나 어느 가지의 나뭇잎인지를 알 수가 없다. 따라서 나뭇잎을 보고 공부하기 보다는 가지나 줄기를 파악하면 줄기나 가지에 어떤 나뭇잎이 달린지를 알 수 있다. 공부도 마찬가지로 의욕만 넘쳐서 참고서의 세세한 부분까지 공부하면 나중에 남는 것이 없다. 꼭 알아야 할 것, 중요한 것들을 공부만 해도 선행학습은 성공이다. 그 정도만 해도 수업시간에 이해도를 높일 뿐만 아니라 무엇을 배울지 가늠할 수 있게 돼 불안감도 줄일 수 있다. 세세한 부분은 학교수업 진도를 따라가면서 복습하고 소화하면 된다. 인터넷 강의를 이용해 선행학습을 한다면 수업시간에 배울 것만 소화하더라도 성공한 것이다. 교재에 있는 내용만 다 이해하도록 하자. 두꺼운 참고서의 모든 내용을 외울 필요는 없다.

둘째, 선행학습을 했더라도 수업은 충실히 참여하도록 지도한다.

자신의 실력에 대해 자만하거나 내용을 안다고 까불게 두어서는 안 된다. 선행학습을 했어도 모르는 내용이 학교수업 중에 많이 나올 수 있다. 이미 아는 것에서도 배울 부분이 있다. 따라서 아무리 선행학습을 하였다고 하여도 수업은 잘 듣도록 지도해야 한다.

셋째, 테크닉보다는 원리에 충실하도록 지도한다.

선행학습을 할 때는 문제를 푸는 기술이나 '테크닉'을 익히기보다 '기본원리'를 학습해 나가야 한다. 기본원리를 학습하기 위해서는 선행학습을 통해 이해를 중심으로 공부해야 한다.

한번 시작한 공부방법은 오랫동안 지속된다. 쉽게 고칠 수 없고, 습관이 된다. 선행학습에 의한 잘못된 공부습관을 바꾸기 위해서는 그동안 공부한 시간의 배는 걸린다는 점을 염두에 둬라.

명문대 출신이라야
잘 가르친다구요?

아이들은 명문대를 나와 잘 가르치기로 소문난 선생님에게 배워도 성적이 1등부터 꼴등까지 나온다. 아무리 잘 가르치는 선생님을 만나도 우리 아이가 1등도 될 수 있고, 꼴등도 될 수 있다는 것이다. 왜 그럴까? 가르치는 사람의 자질보다는 아이들이 어떻게 받아들이느냐가 문제인 것이다. 아이들이 아무리 잘 가르치는 선생님을 만나도 가르침을 받아들이지 않으려 한다면 아무 의미없는 가르침이 된다. 그러나 아이들이 하고 싶은 마음이 있다면 아무리 못 가르치는 선생님을 만나도 아이는 좋은 결과를 가져올 수 있다.

부모들은 가르치는 사람은 명문대를 나와야 잘 가르친다는 착각을 가지고 있다. 그러나 공부를 잘하고 명문대를 나왔다고 해서 아이를 잘 가르치는 것이 아니라는 사실이다. 오히려 지방대학을 나오거나 전문대를 나왔어도 잘 가르치는 사람이 있다. 학교 선생님들은 다들 명문대를 나와 그 어렵다는 교원 임용고시에 합격해 임용되었지만 안정된 직장 때문에 열심히 가르치지 않는 분들이 있을 수 있다. 하지만 학원강사들은 대단한 학력은 아니더라도 살아남기 위해서 가르쳐야 하기 때문에 죽을힘을 다해 열심히 가르치는 것이다.

누군가를 가르치는 일은 오랜 경험을 통해서 얻은 지식이 명문대학에서 얻은 지식보다 더 큰 도움이 될 수 있다. 특히 아이들에게 자신과 너무 동떨어진 명문대를 졸업한 선생님의 공부방법을 말하면 아이들은 기가 죽거나 오히려 자신감을 상실하게 된다. 뿐만 아니라 주입식인 학원이나 과외 선생님을 아이들에게 연결하게 되면 아이들은 의존하려는 성향이 강해지며, 자기주도적인 학습습관을 길들이기 어렵다.

자기주도 학습은 가르침을 받는 교육을 지향하는 것이 아니라 스스로 좋아서 공부하는 학습 지향적 공부를 말한다. 자기주도 학습은 '스스로 목표를 세워 계획하고 실행한 후, 평가에 임하고 부족한 부분을 보충해 나가는 전 과정이 즐거움으로 가득한' 공부다. 돈을 좇는 자는 돈을 벌기 어렵지만, 자신이 하는 일을 즐기고 열심히 하다 보면 돈은 저절로 따라 오기 마련이다. 공부도 마찬가지다. 스스로 재미있게 궁금한 것을 찾아서 성실하게 내공을 쌓으면 성적향상은 보너스로 자연스럽게 따라오게 된다.

공부기술을 익히는 목적은 단순히 시험점수를 잘 받는 데만 있는 게 아니다. 더 중요하고 궁극적인 목적은 '스스로 공부하는 능력'을 키우는 것이다. 하위권 학생들은 학습동기 자체가 없기 때문에 공부 자체를 하지 않는다. 과외나 학원에만 의존하는 중하위권 학생들이 상위권 성적으로 올라서지 못하는 것은 '스스로 공부하는 능력'이 부족하기 때문이다. 상위권 학생들은 스스로 공부하는 과정에서 효과적인 학습기술을 터득해 자기주도적 학습을 하기에 가능한 것이다. 그런데도 많은 학생·부모들은 자기주도적 학습의 중요성을 인식하기 보다는 명문대 출신의 선생님이나 학원강사에 의해서 영향을 더 받는다고 생각한다. 혼자 하는 것보다 '족집게' 강사들의 도움을 받으면 공부시간도 줄일 수 있고 성적도 올릴 수 있는데 왜 혼자 힘들게 머리를 싸매느냐는 것이다.

새가 창공을 향해 날기 위해서는 스스로 날개 짓을 해야 하고 땅으로 떨어지는 아픔도 각오해야 한다. 자기주도적 학습은 목표를 향하여 스스로 날개 짓을 하기도 하고 습관이 잡히기 전까지는 어려움도 많다. 그러나 한번 자기주도적 학습습관이 형성되면 잘 가르치는 선생님보다 더 큰 효과가 있다. 따라서 명문대학을 졸업한 선생님을 만나는 것보다 스스로 공부할 수 있는 자기주도적 학습능력을 기르는 것이 훨씬 더 중요하다.

학습법에는 지름길이 없다

요즈음처럼 교육의 열풍이 거세게 불었던 적이 있었는지 모르겠다. 학군이 좋다는 강남의 아파트 가격은 천정이 어디인지 모르게 올라가고 있으며, 조기교육의 열풍으로 인하여 한창 사랑으로 자라야 할 어린아이들과 생이별을 하는 가정도 늘고 있다. 그뿐이 아니다. 초등학교부터 학원이 무엇인지도 모르면서 자신의 자유를 억지로 억압당한 채 학원을 몇 개씩을 전전해야 하는 아이들이 우리 주변에 널려있다. 고등학교에 들어간 부모는 상전을 모시듯 고3 수험생보다 힘든 시집살이를 하고 있다. 그러는 사이에 우리의 아이들은 울며 자살하고 있으며, 공부를 부모의 마음에 들게 잘하는 아이들보다 공부를 못하는 아이들이 훨씬 더 많다.

그러다보니 서점에 가면 공부나 학습에 관련된 책늘이 슬비하다.

어림잡아 백여 권 이상이 나와 있는 것 같다. 공부와 관련된 책들은 나름대로 공부 잘하는 법, 공부 잘하는 기술, 공부비결을 넘어 이제 공부전략까지 나와 있다. 심지어는『공부 안하고 백점 맞기』『시험에 나오는 것만 골라 공부하기』등 마치 이런 책만 읽으면 공부를 잘하는 것을 물론 시험도 잘 볼 수 있다는 듯 나름대로 비결을 제시하고 있다. 하다못해『영재교육 이렇게 하라』『유아기의 한글교육』『영어교육 언제가 적기인가?』『영재 만드는 태아 교육』등 어려서부터 공부 잘하는 아이를 만들려는 욕심에서부터 천재로 만들려는 부모들의 절박함을 자극하는 책들이 범람하고 있다.

출판계에서도 요즈음에는 이런 공부 관련 책과 경제 경영서 밖에는 나가지 않는다고 한다. 이는 학생들의 공부와 관련된 책은 부모들이 아무리 힘들어도 사줄 수밖에 없고, 경제 경영서는 곧바로 실전에 활용해서 돈을 벌 수 있기 때문이다.

아이러니한 것은 그렇게 많은 공부와 관련된 책들이 출간되었고, 수많은 학부형들이 공부방법, 공부비결, 공부전략을 사서 읽고 자녀들에게 적용하였지만 정작 그런 책 덕분에 큰 도움을 받았다는 사람을 보기가 어렵다는 것이다. 이는 아마도 지푸라기 잡는 심정으로 책을 구입해서 마구 적용하려다 보니 아이들에게 잘 맞지 않아서다.

저자는 28년간 학생들을 가르치면서 다양한 경험을 했다. 초등학교, 중학교, 고등학교, 대학교, 대학원 등에서 명문학교의 공부 잘하는 학생들도, 소위 좋지 못한 학교에서의 공부 못하는 학생들도 가르쳐 보았다. 그리고 두 아들의 부모로서 아이들을 보면서 깨닫는다. 공부에는 지름길이 없다는 것을.

저자는 매일 학생들을 가르치는 직업이다 보니 어떻게 하면 우리 아이들을 공부 잘하는 아이로 만들까 하는 생각에 소위 공부 전문가들이 쓴 책을 꼼꼼히 살펴보았다. 하지만 결론은 하나 같이 최선을 다해서 열심히 해야 한다는 것이었다. 최선을 다해서 열심히 하지 않는 상황에서는 어떤 비결이나 전략도 없다는 것이다. 우선은 최선을 다해서 열심히 하고 나서 전략적으로 시간을 활용하는 방법이라든지, 외우는 방법이라든지, 공부하는 방법에 대한 궁리를 해야 의미가 있다는 것이다.

우리는 소급한 마음에 우리의 아이가 공부를 원하는 만큼 하지 못한다는 생각에 아이들의 수준이나 상황은 고려하지 않고 남들은 잘하는 것을 왜 못하느냐고, 공부하라고 윽박지르고 있지 않은가 반성해야 한다. 아이들에게 윽박지르기 전에 우선 우리 자신에 대해 반성을 먼저 해야 한다.

어느 신문기사에 이런 글이 있었다. "아빠는 술과 노래방에서 밤을 새우고 엄마는 차 한 잔과 수다로 세월을 보내는 성인이면서 우리의 아이들에게만 공부하라고 하는 사회……." 이 정도는 아니더라도 부모는 바쁘다는 이유로 아이들을 등한시했다가 어느 날 발견해 보니 아이들은 너무 먼데로 가 있었던 적은 없었던가?

지금 우리의 교육은 병들어 시름시름 앓고 있다. 우리의 아이들은 공부에 지쳐 울며 자살하고 있다. 이러한 때 우리는 무언가 새로운 나름대로의 철학을 세우지 않으면 급변하는 현대에서 무능력한 아이들만 양산하는 꼴이 된다. 부모들이여 각성하자. 그리고 세상을 좀 더 다른 눈으로 바라보자.

집중력이 부족해서
공부를 못한다구요?

우리는 정신을 한곳으로 모으는 집중력의 중요성에 대해 너무나 잘 알고 있다. 공부나 일의 승패도 집중도에서 갈라진다는 것도 알고 있다. '게임을 할 땐 집중이 잘되는데, 공부할 때도 그랬으면' 하고 고민하는 학생들도 많다.

인간은 새롭고 강한 자극이 오면 본능적으로 집중한다. 하지만 이미 알고 있거나 반복되는 자극엔 집중하지 못한다. 게임이나 텔레비전처럼 새롭고 신기한 것을 접할 때는 의식적으로 노력하지 않아도 집중력은 자연스럽게 높아진다. 이 과정은 자신의 의지와 상관없이 이뤄지기 때문에 '수동적 집중력'이라고 부르는데, 생존을 위해 본능적으로 발달한 능력이다. 하지만 학습할 때는 능동적인 집중력이 필요하다. 같은 교과서를 반복해서 읽으며, 예전에 발견하지 못했던 새로운 원리나 의미를 찾아내기 위해선 적극적인 노력이 필요하다.

집중력은 하나의 두뇌활동에 의해 결정되는 것이 아니다. 여러 부위의 작용이 복합적으로 연계된 결과이기 때문에 집중력을 높이기 위해서는 집중력의 원리와 구성요소들을 알고 부족한 요소에 대한 처방이나 두뇌훈련이 필요하다.

게임을 할 때는 집중이 되지만 공부를 할 때는 집중이 되지 않는 아이들은 공부를 시작하기 위해선 너무 예민하거나 둔감하지 않은 적정적 의식수준을 유지해야 하는데, 그렇지 못한 경우이다. 각성수준이 낮으면 공부를 시작하기 어렵고, 이해하는데도 시간이 오래 걸린다. 각성수준이 낮아지는 이유는 게임처럼 강한 자극을 주는 매체에 노출되거나 불규칙한 수면습관, 비만 등 신체 이상이 영향을 미친다. 이는 집중력 향상을 위해선 평소 생활습관부터 점검하는 게 필요하다는 뜻이다.

책상 앞에 앉는 것은 성공했다. 그런데 밖에서 무슨 소리만 나면 뛰어나간다. 이런 아이들은 '선택적 집중력'이 약해서 불필요한 모든 주변 자극에 반응하게 되는데, 다양한 자극 가운데 필요한 것과 불필요한 것을 구분하지 못하기 때문이다. 대처법으로는 학습에 필요 없는 물건을 제거하거나 소음이 없는 환경을 만들어 줌으로써 필요한 자극에만 집중할 수 있도록 해야 한다.

처음에는 집중해서 공부하다가도 조금만 지나면 쉽게 흐트러지는 경우도 많다. 가장 중요한 핵심 공부력이라고 할 수 있는 '집중 유지능력'이 떨어지는 것이다. 이는 2시간을 앉아 있어도 실제로는

20~30분 정도만 공부하는 경우다. 해야 할 과제를 제때에 끝마치지 못한 채 시간만 질질 끄니 금세 싫증이 난다. 이런 아이들은 조금만 어려워도 생각을 하지 않으려는 특성이 있다.

한 번에 과제를 끝마치기 어려워하는 아이들은 작은 단위로 나눠 학습을 하도록 지도해 적은 양이라도 끝마치는 경험을 하게 하는 게 중요하다. 특히 인터넷 강의처럼 혼자 공부해야 할 때는 집중력을 고도로 발휘하고 유지할 수 있는 능력이 절대적으로 필요하다. 한 강좌라도 처음부터 끝까지 다 듣는 것을 목표로 의식적인 노력을 기울여야 한다.

"집중력은 마음의 근육이다." 미국 심리학자 대니얼 골먼 박사의 말이다. 훈련을 통해 근육을 발달시킬 수 있듯이 집중력도 발달시킬 수 있다는 뜻이다. 사람이 저마다 다른 얼굴과 체형을 지닌 것처럼 성격도 다양하다. 성격에 따라 좋아하는 공부방법도 다르고 집중력을 높이는 방법에도 차이가 있기 때문에 아이의 성격에 맞는 집중력 공부법을 찾는 것이 좋다. 무조건 좋다는 학습법을 좇기보다는 먼저 아이에 대해 관심을 갖고 성격을 파악한 뒤 그에 맞는 '집중력 공부법'을 적용하는 것이 옳다는 얘기다.

집중력은 그 아이의 생명력이다. 집중력이 0이라면 죽은 것이다. 마치 태풍의 중심이 소멸하면 태풍이 소멸하는 것과 같은 것이다. 집중력은 물리적 표현으로는 '구심력―생명의 중심을 지키는 구심력' 그렇게 말할 수 있다. 그러니까 집중력이 강하다는 것은 그만큼 생명력이 강한 것이고 집중력이 흐트러지고 있다는 것은 생명력이 약하다는 것이다.

집중력이 강하다는 것은 주변 상황에 흔들리지 않고 상황을 돌파해갈 수 있는 능력이 강하다는 것을 의미한다. 집중력이 약한 아이들은 주변의 방해에 쉽게 흔들리지만 집중력이 강한 아이들은 그만큼 상황의 돌파력이 뛰어나다. 가령 독서를 할 때 같은 강도의 소음이 들어와도 집중력이 있을 때와 아닐 때, 그 반응양상은 전혀 달라지는 것을 알 수 있다. 집중력이 떨어지면 주변 소음이나 외부 환경적 조건에서 스스로 무너지면서 자기 할 일을 놓치고 만다. 그러니까 집중력이란 것은 상황 돌파력이라 할 수 있다.

집중력이 일이나 공부의 순도를 결정한다. 집중력이 떨어진다는 것은 잡념이 많다는 것이고 잡념이 많을수록 일도 공부도 잡스러워진다. 그러니까 집중의 순도가 일이나 공부의 순도를 결정한다.

우리가 문화유산을 보면서 감동을 받는 것은 무엇 때문일까? 기법이 뛰어나고 기술이 뛰어나서가 아니다. 거기에 투입된 정성 때문이다. 자신의 몸과 마음을 그대로 다 던질 수 있는 것이 정성이기 때문에 정성(精誠)은 집중의 또 다른 표현이다. 집중이 없이 정성은 없다. 우리 주변사람을 살펴보아도 그 사람이 가장 아름다울 때는 집중하는 순간이다. 자기 자신을 일이나 자기 문제에 다 던질 수 있는 그 순간이 가장 아름다운 것이다. 집중이란 몸과 마음과 생각이 하나로 일치되는 것이다.

우리가 건강관리차원에서 운동을 일상화하는 노력을 하는 것과 마찬가지로 자기주도적 학습에서 집중력을 높일 수 있는 지속적인 노력이 필요하다.

학원과 공부,
그 속궁합은?

부모들은 단순히 '학원이나 과외에 의존하면 좋은 대학에 갈 수 있다'는 생각을 가진 분들이 많다. 그러나 실제로는 스스로 공부하는 습관 없이는 좋은 대학에 가는 것 자체가 어렵다. 학습은 배우는 과정과 익히는 과정으로 이루어져 있는데, 익히는 과정은 스스로 해야 한다. 다시 말해 누군가 가르쳐 주는 것은 가능하지만 결국 자기 것으로 만드는 과정은 자기만이 할 수 있기 때문이다. 그런데도 많은 학생들과 부모들은 배우는 과정에만 온 신경을 집중해 정작 중요한 요소인 익히는 과정을 소홀히 하는 어리석음을 범하고 있다. 익히는 것을 중요시하는 부모들은 전인교육을 강조하는 학교보다 학원을 선택하게 된다. 마치 학원에서 우리 아이의 공부에 대한 모든 것을 해결해 줄 것 같은 착각을 가지고 있다. 공부를 못하는 아이를 둔 부모는 지푸라기라도 잡는 심정으로 학원을 보내기도 한다. 그러나 학원을 너무 의지하게 되면 다음과 같은 문제가 발생할 수 있다.

첫째, 자기주도적 학습습관이 사라지게 된다.

학교나 학원은 수업을 받는 것이어서 자기가 스스로 공부하는 시간과의 균형이 깨진다. 공부를 잘하려면 수업시간에 다른 사람이 가르쳐주는 것을 받아먹는 시간과 집에 돌아와 자기 스스로 의욕을 가지고 자율적으로 공부하는 시간의 비율이 비슷해야 하는데, 학교와 학원을 다니다 보면 이 비율이 깨지게 된다. 공부는 자기 스스로 해야 재미도 있고 성취감도 큰 것인데, 학교나 학원이나 수동적 입장이 되다 보니 자기주도적 학습에 대한 의욕이 떨어지고 성취감도 줄어들게 되는 것이다.

둘째, 학원공부가 전부인 것처럼 생각하게 된다.

학원을 다니는 아이들은 학교와 학원공부까지 마치면 그날 공부는 끝마친 기분이 된다. 이는 초등학교 저학년 때에는 크게 문제가 안 되지만 고학년이나 중학생이 학원을 마치고 놀 궁리나 하게 된다면 공부시간이 턱없이 모자라게 되고 자기 스스로 공부하는 시간이 거의 없어지게 된다.

셋째, 수준 차이가 많이 나면 도움이 안 된다.

학원에서 같은 반의 수준차가 크면 잘하는 아이도 못하는 아이도 모두 손해를 본다. 자기 혼자 공부를 하면 자기 수준에 맞는 속도로 할 수 있는 것을 학원에 가면 우수한 아이는 너무 속도가 느려서 시간과 돈이 낭비되고, 못하는 아이는 이해를 못해 손해가 된다.

넷째, 공부시간의 손실이 많다.

좋은 학원을 찾아 한두 시간씩 다니는 경우와 학원의 위치가 집이나 학교에 가까이 있는 경우라도 왔다 갔다 하는 시간과 수업을 기다리는 시간, 자리를 옮긴 후 정신집중이 될 때까지의 시간 등을 합치면 귀중한 공부시간의 낭비가 커진다.

다섯째, 선행학습으로 인해 수업을 소홀히 하게 된다.

학교의 수업내용을 이미 학원에서 배운 것이면 아이들은 수업 시간에 잠을 자거나 딴 짓을 하게 된다. 또한 집중해서 듣지 않아도 나중에 학원엘 가면 다시 들을 수 있다는 생각에서 귀중한 학교수업을 집중해서 듣지 않는 나쁜 버릇이 생기게 되어 내신 성적이 떨어진다.

여섯째, 성적이 꼭 오르는 것은 아니다.

학원강사라고 해서 기적을 가져오는 특효약이나 처방을 가지고 있는 것이 아니다. 간혹 부모들 가운데는 학원에 보내면 공부 못하는 아이가 갑자기 성적이 오를 것이라는 기대를 하는 사람이 있는데 그것은 환상일 뿐이다. 공부를 잘하는 것은 일석이조가 되는 것이 아니어서 기적이라는 것이 일어날 수 있는 특효약이나 처방은 없기 때문이다.

일곱째, 공부하기 싫은 아이들의 도피처가 될 가능성이 있다.

집에 있으면서 공부하지 않으면 부모의 눈치가 보이고, 잔소리를 들을 가능성이 있지만, 학원엘 가서 적당히 시간을 보내고 오면 공부를 하고 왔다는 평가를 받을 수 있으므로 도피처 정도로 생각할 가능성이 있다.

학원에 다니는 것이 이처럼 습관화되면 여러 가지 부작용이 생겨 스스로 공부하는 경우보다 성적이 떨어질 수밖에 없다. 그러나 습관처럼 하는 것이 아니고 다음에서 보듯이 꼭 필요하다고 판단될 때 뚜렷한 목표를 가지고 일정기간만 하는 경우에는 효과가 있을 수 있다.

첫째, 부족한 부분에 대해 도움을 받는다.

아이가 자기 혼자 힘으로 이해하기 힘들거나 부족하다고 생각되는 부분이나, 좀 더 깊이 있게 하고 싶은 부분, 또는 다음 학기나 학년에 배울 부분에 대하여 같은 수준의 아이들과 함께 하는 학원이나 그룹지도, 개인지도 어느 것도 효과가 있을 수 있다.

둘째, 학습부진아의 부진과목에 대해 보충한다.

공부를 아주 못해서 도저히 수업을 따라가지 못하는 아이를 부모가 지도할 수 없을 때 과외지도를 통해 부진한 과목을 지도하면 어느 정도 수준을 올릴 수 있다.

셋째, 혼자 공부하는 습관이 형성되어 있지 않을 때 도움을 받는다.

학습방법을 모르거나 학업에 관심이 없거나 공부를 하지 않으려 하거나 혼자 공부하는 습관이 갖추어져 있지 않은 때 필요하다. 이러한 문제점을 안고 있는 아이들의 문제를 해결하기 위해 어느 기간을 정해서 전문가로 하여금 집중적으로 특별지도를 하게 하면 어느 정도 효과를 볼 수 있다.

물론 이렇게까지 되지 않도록 어려서부터 자기주도적 학습습관을 잘 들여야 한다. 그러나 이미 엎질러진 물이라면 부모가 발 벗고 나서서 해결하려 노력해야 한다. 부모 자신도 못하는 것을 남에게 시킨다고 더 잘되라는 법이 없기 때문이다. 설령 전문가의 힘을 빌린다 해도 부모 자신의 피나는 노력이 뒤따르지 않는다면 효과가 생기지 않는다.

스스로 공부가 되지 않는다면 수업이 없는 방학기간이나 특수 사정이 있을 때 일정기간만 학원에 기대는 것은 효과가 있을 수 있다. 다만 밥 먹듯이 학교와 학원을 돌아다니며 초·중·고 시절을 보내는 것은 얻는 것보다 잃는 것이 훨씬 크다는 것을 알고 처음부터 학원중독증에 걸리지 않도록 노력하는 부모의 지혜가 필요하다.

'IQ=성공'이라는
등식을 버려라

우리나라에서는 학생이나 부모나 교사 모두가 너무 IQ를 과도하게 평가하는 경향이 있다. IQ가 조금만 낮아도 엄마는 '아이가 머리가 나쁘다'며 필요 이상의 열등의식을 갖게 하고, 조금만 높아도 '그까짓 서울대쯤이야' 하면서 우쭐해지곤 한다.

아이에 대해 포기하지 않는 어머니들은 '우리애가 머리는 나쁜 것 같지 않는데 왜 공부를 못하는지 모르겠어요'라고 말한다. 똑같은 IQ라도 공부를 잘하는 학생이 있고 못하는 학생이 있다. 또한 IQ가 좋아 초등학교까지는 공부를 잘했는데 중고등학교로 진학하면서 공부를 못하는 아이들이 나타나기도 한다.

발명왕 에디슨은 IQ가 높아서 발명왕이 됐을까? 노벨문학상을 탄 영국의 수상 처칠은 과연 IQ가 높았을까? 에디슨은 초등학교

1학년 때 수학능력이 부족하다고 쫓겨났고, 처칠도 열등아로 학교에서 쫓겨날 뻔했다. 세계 최고의 천재로 유명한 아인슈타인의 생활기록부를 보면 오히려 열등아였다. 아인슈타인의 IQ가 높을 것 같지만 사실 기억력은 형편이 없었고 계산도 잘 못했다. 반대의 경우도 있다.

예전에 우리나라 천재 중 김00이라는 사람이 있었다. 그는 지능지수(IQ)가 210이 넘었다. 그는 이미 4세 때 한국어, 영어, 일어, 독일어를 유창하게 말했고, 5세가 되기 전에 미적분학을 일어로 풀었다. 그러나 그는 나중에 지방대학에 재수하여 합격했다. 꼭 천재라고 해서 공부를 잘하는 것은 아니라는 것이다.

IQ! 대체 그 정체가 무엇일까? IQ는 우리말로 지능지수라고 하며 아이들의 실제 나이에 비해 그 아이의 정신연령이 얼마나 앞서고 있다든지, 뒤지고 있다든지를 표시하는 발달상의 지표이다.

$$IQ = (정신연령 \div 생활연령) \times 100$$

IQ는 지능검사시험에서 얻은 점수를 평균 100이 되도록 조절하여 나타낸다. 다시 말해 지구상의 모든 사람의 IQ 평균은 100이며, 100인 사람이 가장 많고, 100을 기준으로 해서 낮아질수록, 또는 높아질수록 그 비율은 계속해서 줄어들게 된다.

IQ는 어떤 문제가 주어졌을 때 이해하고 분석하고 추리해서 문제해결을 할 수 있는 지적능력을 말한다. IQ가 높으면 사물에 대한 이해력 및 추리력 등 사고능력이 뛰어나기 때문에 공부를 잘한다고 볼 수 있다. 하지만 IQ란 어떤 한 가지 능력만을 비교해서 나타내는 것이 아니라 언어능력, 수리능력, 공간능력, 추리능력, 지각능력, 기억

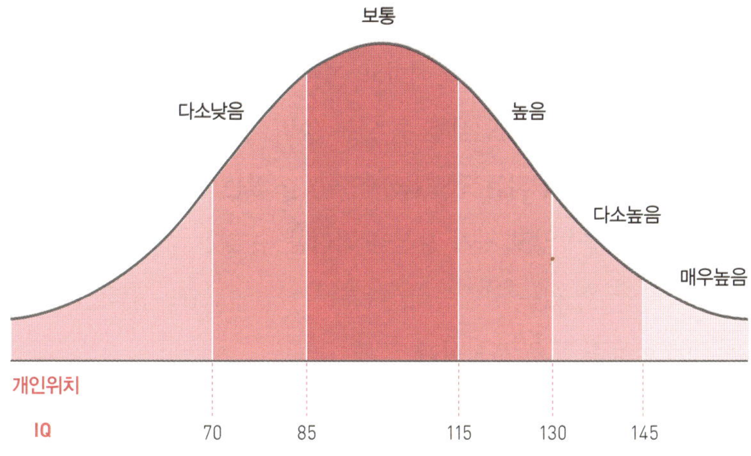

능력 등 여러 가지 다양한 능력을 평가하는 문제들로 테스트해서 얻어진 점수를 종합한 수치이다. 따라서 설령 IQ가 똑같다 해도 누구는 수학을 잘하고 누구는 국어를 잘할 수 있다. 또 IQ 테스트의 종류에 따라서 달리 나오고, 훈련이나 연습에 따라서 다를 수가 있으며, 테스트할 때의 기분이나 건강에 따라서 달라질 수 있다.

IQ 검사는 이처럼 다양한 변수가 있으므로 오직 숫자 IQ만을 가지고 우리 아이가 머리가 좋다, 나쁘다 결정해서는 안 된다. 요즘 들어서는 공부에 영향을 주는 것이 IQ뿐만 아니라 다중지능, 감성지수(EQ), 사회성지수(SQ)도 중요하다고 보는 사람도 있다.

다중지능은 음악적 지능, 신체-운동적 지능 논리-수학적 지능, 언어적 지능, 공간적 지능, 대인관계 지능, 자기이해 지능, 자연탐구 지능 등 8가지 지능을 말한다. 사람은 지능을 가지고 있는 정도와 지능을 혼합해 이용하는 면에서 개인차가 생긴다고 한다. 또한 두

뇌의 부위와 문화에 따라서 차이는 있지만 지능은 향상될 수 있다.

감성지수(EQ)는 상황을 분석하고 올바른 판단을 하는 능력, 자신의 처지를 정확하게 인식할 수 있는 능력, 불안이나 분노와 같은 스트레스의 원인이 되는 감정을 제어할 수 있는 능력, 실패했을 경우에도 좌절하지 않고 자기 자신을 격려할 수 있는 능력, 타인의 감정에 공감할 수 있는 공감능력, 다른 사람들과 서로 협력할 수 있는 사회적 능력 등을 포함한다.

머리의 좋고 나쁨은 이처럼 한마디로 말하기 어려울 만큼 복잡한 면이 있다. 여러 가지를 따져보면 누군가 뭐를 잘하면 못하는 게 있어, 서로 비슷비슷한 사람들이 경쟁을 하고 있는 것이다. 따라서 IQ에 지나치게 신경을 쓰기보다는 어떻게 해서 남보다 더 집중력을 가질 수 있을 것인가?, 자신감을 가질 수 있을 것인가?, 어떻게 자기에게 맞는 공부방법을 터득할 수 있을 것인가? 가 더 중요하다.

옛말에 '천재는 노력하는 사람을 못 이기고, 노력하는 사람은 즐기는 사람을 못 이긴다'고 했다. 아이들에게 공부를 잘하게 하려면 천재가 되기보다는 노력하는 아이가 되길 바라고, 노력하는 아이보다는 공부를 즐기는 아이로 만든다면 아이는 천재보다 공부를 훨씬 더 잘하는 아이가 될 것이다.

입학사정관제, 성적하고 상관없다?

지금까지 대학들은 학생부·수능시험·대학별고사 등 성적 위주로 학생을 선발해왔다. 그러다보니 초·중등학교에서는 지나친 점수경쟁을 초래했고, 대학입장에서는 대학이나 모집단위의 특성에 맞는 잠재력과 소질을 가진 학생을 선발하는데 일정한 한계가 있었다. 따라서 대학의 학생선발권한을 확대하고, 초·중등교육 정상화를 함께 이루어질 수 있도록 대입전형의 자율화·특성화 역량을 강화하고, 이를 지원할 필요성이 대두되었다.

대학입학사정관제를 시행하는 목적은 성적 위주의 획일적 선발방식에서 벗어나 학생의 잠재력, 대학의 설립이념 및 모집단위 특성 등 다양한 요소를 고려한 선발방식으로 개편하기 위해서이다.

입학사정관제는 대학이 대입전형전문가인 입학사정관을 육성·채

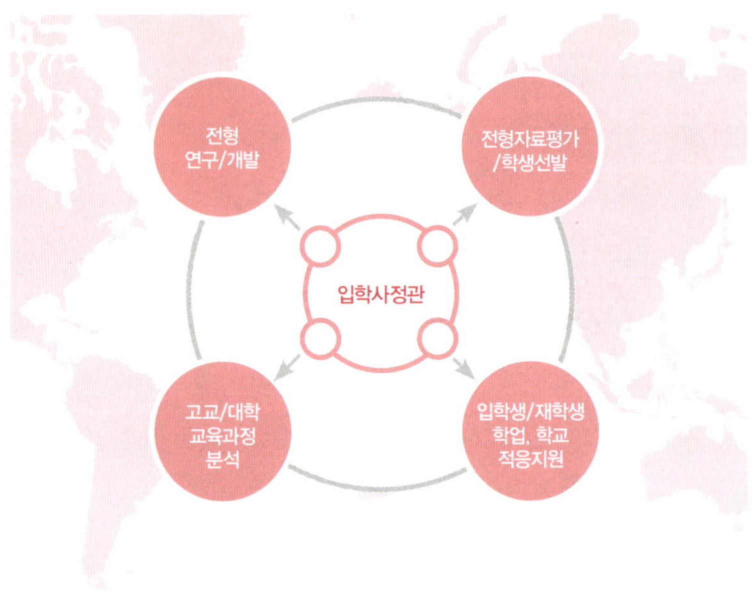

용·활용함으로써 대학이나 모집단위별 특성에 따라 보다 자유로운 방법으로 학생을 선발하는 제도이다. 입학사정관(Admissions Officer)은 대학이나 모집단위별 특성에 맞는 학생을 선발하는 것을 목적으로, 고교 및 대학의 교육과정을 분석해 관련정보·자료를 축적·관리하고, 효과적 전형방법을 연구·개발하며, 다양한 전형자료를 심사·평가하여 개별 지원자의 입학여부를 결정하고, 입학생 및 재학생의 학업과 학교 적응을 지원하는 전문가이다.

대입전형에서 입학사정관의 역할은 대학마다 대입전형을 통해 선발하고자 하는 인재상이 다르고, 환경과 여건이 다르며, 지원자의 특성 또한 다르기 때문에 입학사정관의 역할과 활용 정도 역시 다르다. 따라서 대학의 입시전략과 전형방법에 따라 입학사정관이 합

요소	주요내용
학생의 특성	**인지적 특성** 사고력 : 이해력, 분석력, 논리적 사고력, 창의력, 문제해결력 등 적성 : 관련분야에 대한 소질, 학업적성, 대학 또는 학과 수학능력 등 표현력 : 의사소통능력(토론/설득력) 등 **정의적 특성** 인성 : 자신감, 적극성, 리더십, 책임감, 목표지향성, 자기조절능력, 도덕성, 사회성 등 흥미 : 지적호기심, 열정, 학습동기 등 태도 : 가치관, 학습태도 등 잠재력, 미래 성장가능성, 학과 적응 가능성 등
대학 및 모집 전형에의 적합성	건학이념 및 학과 특성에 부합하는 학생인지 여부 리더십 전형, 사회적 배려 전형 등 모집전형에 부합하는지 여부 등
교육환경	가정환경, 교육여건, 고등학교의 교육과정 및 특성 등

공통 전형절차 및 전형요소

격여부를 최종적으로 결정할 수도 있고, 전형의 일부 과정에만 참여할 수도 있으며, 전혀 개입하지 않을 수도 있다. 또한 대학에 따라서는 전형방법의 개발이나 시행보다는 이미 입학한 학생들에 대한 사후적 관리활동에 보다 주력하도록 할 수도 있다.

입학사정관제 전형에서는 다음의 공통 전형절차 및 전형요소를 반영하고 있으며, 여기에 개별 대학의 건학이념, 모집단위별 특성 등에 따라 대학별로 차별화된 기준을 적용하고 있다.

대학입학사정관제는 성적 위주의 획일적 선발방식에서 벗어나 학생의 다양한 요소를 고려하는 선발방식이다. 하지만 일부 대학은 이런 취지를 무시하고 성적 위주로 학생을 선발하기도 했다.

2009년 입학사정관제도를 통해 일부 대학에 합격한 신입생의 내신등급은 평균 3.36을 기록했다. 또 내신성적이 높거나 특목고 출신 인 학생을 우대한 것으로 나타났다. 따라서 대학입학사정관제가 시행된다고 하더라도 자신이 원하는 대학에 진학하기 위해서는 기본적으로 내신성적이 높아야 하기 때문에 공부는 반드시 해야 한다.

내 맘에 맞는
대학과 학과를 잘 골라라

우리나라의 대학은 현대사에서 경제성장과 발전의 원동력이 되어 왔음을 자타가 공인하고 있다. 하지만 요즈음 대학은 시대적으로 사회적으로 새로운 변신을 요구받고 있다. 이는 대학 스스로의 생존과 지속적인 발전을 위해서 자구책을 마련하지 않으면 안 될 실정에 놓여 있기 때문이다.

 대학들은 요즈음 입시자원 부족으로 학교 경영에 많은 어려움을 겪고 있다. 특히 수도권 대학교를 제외한 나머지 대학들은 신입생 모집에 어려움을 겪고 있기 때문이다. 지금 대학 입학률은 85%를 넘고 있으며, 나머지 15%는 재수를 하거나 스스로 대학을 포기한 경우다. 뿐만 아니라 인구가 줄면서 학생 수도 줄어가고 있다. 이러한 현상은 더욱 가속화될 것으로 보이며 앞으로 40%의 대학이 문을 닫게 될 것이라는 전망까지 나오고 있다.

어느 대학 공대 신입생들 중에 교수와 '1 대 1 수업'을 한다는 보도가 신문에 난 적이 있다. 언뜻 보기에는 충분한 교수 인력 확보에 따른 이상적인 수업처럼 보이지만 사정은 다르다. 신입생 수가 교수 수와 같은 45명이기 때문이었다. 어느 대학은 등록률이 채 30%가 안 된다. 신입생보다 교수가 더 많은 학과가 생겨났으며, 신입생이 한 명도 없는 학과까지 있다. 이는 정도의 차이는 있겠지만 지방대학들이 공통적으로 겪고 있는 현상이다.

지금 우리나라에 있는 수많은 대학들은 새로운 입시자원을 확보하기 위해 다방면으로 노력을 기울이고 있다. 까닭에 이제 대학은 누구든 갈 수 있다. 대학을 꼭 보내야만 한다고 생각하는 부모들은 이제 더 이상 걱정하지 않아도 된다.

우리나라 대학들은 새로운 입시자원을 충당하기 위해서 연구중심에서 실용적인 대학으로 방향을 바꾸고 있다. 실용적인 것으로 취업률 100%에 도전하고 있다는 그 말이다. 학생들은 이제 간판 좋은 학교보다 취업률이 좋은 대학을 선호하는 시대가 온 것이다.

일부 대학에서는 휴대폰 경품에, 입학전형료 면제, 외국연수 등 구차스러울 정도로 수강생 모집에 열을 올리고 있다. 입학전형을 까다롭게 하지 않을 테니 제발 우리 대학에 응시해 달라는 학교도 생겼다. 이러한 기현상은 정원의 40%도 못 채우는 지방대학이 속출하고 있는 상황에서 학생을 얼마나 끌어 모을 수 있느냐에 대학의 사활이 달려 있기 때문이다. 교수들도 살아남기 위해 이러한 신입생 유치전쟁에 나서 제자들을 구해 와야 하는 상황이 되었으며,

일선 고등학교에서는 '잡상인과 교수는 출입금지'라는 웃지 못할 상황까지 벌어지고 있다.

앞으로는 차별화된 경쟁력을 갖는 대학과 학과만이 살아남을 것이다. 이러한 시점에서 아이들을 무조건 대학을 보내야 한다는 생각은 한번쯤 고민할 필요가 있다. 이제는 대학을 가는 것이 중요한 것이 아니라 어느 대학 또는 무슨 과를 가느냐가 문제가 되는 시대가 되었기 때문이다.

공부야,
나랑 함께 놀자

부모가 아이에게 무조건 공부만 하기를 기대하고 강요하는 것은 오히려 아이들을 상처받게 하고 학습과는 거리가 멀어지게 만든다. 아이들에게 공부를 무조건 강요하게 되면 다음과 같은 문제가 생긴다.

- 공부에 대한 근본적인 필요성을 모르기 때문에 공부 자체에 대한 회의와 의문을 가지게 된다.
- 시험에 대한 불안과 압박이 가중되어 학교 가기를 거부하거나 가출이 나타난다.
- 활동하고 싶은데 앉아서 공부해야 하기 때문에 주의산만과 잡념으로 집중력이 부족하다.
- 성적 저조에 대한 걱정과 시험에 대한 스트레스가 가중된다.
- 효과적인 공부방법을 몰라서 아무리 공부를 해도 효과가 나타나지 않는다.
- 공부에 대해 무조건적인 반발을 느낀다.
- 노력은 했으나 성적이 오르지 않음으로 인해 정신적인 좌절을 느낀다.
- 지능 또는 기억력 등이 낮은 청소년은 학습지진아가 되기 쉽다.
- 공부에 대한 동기부여가 부족해 공부가 재미없다고 생각한다.
- 점수나 등수에 대한 심한 집착으로 인해 지나친 경쟁의식을 가지게 된다.
- 시험결과에 따라 친구, 부모, 교사와의 갈등문제가 나타난다.

공부와 관련된 문제가 생기면 아이들은 더 이상 공부를 지속하기가 어렵기 때문에 문제가 생기지 않도록 해야 한다. 공부에 관련된 문제가 생기지 않도록 하기 위해서는 부모는 먼저 공부에 대한 정확한 지식을 가지고 아이들에게 올바른 정보를 제공해 주어야 한다.

도대체 '공부'란
무엇인가

공부를 중요한 것이라고 생각은 하지만 정작 공부에 대한 정확한 의미를 묻는다면 당황하지 않을 수 없다. 무슨 일이든 목표를 가지고 실행하기 위해서는 내가 하는 일이 무엇인지를 정확히 알고 시작해야 한다. 목표가 정확해야 전략도 정확하며, 그래야 원하는 목표에 도달할 확률도 높다. 어떤 일을 할 때 정확한 의미도 모르고 남들이 하는 거니까 나도 한다는 식으로 따라서 한 일치고 잘되는 일이 있는가를 생각해보자. 예를 들어 남들이 여행을 가는 것을 보고 따라서 여행을 간다고 해보자. 그저 따라가는 여행이다 보니 여행을 가는 목적지가 어딘지도 모르면서 간다면 재미가 있겠는가? 목적지가 없으니 가다가 포기하기도 쉬울 것이다. 따라서 공부에 대한 정확한 개념을 정의해주는 것은 목적지에 정확히 도착하게 하는데 도움이 된다. 이러한 의미에서 아이들은 왜 공부를 하지 않으려고 하는지, 왜 공부를 싫어하는 것인지에 대한 답을 찾기 위해서는 먼저 정확한 공부의 의미부터 알아야 한다.

공부는 한문으로 공부(工夫)라 쓴다. 원래의 뜻은 무엇을 도와 성취한다는 의미다. 사전적 의미 는 어떤 목적을 가지고 학문이나 기술을 배우거나 닦는 것을 말한다. 결국 공부는 목적이 있어야 공부로서의 의미가 있다는 것을 말한다. 우리가 공부를 할 때 어떤 목적을 가지고 하는가에 따라 재미있는 것이 될 수도 있고 하기 싫은 것이 될 수도 있다는 것이다.

공부의 개념을 정의해보면 좁은 의미는 '학문이나 기술을 배우거나 닦는 것'이라고 되어 있지만 넓은 의미로 보면 학문이나 기술에만 그치는 것이 아니라 실생활에서 겪는 모든 것이 공부이기 때문에 그 의미가 넓다. 공부의 수단적인 의미는 자신의 발전이나 정신의 숭고한 에너지이다. 공부의 목적적 의미는 인간다운 삶을 보장받거나, 자아실현의 기회를 얻는 것이다.

학교에서 말하는 공부는 암기 위주의 주입식 교육을 의미한다. 하지만 넓은 의미의 공부는 교사, 친구, 부모의 행동과 대화에서뿐만이 아니라 독서, 신문, 인터넷에서도 배우는 모든 것을 말한다.

그렇다면 학생들은 공부를 무엇이라 생각할까? 학교현장에서 매일 공부를 하는 학생들에게도 공부의 정의를 물어보면 한번에 대답하기가 쉽지 않다. 학생들이 '공부란 모르는 것을 알아가는 과정이다'라고 답하면 그래도 공부에 대해 정확히 아는 학생이다. 하지

구분	공부의 의미
사전적 의미	학문이나 기술을 배우거나 닦는 것
수단적 의미	자신의 발전, 정신에 숭고한 에너지 보충
목적적 의미	인간다운 삶을 보장받는 것, 자아실현의 기회를 얻는 것

공부의 개념

만 이런 대답보다는 '공부는 외우고 문제 풀고 그러는 것이다'라는 대답이 더 많다. 이는 공부를 무엇 때문에 하는지 모르기 때문에 어쩔 수 없이 하는 것이 공부라는 강박관념을 표현하는 것이다. 시금까지 표현되어 있는 공부의 개념 보면 다음과 같다.

공부를 잘하기 위해서 가장 중요한 것은 공부의 개념을 정확히 아는 것부터 시작해야 한다. 그래야만 이를 통해 학습동기도 세울 수 있고, 비전도 세울 수 있고, 계획도 세울 수 있다. 개념을 모르고 하는 공부는 억지로 하게 되는 것이기에 학생에게 고문일 수밖에 없다.

지긋지긋한 '공부' 왜 해야 하는가

아이들이 초등학교에 입학하게 되면 부모들이 제일 많이 하는 말 중에 하나가 바로 '공부 좀 해라'라는 말이라고 한다. 그러면 아이들은 두 가지를 질문한다. 한 가지는 '공부는 왜 해야 하는데'와 '그런 엄마는 공부를 잘했어'라는 말이다. 공부를 오랫동안 해온 우리에게 공부는 왜 해야 하는지를 묻는 질문은 조금 우문일수도 있고 당황스러운 질문일수도 있다.

아이들이 공부를 왜 하나고 물으면 많은 부모는 공부는 시험을 잘 보기 위한 것이라고 하는 경우가 많다. 그러면 아이들을 시험 볼 때만 공부를 하는 벼락치기 선수로 만들 확률이 높다. 벼락치기 공부를 하게 되면 시험 볼 때만 기억하고 있다가 시험이 끝나면 단기기억으로 끝나기 때문에 다 잊어버릴 수밖에 없다. 그리고 공부는 평생해야 하는 것인데도 불구하고 시험 볼 때만 하는 것이라고 생각하기 쉽다. 따라서 공부를 하는 목적을 시험 잘 보기위한 것이라고 해서는 안된다.

공부를 좋은 대학 가기 위해 하는 것이라고 하면 아이들은 대학만 가면 더 이상 공부를 하지 않으려는 생각을 가지게 된다. 그리고 공부를 해야 좋은 직장이나 배우자를 얻을 수 있다고 하면 초등학교 아이들에게는 최소한 15년 후의 목표를 이야기 하는 것이라고 할 수 있다. 어른들에게 10년 동안 공부하면 원하는 소원을 들어준다고 해도 지속적으로 공부하기는 쉽지 않다. 하물며 인내심이 약한 아이들에게 이러한 목표는 너무나 멀 수밖에 없고, 결국에는 공부를 포기하기 쉽다. 따라서 공부의 목적을 좋은 대학이나 좋은 직업, 좋은 배필을 얻는 것이라는 말을 해서도 안 된다.

그렇다면 공부의 목적을 묻는 질문에 대해 무엇이라고 해야 좋을까? 그것은 바로 공부의 목적적 의미로 설명해주는 것이 좋다. 목적적인 의미는 바로 인간다운 삶을 보장받는 것이고, 자아실현의 기회를 얻는 것을 말한다. 아이들이 어리면 이러한 목적적 의미를 이해하기가 어려울 수 있다. 인간다운 삶을 설명하기 어렵다면 아이를 데리고 노숙자들 처럼 인간다운 삶을 살지 못하는 현장을 보여주고, 좋은 음식점에서 맛있는 요리를 함께 먹으며 인간다운 삶을 사는 성공한 사람들의 모습을 보여 주면 효과적으로 이해를 할 수 있다.

자아실현의 기회를 얻는 것에 대해 설명하기 어렵다면 아이를 데리고 자신의 꿈을 이루어 성공한 사람이나 아이가 가진 꿈을 실현한 사람을 직접 만나 그 사람이 꿈을 실현해서 왜 좋은지를 듣게 해주는 것이 좋다. 그렇게 하면 아이들은 공부의 목적적 의미를 정확히 이해하게 되고 공부에 대해 긍정적으로 생각이 바뀔 뿐만 아니라 공부를 지속적으로 하게 하는데 필요한 인내력을 길러준다.

'그런 엄마는 공부를 잘했어'라는 질문에 대해서 많은 엄마는 '내가 너만할 때 공부 하지 않아서 이렇게 되었으니 너는 공부를 해야 한다'고 한다. 이러한 대답은 아이들에게 납득이 가지 않는다. '왜 자기는 안 하면서 나에게는 공부하라고 하지?' 또는 '나도 엄마처럼 공부 안 하고 엄마되면 되지'라고 생각하기 때문이다. 이제부터 '그런 엄마는 공부를 잘했어'라는 질문에 대해 '열심히 했으니 이렇게 살지'라고 답하는 엄마가 되어 보자.

자녀교육에
기적은 없다

자녀교육을 위한 우리나라 부모의 열성은 세계적으로 유명하다. 특히 급격한 변화에 따른 교육환경의 불안감은 자녀교육에 대해 바르게 방향을 잡지 못하게 만들어 계속적인 문제를 일으키고 있다. 그중에서도 조기교육 열풍은 이제 더 이상 일부 계층의 극성스러움으로 흘려 넘길 수 없는 지경이 되었다.

우리 두뇌를 연구해온 많은 학자들의 공통된 견해를 보면 성인 지능의 50%는 4세 이전에, 80%는 6세 이전에 발달된다고 한다. 아동의 두뇌발달은 이미 학령기 이전에 상당히 진행되고 있다는 것이다. 이 시기의 아동은 신체적, 정신적, 사회적인 면에서 발달이 진행 중이기 때문에, 교육학자들은 아동의 감각, 운동, 언어, 사회성 발달을 촉진시키는 교육적 환경을 체계적으로 제공하면 아동의 발달을 크게 증진시킬 수 있다고 한다. 이처럼 그 발달시기마다 적절한 교육적 환경을 제공해야 하는데 그것을 '결정적 시기'라 한다.

아동의 결정적 시기는 매우 다양해서 발달단계에 따라 제공해야 할 적절한 자극이나 환경 또한 무척이나 다양하다. 최근 대다수 신세대 부모들은 아동의 결정적 시기에 주는 적절한 자극이나 환경으로 잘못된 조기교육을 선택하고 있다. 조기교육은 교육적인 기본지식을 갖고 해야 하지만 남들도 다하는 것이기에 나도 한다는 식으로 경쟁적으로 하다 보니 조기교육으로 인한 부작용이 발생하고 있는 것이다.

현재 우리의 조기교육은 0세부터 시작하는 다양한 교육프로그램이 선풍적인 인기를 끌고 있다. 이제 겨우 목을 가누기 시작하는 아이에게 영어 VTR이나 카드를 무조건적으로 보여주는가 하면, 우리말도 제대로 발음할 줄 모르는 아이에게 어려서부터 영어를 접하게 하겠다며 영어유치원에 보내는 부모를 만나는 것도 어렵지 않은 일이다. 심지어 발음을 좋게 하겠다고 혀 밑을 잘라주는 수술이 유행할 정도다. 1부터 10까지 숫자도 셀 줄 모르는 아이를 수학교실에 보내고, 음악이나 미술학원에 스케줄을 맞추어 보내는 일은 이제 유별난 엄마들의 튀는 행동이 아니다. 한참 재롱부릴 나이의 아이들에게 해외 어학연수는 필수이고 조기 유학은 선택이 되었다.

하지만 유아기부터 영어시청각 교재를 보거나 원어민 교사로부터 학원·과외수업을 받는 학습법이 성장 이후 영어 구사력에 별 도움이 안 된다는 연구결과가 나와 눈길을 끌고 있다. 한 설문조사에서는 유치원 영어교육, 영어학원·과외수업, 초등학교·영어수업 등도 성인이 됐을 때 영어실력을 보장하지는 않는 것으로 나타났다. 영어 조기교육을 받는 동안 당연히 아동들은 효과가 있는 것처럼 보이기 때문에 성인기 영어실력 향상에 도움이 될 것이라는 생각을 하지만 이는 일종의 착시현상이라는 것이다.

이렇듯 아이가 주어진 모든 자극과 지식을 무한적으로 받아들일 수 있다고 생각하는 것은 잘못이다. 뇌는 시기별로 발달하며 따라서 뇌의 발달 정도에 따라 그때그때 알맞은 교육을 시켜야 한다. 한창 부모에게 사랑받고, 뛰어놀아야 할 아이의 정신적·신체적 발달 수준을 무시하고 경쟁하듯 교육현장으로 내모는 부모들의 지나친 교육열은 오히려 아이에게 치명적인 상처를 줄 수도 있다.

뇌 발달이 제대로 이루어지지 않은 상태에서 많은 지식만을 주입하면 오히려 공부에 흥미를 잃게 된다. 그뿐만 아니라 과잉학습장애증 또는 스트레스증후군이라 하여 자폐증, 우울증, 폭력성, 복통, 설사 등 정신적·신체적으로 심각한 결과를 초래하게 된다.

그렇다고 조기교육이나 가정교육을 하지 말라는 얘기가 아니다. 조기교육은 하되 아이가 받아들이는 만큼씩 해야 한다는 것이다. 또한 가정교육이 둔재를 영재로 만들어주는 기적을 일으키지는 않는다.

아무리 효과가 있는 조기교육이나 교육프로그램이라 해도 침팬지의 두뇌를 인간의 수준으로 발달시킬 수는 없다. 물론 조기교육을 시키면 처음에는 잘하는 듯하지만 기초가 튼튼하지 못해 학습발달이 오히려 더디게 된다. 그뿐이 아니다. 혼자 책상에 앉아 공부하는 시간이 많은 아이는 사회성이 부족하여 교우관계가 원만하지 못하

고 몸도 허약한 경우가 많을 뿐 아니라 심각한 부작용까지 일으킨
다. 조기교육 득실을 따져 정확히 알고 해야 한다. 학생들의 수준
은 고려하지 않는 부모의 공부욕심은 오히려 학생들에게 독이 될
수 있음을 명심하자.

적성이
전부는 아니다

적성(適性)은 직업에 대한 각 개인의 적응능력 또는 어떤 사물에 알맞은 성질을 말한다. '알맞은 성질' 을 제대로 아는 것이 적성을 아는 것이 되고, 나아가 그 적성을 알아야 그에 따른 올바른 진로를 선택할 수 있다는 말이다. 여기서 말하는 '알맞은 성질' 이란 '천부적으로 타고난 성질을 의미한다'라고 보는 것이 타당할 것이다. 우리는 학창시절 적성검사라는 것을 통해 자신이 어느 학과에 맞는지와 장래의 직업을 찾았다.

 지구상에 존재하는 모든 생물체는 천부적으로 생존을 위한 독특한 성격과 감각을 타고 났다. 개개인마다 생긴 모양이 다르듯이 천부적인 성격도 다르게 타고난다는 사실은 매우 중요하다. 이런 천부적인 성격을 무시한 채 선망의 대상이 되는 직업을 갖기 위해 또는 부모들의 뜻에 따라 진로를 선택하는 것은 매우 위험한 일이기도 하다. 적성검사를 통해 자신의 직업을 찾게 되면 삶이 여유로울 수 있기 때문이다.

서울대 수석합격과 사법시험에 합격하여 유명해진 장승수 씨. 그는 일찍 아버지를 여의고 어려운 가정형편 때문에 대학을 일찌감치 포기하고 술집으로 당구장으로 돌아다니며 싸움꾼으로 고교시절을 보냈다. 그는 고등학교를 졸업한 후에도 포크레인 조수, 오락실, 가스·물수건 배달, 택시기사, 공사장 막노동꾼 등 여러 개의 직업을 전전하다가 스무 살 때 찾아온 공부에 대한 열정으로 집안의 생계를 책임지는 가장 노릇과 뒤늦게 대학문을 두드리는 늦깎이 수험생 노릇을 했다. 그렇다면 장승수 씨의 삶은 무엇이 적성이었을까? 법조인이 적성일까? 아니면 포크레인 조수, 오락실, 가스·물수건 배달, 택시기사, 공사장 막노동꾼 등일까. 아니다. 그는 삶의 상황이 나쁘면 어쩔 수 없이 어떤 일이라도 해야 한다고 말했다.

적성이 물론 중요하지만 적성을 너무 고려하게 되면 스스로 자기에게 좋은 일만 찾게 되고 그러다 보면 멀티 플레이어 보다는 한 분야의 전문가로 그칠 확률이 높다. 멀티 플레이어가 되기 위해서는 적성을 중요하게 생각하지 않고 미래의 내 인생을 이끌만한 매력이 무엇인가를 생각하고 도전하는 것이 더욱 바람직하다.

나는 왜
공부가 싫을까

우리는 학생 때 교육열이 높은 부모들로부터 매일같이 공부 열심히 하라는 소리를 귀가 따갑도록 들어왔다. 이제 성인이 되어서는 높은 교육열 때문에 우리의 자녀들에게 귀가 따갑도록 공부하라고 말하고 있다. 우리 자녀 또한 교육열이 높은 나라에서 성인이 되었기 때문에 그들의 자녀에게 귀가 따갑도록 공부하라고 할 것이다.

OECD 보고서에 따르면 한국의 어른들은 어린이들에게는 '공부하라, 공부하라' 입버릇처럼 말하면서도 정작 자신들은 공부하는 것을 꺼리는 것으로 나타났다.

성인이 되어서 공부를 안 하는 이유는 무엇일까? 세 가지 이유를 들 수 있을 것이다. 첫째, 교육의 목표가 너무 입시위주의 교육을 지향하였기 때문에 학교를 졸업하면서 목표를 상실했기 때문이다. 둘째, 그 많던 교육열이 이제는 자신을 위한 것이 아니라 자녀를 위한 교육열로 전이되고 있기 때문이다. 셋째, 어려서부터 학교가 학생에게 공부하는 방법보다 지식 위주의 암기교육을 시킨 탓이다. 위의 세 가지 이유로 학교를 졸업한 후에는 목표를 이미 달성했다는 생각에 더 이상 자신을 위해서 공부를 어떻게 해나가야 하는지를 모르기 때문이다.

우리는 초등학교에서 대학교까지 16년간 학교교육을 받아왔다. 그러나 현재 우리가 기억하고 있는 것은 우리가 교육받은 전체의 공부량 가운데 1%에도 미치지 못한다고 한다. 왜 그럴까? 16년 동안의 학교생활 중 우리 귀에 못이 박히도록 들은 얘기는 단 하나 '열심히 공부해라!'라는 이야기였다. 아무도 어떻게, 왜 공부를 해야 하는가에 대한 구체적인 방법과 이유를 제시하지 않은 채, 무조건 이해하고 기억하라는 식의 주입식 암기교육의 횡포 앞에 우리의 창의성과 선천적인 능력이 점차 고갈된 것이다. 사정이 이러하니 공부는 재미가 없는 것이 된 것이다.

내가 대학교에 입학한 학생들과 처음 마주치면 꼭 묻는 것이 있다. "대학에 들어와서 꿈이 무엇이냐?"가 그 질문이다. 어떤 학생 하나가 '고등학교에서 징그럽게 공부한 기억을 잊기 위해서 그동안 공부했던 책을 전부 모아 놓고 불을 지르겠다'라고 말하는 것을 들은 적이 있다. 얼마나 공부가 징그러웠으면 저런 생각을 할까? 라는 생각을 가져보았지만 요즘의 많은 대학생들이 대학만 가면 모든 것이 이루어진다고 생각해 대학에서는 공부를 게을리하고 있는 것을 볼 수 있다.

사회에 나와서도 마찬가지다. 기업에서는 신입사원 1인당 수천만 원의 교육비를 투자하여 인재를 양성하고 있다. 그 결과는 연수원을 벗어나는 순간 거의 모든 교육내용을 망각해 버린다는 것이다.

사실 이처럼 비용만 잔뜩 들였지 교육의 효과가 전혀 없는 교육들이 많은 것이 현실이다. 도대체 왜 이런 현상들이 반복되고 있는 것인가? 이러한 이유는 공부를 원대한 목표로 보지 못한 결과라 할 수 있다. 공부가 무엇인지 모르고 공부를 열심히 한다는 것은 단순하게 학교에서의 시험이나 진학, 취업문제만을 해결하는 것이라 생각할 수 있다. 까닭에 공부가 인생을 풍부하게 만들어주는 것이 아니라 경쟁에서 살아남아야 하는 것으로 생각하게 된다. 그러하니 공부가 어찌 재미있겠는가?

원대한 목표를 이루기 위해서는 공부를 수동적인 것이 아니라 능동적으로 해야 한다. 능동적인 자세는 목표를 수행하는데 적극성을 주고 결국은 성공에 이르게 하는 강력한 힘을 준다. 우리가 공부를 잘하기 위해서 노력한다는 것은 곧 원대한 목표를 세우는 것이라 할 수 있다.

아이 성적에
'일희일비' 웃겨

부모들은 항상 자기 자녀가 머리가 나쁘다고 생각하지 않는다. 까닭에 공부를 못하면 머리는 나쁜 것 같지 않은데 공부를 안 한다는 표현을 한다. 아이들이 공부를 하지 않으면 부모는 우울해진다. 아이가 시험을 보고 성적표를 가지고 올 때마다 부모들은 이번에는 어떤 성적을 가져올까 긴장이 되고 또 성적이 오르지 않으면 아이나 부모나 침통한 표정으로 집안의 분위기까지 가라앉는다. 어떻게 가정교육을 시켰기에 아이들이 그 모양이냐고 묻는 것 같은 기분도 든다. 심하면 밖에 나가서 집안 얘기를 할 때 어깨에 힘이 빠지고 괜히 창피한 생각까지 든다. 이러한 문제로 상담의 글을 올린 학부형의 글을 보자.

저는 중학교에 다니는 아들을 둔 학부모입니다. 외아들이라 집안에서 모두 애지중지하며 키웠어요. 무난하게 잘 자라왔지만 학년이 올라갈수록 아이의 성적이 제게 큰 짐이 된답니다. 우리 집 아이는 그렇게 공부를 잘하지 못하거든요. 아이가 건강하게 잘 자라고 있지만 그래도 한 집안의 아이를 잘 키우느냐 못 키우느냐는 기준을 공부를 잘하느냐 못하느냐로 사람들이 따지게 되는데, 그럴 때마다 우리집 아이를 생각하면 제가 잘못 키우는 것 같고 뭔가가 잘못된 것 같은 기분이 든답니다. 제 동창이나 친구들을 만나도 애들 성적 이야기뿐인데 전 그럴 때마다 어디론가 숨고 싶어요. 다른 집 아이들보다 공부를 못한다는 것이 제겐 큰 짐으로 느껴져요. 그 나이 때는 그래도 공부를 잘해야 부모의 기도 살고, 그리고 아이도 어딜 가나 당당할 텐데 우리 집 아이는 전혀 그렇지가 못하군요. 아이를 위해서 신경을 덜 쓰는 것도 아닌데 아이가 왜 성적이 오르지 않는지 모르겠어요. 과외도 하고, 이런 저런 학원도 다니고, 그리고 집안에 그다지 공부 못한 사람은 없는 데 말이에요. 아이만 생각하면 우울해지고 답답해진답니다. 남편은 그래도 공부를 못할 수도 있지 뭘 그렇게 신경을 쓰느냐며 이야기를 하지만 어디 그런가요? 제가 너무 성적에 연연하나요? 아이의 성적 때문에 오히려 제가 우울해하고 비관하게 되니 저도 종잡을 수가 없게 되네요. 조금은 의연하게 그리고 이러한 상황에서 벗어나야겠는데…… 제게 도움이 될 수 있는 조언을 부탁드립니다.

이글을 읽으면 자녀의 성적문제로 어머니가 고민을 많이 하는 것을 느낄 수 있다. 자녀의 성적이 뛰어나지 않기 때문에 아이를 키우는 부모로서 스트레스를 심하게 받고 있다는 것을 느낄 수 있다.

이는 자녀가 공부를 잘 하지 못하는 것이 엄마가 잘못 지도했기 때문이라는 자책감 때문에 시작된다. 여러 가지 가정환경에 비추어 볼 때 주변 사람들과 비교해서 아이가 성적이 우수한 것은 부모에게 자랑이 되기도 한다. 때문에 공부를 못하는 자녀를 둔 부모들은 대부분 우울해하는 경향이 있다. 마치 자녀가 공부를 잘해야 부모도 기가 사는 것처럼 보이기도 한다. 아마도 자녀가 잘되면 내 일이 잘된 것보다 더 기쁘고 반대로 자녀가 내 기대에 못 미치면 허탈감과 분노를 느끼는 것은 부모들이라면 누구나 마찬가지일 것이다.

특히 사회, 경제적 지위가 높고, 소위 엘리트라고 불리는 부모님일 경우 반응이 더욱 극단적으로 나타날 수 있다. 그럴 경우 부모님들은 자녀의 학습결과에 관심을 많이 같게 되는데 대부분은 자녀의 모든 성과를 자신의 체면과 결부시키는 경향이 있다. 행여 자신보다 사회적 지위가 낮거나 혹은 동료나 친구의 자녀가 자기 자녀보다 공부를 잘하면 체면이 손상되었다고 생각을 하게 된다. 그렇게 되면 자연스레 자녀에게 불만을 표출하고 자녀의 능력이나 관심과는 관계없이 학교성적만 올리라고 요구하게 된다. 하지만 부모가 이런 태도로 다그치거나 걱정을 한다고 해도 자녀의 성적이 좋아지는 사례는 거의 없다. 오히려 대부분 자녀의 성격이 위축되거나 공격적으로 된다. 그리고 계속 실패에 대한 부담감과 열등감들이 쌓여가게 된다.

청소년기의 자녀를 둔 부모님들이 명심해야 할 것은 자녀가 거두는 모든 사회적 성과를 부모의 체면과 결부시키지 말아야 한다는 점이다. 부모가 체면 때문에 자신의 학업성과에 대해 왈가왈부할 때 자녀는 부모에게 저항감을 느끼게 된다. 왜냐하면 자녀는 부모에게 모든 것보다 자신을 우선시 해 줄 것을 기대하게 되는데, 공부를 잘하라고 이야기하는 것이 자신을 위해서가 아니라 부모의 체면 때문이라고 생각한다면, 부모에게 자기는 부모의 체면보다 못한 존재처럼 생각하게 되고, 그것은 일생에 커다란 상처가 될 수 있기 때문이다. 그리고 그것이 자꾸 쌓이게 되면 반항으로 이어지게 된다.

이 세상에 똑같은 사람은 단 한사람도 없다. 달리 이야기하면 사람마다 발달속도가 다르다는 것이다. 이 평범한 진리를 부모가 인식하지 못하는 것이 대부분의 부모와 자녀 관계 문제의 중요한 원인이 된다. 자녀의 성적이 나쁘게 나온다고 다른 사람의 자녀와 비교하고, 속상해 하거나, 자존심이 상한다고 생각할 일이 아니다. 오히려 그럴수록 자녀를 격려하고 위로하면서 그렇게 되는 원인을 찾아보는 게 순서다.

공부를 잘 못해서 받는 스트레스는 자녀가 가장 크다. 부모는 먼저 자녀가 학습능력이 부족한 것인지, 아니면 노력을 안 하는 것인지, 혹은 발달이 좀 늦은 것인지 등을 살펴보아야 한다. 그리고 무엇을 도와주어야 하는지를 생각해야 할 것이다. 부모는 자녀가 자신감을 갖고 노력할 수 있도록 격려해주며, 자녀에게 진전이 있을 때까지 기다려 주어야 한다. 자신이 사랑하는 사람이 자기를 격려해주고 자신에게 기대감을 가져주는 것 이상으로 아이의 용기를 북돋아 줄 수 있는 것은 별로 없다.

청소년기의 자녀는 학습결과가 좋지 않을 때 부모님께 죄송한 마음을 갖게 된다. 그런데도 부모가 그 마음을 헤아리지 못하고 창피해 하거나 윽박지르면 오히려 미안한 마음은 사라지고 반항심만 쌓이게 된다. 부모는 있는 그대로의 나를 사랑하고 부모 자신의 체면이 손상되더라도 한결같이 나를 믿어주고 기다려 주신다는 것을 느낄 때 무책임하게 행동할 청소년은 드물다.

체면은 일시적인 것이다. 하지만 부모와 자녀 관계는 결코 일시적인 관계가 될 수 없다. 성적 나쁜 자녀를 두었다고 부끄러워하지 말아야 한다. 언제나 부모와 자녀 관계에 있어서 무엇이 더 소중한가를 먼저 생각해야 한다.

자기주도 학습 왜곡하는
'너무 뜨거운 교육열'

오늘날 대한민국의 국민들 중 교육에 지대한 관심을 갖지 않은 사람은 하나도 없으며, 지금의 교육이 아무 문제없이 잘 되어가고 있다고 생각하는 사람도 없다. 부모의 입장에서는 아이가 제도교육에 잘 적응하면 하는 대로 공부만 알고 인성이 부족해진다고 불안해하고, 적응을 못하면 못하는 대로 실패감을 안고 사는 무기력한 인간으로 남게 될 것을 염려한다. 교육에 관한 한 우리 모두가 이런저런 위기감을 느끼고 있으면서도 모두들 어떻게 해볼 도리가 없다고 자포자기하는 것에서 교육의 문제는 더욱 심각해지고 있다.

수많은 사람들이 한국교육의 문제점을 논의할 때마다 가장 먼저 공교육의 붕괴를 손꼽는다. 정부가 사교육과의 전쟁을 선포하고 있을 정도이니 부모로서는 공교육을 사교육이 대치하고 있다고 인식할 수밖에 없다. 학교교육이 너무 획일적으로 간다는 것이다.

세상은 하루가 다르게 급변하고 있다. 각 교육청에서는 미래 인재의 조건을 창의적 인재육성이라고 하지만 실질적으로 학교에서는 이를 수용하지 못하고 있다. 초등학교는 다양한 교수학습 방법을 통해서 협동학습이나 방과 후 학교, 체험학습 등을 통해 창의를 이끌어내는 노력을 하고 있다.

초등학교 현장에서는 이처럼 다양한 교수학습 방법을 적용하고 있다. 하지만 아직도 교과서 내용 이외에(참고서, 인터넷의 내용도 일부 다루어지고 있지만) 대체로 교사가 일방적으로 문제를 제기하고 이를 설명하는 식이다. 모든 학생은 교과서의 내용에 대해 교사가 제시하는 사실적 지식과 가치관을 주로 학습하며 '왜' '어떻게'와 같은 탐구적 지식이나 사회비판적 지식은 드물게 학습하게 된다.

중학교 수업에서는 교사 일변도의 주입식교육은 더욱 심한 것으로 나타나고 있다. 중학교 수업에서는 대체로 사실적 지식을 제시하는 형태로 구성된 교과서의 내용을 비교적 균등하게 나열식으로 다룬다. 즉 교사들은 교과서의 전체 내용을 읽어가면서 해설식 설명을 하거나 또는 따로 읽을 시간을 준 다음 단답형·이분법적 질문으로 구성된 문답식 설명을 해나가는 것이 일반적이다.

이 때문에 교사의 질문에 대부분의 학생들이 일률적인 대답을 하게 되어 있으며 초등학교에 비해서 학생 개개인이 답변할 수 있는 기회도 훨씬 적다. 게다가 답변을 할 기회가 있을 때에도 초등학교와는 달리 답변을 지원하는 학생이 드물며, 대개 앉은 순서나 번호대로, 혹은 교사가 지명하는 학생들이 답변을 한다. 즉 학생들의 개별문답은 일종의 시험의 기능을 하는 것으로서, 학생들이 공부했는지를 확인하고, 수업시간에 주의를 집중하도록 하는 역할에 그치고 있다. 따라서 초등학교에서는 나름대로 수업에 적극적으로 참여하던 학생들도 중학교에 오면 학습에 대한 흥미를 잃어버리고 잠만 자는 학생들이 증가하고 있다.

문제는 고등학교에 들어와서 이러한 문제가 더욱 심각해진다는 것이다. 고등학교는 입시 위주의 교육을 강조하다 보니 다른 모든 것은 제외하고 오직 학력향상을 위하여 지식을 주입하거나 문제풀이식 수업을 하고 있다. 이러한 수업에 대하여 꿈이 뚜렷한 학생은 수업을 따라가지만 제대로 된 꿈을 갖지 않은 학생들에게 시키는 주입식 교육은 창살 없는 감옥과도 같게 만들고 있다.

이처럼 웃지 못할 일들이 일어나는 것은 크게 두 가지 때문이다. 그 두 가지는 바로 부모의 지나친 교육열과 교육에 대해 정확히 알지 못하고 출발하는 데 있다.

첫째, 지나친 부모의 교육열이다.

우리가 지나친 교육열을 갖게 된 것은 역사는 깊다. 우리는 일본의 식민지배를 통해 이민족 통치와 6·25전쟁을 통해 전통적인 신분질서의 와해를 경험하게 된다. 우리나라는 이 때문에 안정적인 근세(近世)를 보낸 다른 나라에 비해 신분상승의 가능성이 폭넓게 열리는 경험을 하게 되었다. 교육은 특히 고려시대부터 과거제도의 전통과 결합하여, 신분상승의 왕도(王道)가 되었으며, 국민들의 교육에 대한 요구는 우리나라 경제력의 한계로는 수용할 수 없을 만큼 폭발적인 상태가 되었다. 사실이 이러하니 명문대학이나 좋은 직장의 문은 너무 좁아서 사람들의 경쟁이 치열하게 되었다.

이는 결국 좁은 명문대학으로의 진학이나 좋은 직장의 획득 및 유지에 있어서 '절대 손해를 보지 않겠다는 강박관념'을 갖게 만든다. 우리 아이에게만은 좋은 교육환경을 제공하고 싶고, 특목고를 보내 좋은 선생님 밑에서 양질의 교육을 받게 하겠다는 욕심이 생기게 된다. 또한 이로 인해 고액과외가 판을 치고, 입시비리가 끊이지 않고 있다. 이 때문에 교육정책은 수도 없이 수정하고 있지만 전체적인 효율성보다는 획일적인 집단 내의 균형성 유지를 더 중시하는 경향이 생긴 것이다.

둘째, 부모가 교육에 대해 정확히 알지 못하기 때문이다.

오늘날 학교교육의 문제만을 지적할 것이 아니라 가정교육이나 사회의 전반적인 분위기도 학생들의 요구에는 관심이 없고 오직 성적을 높이는 일에만 관심을 가지고 있다. 실제로 아이가 흥미를 갖는 것, 그리고 그 아이가 가장 잘 할 수 있는 것, 그 아이의 수준에 맞는 것 등을 무시한 채 '남이 하니까 우리 아이도' 혹은 '우리 아이만 안 하면 뒤에 처지는 것 같아서'라는 이유로 과외, 피아노 학원, 속셈학원, 미술학원 등으로 아이들을 혹사시키고 있는 것이다. 뿐만 아니라 속독법이나, 전뇌학습법, 논술교육, 대치동 공부방법, 공신이라는 검증되지 않은 학습법이 뜨기만 하면 아이들을 거기에 끼워 맞춰 실험을 당하게 하고 있다.

아이들은 아이들대로 '입시전선 우방 없다' '졸면 죽는다' '네 시간

자면 합격하고 다섯시간 자면 떨어진다'는 사당오락(四當五落) 등의 문구를 책상머리에 붙여놓고 살벌하게 공부하며, 부모들은 그런 자녀들에게 '대학에 들어가는 것이 효도'라고 번번이 말한다. 이 때문에 아이들은 일찍부터 '인생은 성적순'이고 '남을 제치고 이겨야 산다'는 생각을 뼈아프게 터득하게 된다. 어머니, 교사, 아이들이 어우러져 만들고 있는 이 웃지 못할 풍자극에서는 행복한 사람이 하나도 없음에도 불구하고 과장과 신화에 싸인 이 풍자극이 최대의 관객을 끌고 있는 것은 외면하지 못할 우리의 비극적 현실인 것이다.

삶이 도시의 중산층에만 국한된 것이 아님을 우리는 너무나 잘 알고 있다. 틈만 나면 부유층, 빈곤층 어머니들도 여기저기 모여 아이들의 성적 얘기로 시끌시끌해진다. 부모들의 재력과 학력의 차이 때문에, 또는 주거환경 때문에 실행상의 차이가 있을 뿐이지, 가고 있는 곳은 한 곳뿐이다. 대학진학이 유일한 살 길이라 믿고 아이들을 사정없이 내몰고 있다는 점은 과거나 지금이나 그다지 차이를 보이지 않는다.

자기주도적 학습으로 가는 '엄마표 학습'

자기주도적 학습이 이루어지기 위해서 가장 기본적인 것은 학습동기다. 학습동기란 공부를 하고 싶은 마음을 말한다. 학습동기가 생기지 않고는 절대적으로 공부를 잘 할 수 없다. 공부는 하고 싶어야 주의력도 생기고 암기력도 생겨 공부를 잘하게 되는 것이지. 억지로 할 수 있는 것이 아니기 때문이다. 따라서 공부하고 싶다는 학습동기가 확실하면 공부를 잘하게 해주는 공부습관을 만드는데 50%는 성공한 셈이다.

학습동기는 일단 학습에 대해 관심을 가지게 되고, 공부에 흥미를 갖게 하고, 주의력을 집중할 수 있게 해주고, 자아효능감을 높여주고, 할 수 있다는 자신감을 갖게 한다. 여기에 학습의욕을 불러일으켜 학습효과를 높이고, 지속적인 학습욕구를 가지게 한다. 결국 학습동기가 높은 아이들은 스스로 열심히 공부하며, 학습결과에도 큰 영향을 미친다.

학습동기에는 내재적, 외재적, 개인적, 환경적 요인들이 포함되며 다양하게 작용한다. 특히 학습동기가 높고 낮음은 어렸을 때부터 학생들이 겪는 많은 경험과 연관이 있다. 따라서 학습에서의 동기는 개인마다 다른 요인이 작용되어 나타나며 흥미가 중요한 영향을 끼친다.

학습동기를 구성하는 요소는 먼저 자신을 정확히 아는 자아정체감 형성하기. 꿈을 세우기. 공부를 잘할 수 있다는 자기효능감 높이기. 공부를 즐겁게 해주는 긍정적 생각하기. 공부를 효과적으로 하게 해주는 공부목표. 공부를 효율적으로 하게 해주는 시간관리. 성공의 경험을 통해서 성취감 높이기. 공부를 못하는 원인을 찾아 해결하는 귀인검사 하기. 공부의 보약이 되는 칭찬과 격려 등이 있다.

꿈을 가슴에 품게 하라

꿈이라는 것은 인생의 목표를 말한다. 통계에 의하면 현재 우리나라 청소년의 80%가 꿈을 가지고 있지 않다고 말한다. 그래서 공부를 왜 해야 하는지 모르는 학생들이 많다고 한다. 학교에서는 진학만 있고 진로나 꿈을 잡아주는 것은 부족하다고 한다.

전문가들의 조언을 보면 '공부 잘하는 학생들에겐 경험할 수 있는 기회를 주고, 공부를 잘하지 못하는 학생은 장기적인 목표를 갖게 하면 성적 향상에 크게 도움이 된다'고 하였다. 꿈이 없는 삶은 목표 없는 배를 탄 것과 같이 바다만 헤매게 되어 결국에는 좌초하게 된다. 그러나 목표가 뚜렷해지면 배는 목표점을 향해 나아갈 수 있고, 결국에는 원하는 목표에 도달할 수 있다.

공부도 목표를 갖지 않으면 망망대해에서 목표 지점 없는 항해처럼 고독한 것이다. 꿈을 정확히 가져야 목표의식이 뚜렷해져 삶도 행복해지며, 공부도 하고 싶다는 생각이 든다. 목표가 없는 학생들은 다가올 미래에 대해 막연하게 생각하고 있기 때문에, 당연히 계획이라는 것을 세울 수 없을 뿐더러 공부를 해야 할 필요성도 못 느끼게 된다. 공부를 잘하는 학생들의 특징은 목표가 정확하다는 것이다.

정확한 목표를 세우기 위해서는 성공한 사람들의 삶을 보게 하거나 경험하게 하는 것이 좋다. 이러한 경험은 아무리 부모의 충고가 논리적이고 타당하다고 해도 가치가 더 높을 수밖에 없다. 그렇다고 공부하는 학생들에게 현장에서 직접 체험하라고 떠미는 것은 쉽지 않다. 더욱이 학생들에게 삶을 경험시킨다는 이유로 시행착오를 겪게 할 수는 없다.

꿈을 설정하는 것은 공부습관을 형성하는데 있어서 가장 중요한 부분이다. 꿈은 자신이 하는 공부의 목표점을 제시할 뿐만 아니라 자신이 공부를 제대로 하고 있는지 판단기준이 되기도 한다.

일본에는 코이라는 이름의 잉어가 있다. 코이는 작은 어항에 넣어두면 5cm까지 밖에 자라지 않지만 연못에 넣어두면 10cm까지 자라고, 커다란 강에서 자라면 20cm까지도 자란다고 한다. 코이처럼 어떠한 꿈을 선택하느냐에 따라 성공의 크기도 달라진다. 옛말에 호랑이를 그리려 노력하면 고양이라도 그리지만 고양이를 그리려면 아무것도 못 그린다는 말이 있다. 부모는 학생들에게 꿈을 크게 그리게 해야 한다. 큰 꿈이 있어야 가는 길도 멀리 갈 수 있으며, 지치지 않기 때문이다. 그러나 꿈을 정확히 세우는 것은 쉽지 않다.

꿈을 정확히 세우지 않은 아이들은 꿈을 물어볼 때마다 다르게 이야기 하거나, 없다고 말한다. 아이들이 초등학교 때는 꿈을 갖고 있다가도 중학생이 되면 성적에 대한 등수가 나옴에 따라 자신의 상황이 어떤지를 알기 때문에 꿈을 포기하는 경우도 많다. 결국 꿈을 정확히 갖지 못하면 목표가 생길 수 없고 공부를 해야 하는 이유가 없어지게 된다. 따라서 뚜렷한 꿈을 어릴 때부터 세워주는 것이 필요하다. 뚜렷한 꿈을 세우기 위해서는 단순하게 "꿈이 뭐니?"라고 묻기 보다는 구체적으로 질문해야 한다. 예를 들면 "꿈이 무엇인가?"를 묻고, 그 "꿈을 실현하기 위해 어느 대학 무슨 과를 가야 하는지?"를 물어 꿈을 실현하기 위해 어떠한 진로를 선택해야 하고 그에 해당하는 대학이나 학과를 가기 위해 얼마나 공부목표를 정하고 공부해야 하는지를 알게 해준다. 또한 "나중에 닮고 싶은 사람은 누구인지?", "닮고 싶은 사람의 어떤 점이 닮고 싶은지?"를 물으면 자신의 꿈이 현실적인 것인지 이상적인 것인지를 알게 해준다.

꿈이 정확하지 않거나 꿈이 자주 바뀌는 아이들을 위해서 꿈을 구체적으로 세우기 위해서는 다음과 같은 비전 세우기를 시켜 해보는 것이 좋다. 또한 꿈을 정확히 가지고 있는 아이들이라도 꿈을 실현하기 위해서는 올해의 목표를 적게 하고, 그에 따라 매일 실천해야 할 생활신조를 적게 하는 것은 매우 중요하다. 꿈을 실천하기 위한 올해의 목표는 한해가 지난 다음 얼마큼 목표에 도달했는지를 평가하는 기준으로 삼고, 생활신조는 매일 얼마나 실천했는가를 평가하는 기준으로 삼는다. 평가 결과 목표나 신조를 실천하였다면 더욱 높은 목표나 신조를 세우고, 도달하지 못했다면 하향 조정하는 것도 필요하다.

 # 비전세우기

본 활동지는 아이들에게 정확한 꿈을 세우고 그에 따라 자신의 올해 목표나 생활신조를 정하여 실천하도록 하기 위한 활동지입니다. 아이가 작성한 활동지를 복사해서 아이들이 잘 볼 수 있는 곳에 붙여 놓고 매일 자신의 꿈이나 생활신조를 지키도록 지도합니다.

비전 세우기

 ① 비전선언문 작성

> 1. 내가 가고 싶은 대학은 _____대학 _____과다.
>
> 2. 나는 대학을 졸업하고 _____이(가) 되고 싶다.
>
> 3. 내가 가장 닮았으면 하는 사람은 _____이다.
>
> 4. 나는 그 사람의 _____이 닮고 싶다.
>
> 5. 나의 올해 목표는
>
>   -
>   -
>   -
>   -
>   -

올해 목표 예) 10등 안에 기필코 진입한다. | 성문기본영어를 완전하게 공부한다.

생활신조는 자신의 목표를 달성하기 위해 실천이 가능한 목표를 적어 항상 벽에 붙여놓고 되뇌는 것이 좋다.

예) 나는 매일 6시에 일어난다. | 하루에 단어를 3개씩 암기한다.

생활신조

-
-
-
-
-
-
-

 ## 지도방법

1. 비전선언문 작성

비전선언문은 학생들의 구체적인 목표를 설정하기 위해서 하는 것이다. 가고 싶은 대학과 과를 정하도록 하고, 어떤 직업을 가질 것인지를 정하는 것이다. 또한 자신이 닮고 싶은 사람을 정해 역할 모델을 삼고, 닮고 싶은 사람의 어떤 부분을 닮고 싶은지를 적게 한다. 그리고 올해 목표가 무엇인지를 3~5개 정도 잡고 그것을 이루도록 격려한다.

2. 생활신조

성공한 사람들은 매일 위의 생활신조를 되뇌며 역량 개발을 위해 노력하고 있으며, 성공을 향해 도전하고 있다. 학생에게 생활신조를 적어서 책상 앞에 붙여놓고 매일 반복해서 읽도록 지도한다. 그러면 학생들의 잠재의식 속에서 꼭 목표를 이루어야 한다는 적극적 의지가 나타나게 되고, 이를 실현하기 위한 잠재능력이 나타날 뿐만 아니라 생활 속에서 놀라운 일들이 일어나게 된다.

자기를 긍정적으로 보게 하라

아이의 자기주도적 학습 성패를 좌우하는 가장 중요한 요인은 바로 자신을 어떻게 보느냐 하는 것이다. 자신에게 능력이 있고, 또 다른 사람들로부터 인정받고 있다고 생각하는 아이는 자신을 긍정적으로 보게 될 뿐만 아니라 자신감을 갖게 된다. 반대로 자기 자신을 무능하고 희망도 없는 존재로 보게 되면 매사에 자신을 잃고 공부가 싫어지고 위축된 생활을 하게 된다.

긍정적인 자아개념은 공부의 모든 측면에 절대적인 영향을 미친다. 긍정적인 자아개념을 가진 아이는 공부에 자신감을 가질 뿐만 아니라 공부도 잘 할 수 있다. 그러나 부정적인 자아개념을 가진 아이는 자신감을 가지지 못할 뿐만 아니라 공부에 있어서도 열등의식을 가지게 된다. 결국 자아개념은 학업성취와도 밀접한 관계를 가지고 있어서 긍정적인 자아개념을 가지고 있는 학생은 부정적인 자아개념을 가지고 있는 학생보다 높은 학업성취를 보이게 된다.

공부에 대해 긍정적인 생각을 가지면 공부가 재미있어지고 공부를 하는 동안 즐겁지만, 공부에 대해 부정적인 생각을 가지면 어쩔 수 없이 해야 하는 것이라고 생각하기 때문에 공부를 하는 동안 마음이 편할 수가 없다.

아이가 자기 성적이 기대한 만큼 나오지 못한 경우 '내가 그럼 그렇지' '난 공부랑 맞지 않구나?' 하며 부정적인 생각을 한다면 후속 학습에도 그 영향이 미쳐 결코 능률적인 학습이 될 수 없다. 반면에 긍정정인 생각과 태도가 몸에 배인 학생이라면 '다음에는 더 열심히 공부해서 좋은 성적을 받아야지' 라며 오히려 전화위복의 기회로 삼고 자극을 받아 동기유발이 된다.

어떤 생각을 가지고 사느냐가 우리의 삶을 결정한다. 우리가 긍정적인 생각을 가지고 아이를 대하면 그 아이도 나에게 긍정적인 반응을 보일 것이며, 자신감을 가지고 시험을 보게 되어 좋은 결과를 가져올 것이다.

부모는 자녀로 하여금 긍정적인 자아개념을 형성할 수 있도록 노력해야 한다. 자아개념은 성장하는 과정에서 다른 사람들 특히 부모나 선생님과 같은 어른들 및 친구들이 자신을 대하는 태도에 의해서 결정된다. 부모나 선생님이 아이에게 긍정적인 반응을 보이면 아이는 자신을 긍정적으로 보게 되고 반대로 부정적인 반응을 보이면 부정적인 자아개념을 형성하게 된다. 따라서 개인의 자아개념 형성에 있어 주위 사람들의 영향이 절대적이라 할 수 있다.

긍정적 사고는 부모나 지도교사의 칭찬과 격려를 받는 외부적 요인과 자신을 칭찬하고 격려하는 내부적 요인으로 형성될 수 있다. 그 중에서도 진정한 긍정은 자신을 사랑하는 마음에서 나온다.

아이로 하여금 긍정적인 자아개념을 갖도록 하려면 될 수 있는 대로 아이에게 긍정적인 반응을 해주는 것이 필요하다. 즉 아이의 단점이나 잘못한 일만 꼬집어서 지적하고 나무라기보다는 아이가 지닌 장점이나 잘한 일을 찾아서 칭찬을 해주면 아이는 자신에 대해서 부정적인 면보다는 긍정적인 면을 더 보게 되고, 긍정적인 자아개념을 기르게 된다.

자신감을
갖게 하라

공부를 하거나 대인관계에 있어서 성공여부를 결정하는 중요한 요인 중 하나는 그 아이가 얼마나 자신감을 가지고 있느냐 하는 것이다. 자신감을 가지고 공부하면 좋은 성적을 얻을 수 있지만 자신감 없이 공부를 하면 대부분 실패하게 된다. 공부를 잘할 수 있다는 자신감을 가지면 공부도 잘되고 원하는 목표에 도달하기 위해서 도전을 하게 된다. 그러나 자신감이 없으면 공부를 중도에 포기할 확률이 높아져 학습목표에 도달하지 못한다.

개인의 자신감은 우선 과거의 경험이나 주변의 반응에 의해서 결정된다. 즉 과거의 경험이 성공적이면 자신감을 갖게 되지만 주로 실패를 많이 경험하게 되면 자신감을 잃게 된다. 또한 주변의 부모나 선생님의 긍정적인 반응을 받으면 자신감을 갖게 되고 그렇지 않으면 자신감을 상실하게 된다. 예를 들어 학생이 수학시험에서 주로 100점을 받았다면 이 학생은 수학에 대해서 스스로 자신감을 갖게 될 것이다. 또한 부모의 잘했다는 칭찬을 지속적으로 받는다면 아이는 수학에 대해서 자신감을 갖게 될 것이다.

이러한 경험과 반응은 학업성취뿐 아니라 대인관계에서도 그대로 적용된다. 다른 친구들과 어울리면서 즐거운 경험을 한 아이는 다른 아이들과 어울리는 일에 대해서 자신감을 갖게 된다. 반대로 다른 친구들과 싸우거나 따돌림을 당한 경험이 있는 아이는 어울리는 일에 대해서 자신감을 잃게 된다.

자신감이 높은 학생들이 자신감이 낮은 학생에 비해 도전적으로 공부를 하며 오랫동안 지속하고 좋은 성적을 얻는다. 특히 자신감이 높은 학생들은 도전에 실패할 때 더 큰 노력을 발휘하며, 공부 내용이 어려워도 금방 포기하지 않는다. 반면에 자신감이 낮은 아이들은 자신을 부정적으로 보고 타인에 대해서도 부정적인 태도를 취하는 경향이 높다. 그래서 남을 욕하거나, 일이나 공부에 대해서도 부정적으로 보기 때문에 쉽게 포기하고 좋은 성적을 얻기가 어렵다.

자신감이 강한 아이는 모든 일에 대해서 긍정적 사고를 가지고 있으며, 긍정적으로 행동함으로써 공부에 대해서도 긍정적 결과를 낳게 된다. 따라서 공부습관을 형성하기 위해서는 '나는 공부를 하면 잘 할 수 있다'는 자신감을 갖게 하는 것이 중요하다.

아이가 공부에 대해 자신감을 갖게 하려면 부모나 교사는 아이로 하여금 공부에 있어서 될 수 있으면 성공적인 경험을 갖도록 하고 또 긍정적인 반응을 주도록 해야 한다. 예를 들면 아이에게 하기 어려운 공부를 시켜 실패의 경험을 하게 하기보다는, 아이가 할 수 있는 공부를 하게 하여 성공의 경험을 하도록 하는 것이 바람직하다. 또한 모르는 것을 물어보기 보다는 아는 것을 물어 보아 아이가 자신있게 대답하게 하는 것도 중요하다. 아이가 공부를 잘못한다고 꾸중을 하기보다는 '잘 할 수 있으니 더 해봐'라고 말해주는 것이 좋다.

책임감을 길러주라

아이들은 자신이 해야 할 일에 대해 전혀 책임감이 없고 한 일에 대해서도 책임을 지지 않는 경우가 많다. 이런 아이들은 책임지고 과제를 제대로 해내기가 어렵다. 책임감은 공부의 지속적인 수행과 밀접한 관계를 가지고 있다. 책임감 있는 아이가 학습목표를 세우고 공부를 하면 그 아이는 책임을 지고 학습목표에 도달하기 쉽다. 반대로 책임의식이 없는 아이가 공부를 하게 되면 그 결과를 믿기 어렵다. 책임감은 이처럼 공부의 수행과 공부의 질, 그리고 신뢰와 밀접한 관계가 있다.

책임감은 성숙하고 건강한 아이의 대표적인 특성이다. 성숙한 아이는 자신의 행동에 대해서 책임을 진다. 그 결과가 바람직한 것이든 아니든 자신이 한 일에 대해서 책임을 지는 것이 책임감 있는 아이, 즉 성숙된 아이의 특성이다. 그래서 아이들보다는 어른들이 책임감이 강하다고 할 수 있다.

자신이 판단하고 결정해서 스스로 취한 행동에 대해서는 그 결과 여하에 상관없이 책임을 지는 것이 성숙한 인간의 도리이다. 책임감을 갖는다는 것은 자신의 행동의 자율성을 인정한다는 의미도 된다. 그렇기 때문에 책임감을 갖는다는 것은 남의 간섭보다는 자신의 자유의사에 의해서 자율적으로 공부하는 것을 의미한다.

책임감은 성장하면서 체험하는 여러 경험에 의해 형성된다. 특히 부모와 교사가 제공하는 경험은 책임감 형성에 중요한 영향을 미치게 된다. 부모와 교사는 아이의 책임감을 길러주기 위해서 자신의 행동에 대해 책임을 지는 습관을 갖도록 해야 한다. 그렇게 하기 위해서는 우선 부모나 교사의 일방적 지시에 의한 타율적 행동보다 아이가 스스로 판단하여 자율적으로 행동하게 하고, 또 그 결과에 대해 아이가 책임을 지도록 해야 한다.

잘된 결과에 대해서는 칭찬을 해주고 잘못된 결과에 대해서는 왜 그러한 결과를 초래하게 되었는지 아이 스스로 그 원인을 탐색해서 자신에게 그 결과에 대한 책임이 있다는 것을 체험하도록 해야 한다.

공부목표를 설정하게 하라

부모들의 최대 관심사는 자녀들의 공부라고 해도 과언이 아니다. 자녀들의 공부를 위해서 강남으로 이사를 가거나 기러기 아빠를 자처하고 있으며, 경제적으로 아무리 힘들고 능력이 부족하더라도 교육비 투자만큼은 아낌없이 혼신을 다해 열정을 다하려는 게 부모들의 모습이며 교육현실이다. 그러나 부모의 노력과 투자에 비해서 자녀들은 뜻대로 자라지 않는다.

그렇다면 많은 돈을 들이지 않고도 자녀들을 공부하게 할 수 있는 방법은 무엇일까? 그것은 바로 자기주도적 학습능력을 키우는 것이다. 자기주도적인 학습능력을 기르기 위해서는 학생 스스로 공부목표를 설정할 수 있는 능력을 가져야 한다.

공부목표란 과목별로 학생이 도달하고자 하는 성적을 말한다. 도달하고자 하는 성적을 목표로 삼기 위해서는 먼저 지금까지 받은 성적을 기본으로 해서 자신의 노력으로 도달할 수 있는 목표를 잡아야 한다.

아이들은 공부를 잘하고 싶으면서도 자신의 공부목표가 정확하지 않은 경우가 많다. 공부 잘하는 학생들은 학습계획을 세우는 습관이 정착되어 있을 뿐만 아니라 학습계획도 적절한 수준으로 세워서 수행하고 있다. 공부목표를 세우지 않으면 공부에 대한 목표가 없으므로 공부를 하지 않게 된다. 또한 공부의 목표가 정확하지 못하면 공부를 지속적으로 하기 어렵다.

공부목표를 세우게 되면 공부를 골고루 할 수 있으며, 목표가 뚜렷하므로 공부 이외의 유혹에 빠지는 것을 방지한다. 공부목표를 세울 때는 아이가 도달할 수 있는 정도의 목표를 세우도록 지도하는 것이 가장 중요하다. 자신이 도달할 수 있는 목표를 설정하면 도달하고 나서 성취감을 느껴 다음의 목표에 도전할 수 있기 때문이다. 그러나 도전하기 어려운 공부목표를 설정하게 되면 중간에 포기하게 되고 결국은 자아효능감이 떨어지게 되어 더 이상 공부하는 것에 대해 주저하게 된다.

공부목표는 최소한 1개월마다 한 번씩 아이가 정한 목표에 도달했는지를 평가하고 아이의 성장과 공부의 만족도를 주기적으로 파악해야 한다. 평가 후 취약영역이 발견되면 바로 그것을 충족하기 위한 목표와 계획을 수정하게 하고 다음 목표를 세울 때 반영하면 좋다.

공부목표 세우기

본 활동지는 아이의 자기주도적 학습습관 형성을 위하여 공부목표를 구체적으로 세우게 하는 활동지입니다. 아이들이 자신의 현재 상황을 기준으로 달성할 수 있는 목표를 설정하도록 지도합니다.

(　)학년 (　)반 (　)번 이름(　　　　　)

이 질문의 목적은 여러분의 과목 목표에 대한 여러분의 마음속 관심이 얼마나 되는지를 알아보려는 것이니 질문에 솔직하게 대답해 주기 바랍니다. 해당 문항에 현재 수준에는 "V"를 목표 수준에는 "●"로 체크해주세요. 다 작성하고 나면 같은 표시대로 선을 그어 연결합니다.

목표					
100					
90					
80					
70					
60					
50					
40					
30					
20					
10					

# 공부목표 코칭

공부목표 검사는 공부의 정확한 목표를 설정하기 위한 것이다. 따라서 공부목표 검사를 통해 학생의 현재 과목별 상태를 진단할 수 있으며, 부족한 과목이 무엇인지, 학생이 어떤 과목을 공부하고 싶어하는지, 공부의 목표를 설정할 때 방향을 잡아주는데 도움을 받을 수 있다. 공부목표 검사도 가치관 계단 작성하기와 같이 작성하는 시기는 처음 코칭을 시작할 때와 코칭이 끝난 시점에 작성한다.

검사지를 체크할 때는 두 가지를 체크하도록 한다. 한 가지는 자신의 현재 상황을 "∨"로 하고, 또 한 가지는 자신이 목표하는 수준을 "●"로 체크하는 것이다. "∨"는 과목별로 현재 학생의 과목별 공부수준을 나타낸 것이고 "●"는 학생의 도달하고자 하는 공부수준을 말한다. 두 가지의 차이가 크면 클수록 공부를 해도 효과가 없거나, 가장 자신이 없는 과목이다.

차이가 없는 과목은 조금만 노력하면 도달할 수 있지만 차이가 큰 과목은 기초를 튼튼히 다지고 목표에 도달할 수 있도록 지도해야 한다.

스트레스가
생기지 않게 하라

우리 옛말에 '기가 막혀 죽겠네'라는 말이 있다. 이 말은 바로 스트레스를 받아서 죽겠다는 말과 같은 의미다. 실제로 스트레스를 받게 되면 맥이 꽉 막혀 소화도 되지 않고 두통도 생기며 가슴이 답답해지는데, 이보다 더 심해지면 죽기도 하고 머리에 혈압이 올라서 뇌졸중으로 쓰러지기도 한다. 결국 스트레스를 받으면 기가 막히고 죽음에 이르게 된다는 말이다.

최근 한 조사에 따르면 고등학생의 86.4%가 시험 스트레스에 시달리고 있다고 한다. 실제로 스트레스가 많은 아이는 평소 공부를 열심히 잘했지만 시험 당일 식은 땀이 나고 불안해서 공부한 것도 기억나지 않는다고 한다. 결국 스트레스가 심하면 성적이 제대로 나오지 않는 것은 당연하며 학습효과마저 사라지게 된다.

아이들은 해야 할 공부와 시험을 통한 평가를 반복하다 보니 이로 인한 중압감과 스트레스가 늘 따라 다닌다. 공부가 내 뜻대로 되고 시험성적도 원하는 만큼 늘 나온다면 좋겠지만 쉬운 일은 아니다. 특히 입시생들은 대학은 가야 하는데 공부하기는 싫고, 그렇다고 공부를 안 하면 가고 싶은 대학을 못 간다는 부담감에서 공부를 하니 스트레스는 더욱 많이 생긴다. 수험생 스트레스는 여학생이 남학생보다 민감하기 때문에 스트레스가 높으며, 저학년보다는 고학년으로 갈수록 중압감이 많아져 스트레스가 높은 편이다.

아이들에게 스트레스가 발생하는 이유는 시간은 절대적으로 모자라는데 공부에 집중하다 보면 수면부족과 함께 체력은 떨어지고, 어른이 되어가는 와중에 겪어야 하는 온갖 성장병(이성에 대한 관심과 성적 호기심, 가치관과 자기 정체성에 대한 혼란, 미래에 대한 불안)들로 인해서 심리적으로 큰 부담을 느끼게 된다. 여기에 학교와 사회, 집안 식구들이 주는 온갖 중압감은 감히 한 번쯤 자살을 생각할 정도로 강한 스트레스인 것이 사실이다.

아이들은 아직 정신적으로는 미숙하기 때문에 그들이 겪어야 할 일상의 중압감은 어른보다 훨씬 더하다. 따라서 아이의 스트레스에 대한 어른들의 주의는 각별해야 한다. 오랫동안 방치하게 되면 육체적인 큰 질병으로 발전할 수 있고 정신적으로 심각한 후유증을 남길 수 있기 때문이다.

그렇다고 스트레스가 꼭 해롭기만 한 것은 아니다. 동기를 잘 부여하면 창조적이며 즐거운 긍정적 스트레스가 될 수도 있고, 허약하게 하거나 싫고 기분 나쁘게 여기면 부정적 스트레스가 될 수도 있다.

스트레스는 개개인마다 똑같은 상황에서도 각기 다른 반응을 나타내게 되어 대처하기에 따라 부정적인 역할을 하기도 하고, 긍정적인 역할을 하기도 하다. 건강한 상태에서 적절한 스트레스는 공부의 능률을 올릴 수 있으나 허약한 상태에서는 적은 스트레스로도 공부의 능률을 크게 떨어뜨릴 수 있다. 스트레스를 해소하기 위한 방법은 다음과 같다.

- 하루에 한번은 가볍고 규칙적인 운동을 하여 몸의 스트레스를 풀어준다.
- 해야 할 공부의 목록을 만들고 우선순위를 정해 가장 중요한 공부를 먼저 하도록 한다.
- 커피나 콜라, 인스턴트식품 등 가공된 고열량 음식보다 채소, 생선, 과일 등 비타민과 단백질이 많이 함유돼 있는 음식을 섭취하도록 한다.
- 공부나 시험을 보기 전 심호흡, 명상, 스트레칭, 규칙적인 기도, 독서 등 신체와 마음을 이완시킬 수 있는 방법을 시행하도록 한다.
- 자신을 도와 줄 수 있는 절친한 친구, 선배, 부모님으로부터 도움을 얻을 수 있도록 노력한다.
- 공부하는 중간 중간 적절히 휴식시간을 갖도록 한다. 휴식시간에는 가벼운 맨손체조를 하거나 심호흡을 하여 신선한 산소를 충분히 보충해주는 것이 좋다.

- 술과 담배의 유혹으로부터 피한다. 술은 문제해결능력과 학습
  능력을 저하시키며, 흡연은 스트레스 해소에 전혀 도움이 되지
  않으며 오히려 건강만 악화시킨다.

집중력을
높여 주어라

집중력은 사전적 의미로는 마음이나 주의를 집중할 수 있는 힘을 말한다. 공부에서 집중력이라고 하면 주변에서 어떤 일이 일어나던지 의식적으로 자신의 주의력을 한 곳, 즉 공부로 기울이는 능력을 말한다. 집중력이 강해지면 자신의 심리적 환경이나 물리적 환경을 스스로 조성하거나 방해하는 환경을 조절할 수 있다.

 집중력은 공부하는데 있어서 듣기, 읽기, 기록하기, 암기하기, 시험보기와 같은 정신활동에 있어 매우 중요한 역할을 한다. 집중력은 한번 읽은 것도 모두 머리 속에 기억될 뿐만 아니라 공부하는데 시간이 가는 줄 모르게 빠져들게 하여 공부능력을 키우는데 더할 나위 없이 중요한 능력이다.

 공부를 잘하는 아이일수록 공부에 집중하는 능력이 탁월하며,

공부시간도 절약됨은 물론 공부를 완벽하게 할 수 있다. 공부를 못하는 아이일수록 공부에 집중하는 능력이 부족하기 때문에 시간도 많이 걸리고 효과도 생기지 않는다. 공부에 대한 집중력은 습관의 결과이다. 집중력을 높이는 습관을 만드는 방법은 다음과 같다.

● 공부하는 자세를 바로 하게 한다.

집중력을 높이기 위해서는 바른 자세로 앉아서 공부하는 것이 좋다. 눕거나 엎드려서 공부하는 등 자세가 안 좋으면 당연히 집중력이 떨어지게 된다. 따라서 부모는 아이가 바른 자세로 앉아 공부하도록 지도한다.

● 잠은 숙면을 취하게 한다.

잠을 제대로 자지 못하면 뇌의 활동이 활발하게 활동하지 못해 졸음만 올뿐 제대로 집중력을 발휘하지 못한다. 따라서 부모는 아이가 잠을 잘 때 숙면을 취하도록 지도해야 한다.

● 건강해야 한다.

신체가 건강하지 못하면 어떤 방법으로도 집중력을 높일 수 없다. 신체가 건강하기 위해서는 충분한 영양섭취와 운동이 필수적이다. 체력이 받쳐줘야 집중력도 발휘할 수 있다. 운동을 할 수 없다면 최소한 규칙적으로 자고 먹는 습관이라도 길러줘야 한다.

● 집중할 수 있는 시간을 정해준다.

공부에 집중하기 위해서는 먼저 외부의 방해를 받지 않거나 자신의
신체리듬과 맞는 일정한 시간을 정해놓아야 한다. 아이에 따라 늦은
밤에 집중력이 높아지는 아이가 있고, 새벽에 집중력이 높아지는 아
이가 있다. 부모는 아이가 야밤형인지 새벽형인지를 파악하여 아이에
게 맞는 시간을 활용하여 공부하게 해야 한다. 만약 야밤형이 새벽
을 이용해서 집중해 공부하려고 하면 오히려 집중력이 떨어진다.

● 학습장소를 바꿔준다.

매일 집에서 공부하다 집중이 안 되면 학습장소를 도서관 같은 곳
으로 바꾸는 것은 긴장감을 주어 공부에 집중할 수 있게 해준다.
도서관은 조용한 분위기를 유지하고, 공부하는 아이들이 많기 때
문에 적당한 경쟁심이 생겨 집중하기에 좋은 환경이다.

● 수업을 들을 때는 앞쪽에 앉게 한다.

학교나 학원에서는 되도록 앞쪽에 앉을수록 주변에 신경을 쓰지
않을 수 있어서 수업에 집중하기 좋다. 뿐만 아니라 선생님들과 의
사소통할 수 있는 시간이 많아지고 친분을 갖기가 쉬워 공부가 즐
거워지게 된다. 통계적으로 앞쪽에 앉은 학생일수록 성적이 높다.

● 수업 시작하기 전 3분 먼저 앉고 수업 종료 후 3분 뒤에 일어
나게 한다

공부에 집중하기 위해서는 수업시간 3분전에 착석하여 그 시간에

배울 내용들을 개략적으로 예습을 한다. 수업이 끝나면 바로 일어나지 말고 3분 정도 노트를 중심으로 그날 학습한 내용을 복습하게 한다. 기억에 관한 연구에 따르면 수업 직후 3분간의 복습이 나중에 하는 3시간의 학습효과와 동일하다고 한다.

● 궁금하면 바로 질문하게 한다.

수업 중에 궁금증을 남기면 공부할 때 머리 속에서 궁금증이 떠나지 않아 공부하는데 방해가 될 수 있다. 궁금한 것이 생겼을 때 바로 질문하여 답변을 들으면 즉시 문제를 해결할 수 있을 뿐만 아니라 알고 싶었던 것이기 때문에 기억에도 오래 남는다.

매일 생활계획표를
같이 짜라

공부를 잘하는 아이들의 특징은 시간관리를 잘한다. 아이들은 누구나 똑같이 하루 24시간을 가지고 생활하지만 어떤 아이는 매일 시간에 쫓겨 살기도 하고, 여유있는 생활을 하기도 한다. 그러나 공부를 잘하는 아이는 시간의 중요성을 깨닫고 적은 시간들을 효율적으로 관리하여 공부를 한다. 아이들은 학교와 학원을 전전하면서 바쁜 생활을 한다. 따라서 바쁜 생활 속에서도 공부를 잘하기 위해서는 시간관리를 통하여 짜투리 시간을 활용하고, 시간을 낭비하지 않는 것은 매우 중요하다. 시간관리를 잘하기 위해서 필요한 것은 바로 생활계획표를 작성하여 실천하는 것이다.

속담 중에 '어느 누구나 실패하기 위해 계획을 세우진 않지만, 실패하는 아이들은 단지 계획을 세우는데 실패하기 때문이다.'라는 말이 있다. 이는 결국 계획을 세우지 않으면 실패한다는 것을 의미한다. 공부를 계획적으로 실천하기 위해서는 생활계획표를 확실히 짜는 것이 무엇보다 중요하다.

부모가 아이들에게 공부습관을 만들어주기 위한 가장 쉬운 방법 중 하나는 바로 매일 생활계획표를 짜고 거기에 맞게끔 실천하도록 지도해야 한다. 아이들 혼자 계획표를 짜라고 하면 아이는 자신의 수준 그 이상으로 생활계획표를 짜지 못한다. 그러면 결과는 지금과 크게 나아지지 않는다.

생활계획표를 짤 때는 본인이 완벽하게 작성할 때까지 부모가 같이 짜는 것이 좋다. 생활계획표는 스터디 플래너를 사면 일일, 주간, 분기, 연간계획을 짤 수 있는 양식들이 있다.

부모는 아이들에게 시간사용계획이라든지, 공부요령이라든지, 공부순서라든지 이런 것들을 어떻게 계획해야 효과가 있는지를 알려주어야 한다. 계획을 함께 세우고 의사결정을 내렸다면 부모는 아이들이 실천에 옮기도록 격려하고 챙겨줘야 한다. 처음에는 아이들이 계획표대로 생활을 해나가기가 어려울 것이다. 그럴 때일수록 나무라지 말고 친구처럼 챙겨주고 확인하면서 잘한 부분에 대해서는 칭찬과 격려를 아낌없이 해야 한다.

생활계획표 작성하기

공부를 위해서는 매일 시간사용 계획을 잘하는 것이 중요하며, 효과적인 시간사용을 위해서는 생활계획표를 작성하고 지키는 것이 중요하다. 생활계획표는 24시간 시간사용계획과 과업 중심 생활계획표로 나눌 수 있다.

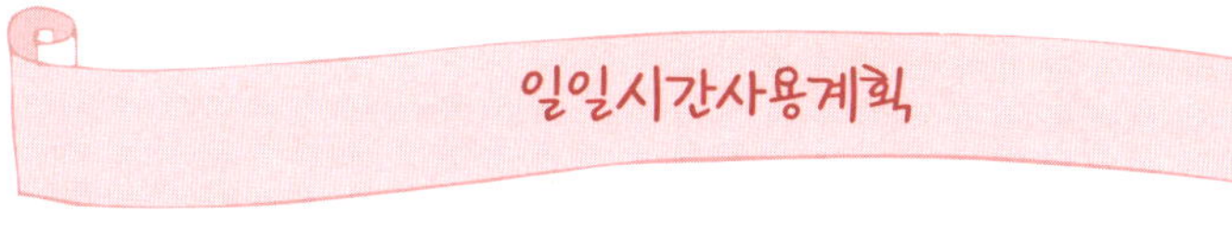

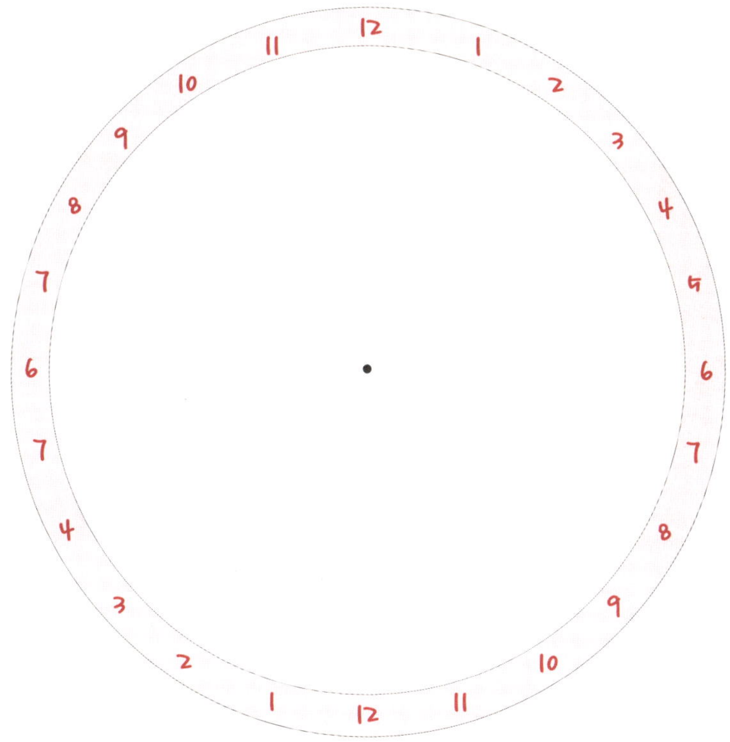

나의 꿈을 이루기 위한 공부목표 세우기

	학교 생활	잠자 기	인터 넷	TV 시청	학원	놀기	학교 숙제	예습 복습	가족 대화
w0시 간									
9시간									
8시간									
7시간									
6시간									
5시간									
4시간									
3시간									
2시간									
1시간									

적당한 보상과
칭찬을 하라

아이들에게 학습결과에 대하여 처벌이나 벌칙을 미리 정해 놓으면 아이들은 공부를 하는 동안 하고 싶어서 하는 것이 아니라 억지로 해야 한다는 생각을 갖기 때문에 공부가 부담스러울 수밖에 없다. 아이들은 그 과제만 해결하면 다시 공부를 하지 않게 된다. 따라서 스스로 공부를 해야겠다는 생각을 습관으로 굳히기 위해서는 좋은 결과가 나오면 그에 대한 긍정적인 보상을 약속하는 것이 좋다.

 긍정적인 보상이라고 해서 단지 금전적인 보상을 하는 것보다 부모의 마음이 담겨 있거나 아이들을 진정으로 걱정하는 칭찬과 격려로 보상해야 아이들이 감격해서 더욱 열심히 공부를 하게 된다. 그러나 매번 같은 보상을 하게 되면 아이들은 내성이 증가하여 기뻐하지 않는다. 보상을 매번 바꾸면 아이들은 기대감이 증가하고 더욱 열심히 공부하려는 생각을 갖게 된다.

공부에 있어서 칭찬이 중요한 이유는 불가능을 가능으로 만들기 때문이다. 듣지도 보지도 말도 못하던 헬렌 켈러에게 설리반 선생의 진심어린 칭찬은 세기의 기적을 만들었다. 이 사실 외에도 우리 주위에는 칭찬의 힘으로 변화된 아이들이 많이 있다. 칭찬은 아이를 기분 좋게 만들뿐만 아니라 한 아이의 미래를 건강하게 만든다.

의학적으로도 칭찬을 받으면 각종 면역강화물질의 분비를 촉진시킨다는 보고가 있으며 이는 다시 뇌로 피드백되어 불필요한 스트레스 호르몬의 분비를 억제시킨다. 그 결과 자율신경계가 늘 편안한 상태에 있어 최적의 신체상태를 유지하기 때문에 건강한 몸을 유지할 수 있을 뿐 아니라 목표달성을 위해 노력할 수 있는 자세를 만든다.

칭찬의 장점은 끝이 없다. 칭찬은 아이를 정서적으로 긍정적인 상태에 놓이게 함으로써 자신감을 주어 강하게 만든다. 칭찬은 듣는 아이만이 좋은 것이 아니라 하는 사람에게도 신뢰감을 주고 좋은 사람이라는 인식을 갖게 해줌으로 좋은 인간관계를 맺게 한다. 칭찬은 전염성이 강해서 칭찬을 받아 긍정적인 마음과 기쁨을 느낀 아이는 칭찬의 중요성을 깨닫게 되어 다른 사람을 칭찬하려고 한다. 따라서 칭찬을 받은 아이는 주변 동료를 칭찬하고, 이웃을 칭찬하고, 나아가 인간관계가 좋아진다.

칭찬이 좋다는 것은 다 알지만 칭찬을 잘하는 사람은 드물다. 칭찬을 해보지 않던 사람이 칭찬을 어색하게 하면 오히려 역효과가 나는 경우도 있다. 칭찬은 받아본 사람만이 할 수 있으며, 연습을 할수록 잘하게 된다. 칭찬을 잘하는 방법은 다음과 같다.

● **평범하고 하기 쉬운 칭찬부터 시작한다.**

칭찬의 시작은 가장 하기 쉬운 칭찬부터 시작하는 것이 좋다. 아이들이 매번 잘해오던 일이어서 당연히 그러려니 했던 사소한 일부터 하나하나 칭찬하는 것이 중요하다.

● **왜 칭찬을 하는지 구체적인 이유를 말해준다.**

칭찬을 할 때는 구체적으로 이유를 말해주는 것이 중요하다. 이렇게 해야 아이들은 어떤 이유로 자신이 칭찬받았는지 분명하게 알 수 있고 이후에도 같은 행동을 계속하게 된다.

● **성공한 결과보다는 과정을 칭찬한다.**

결과에만 초점을 맞추어 칭찬하게 되면 대화과정 동안 왠지 모를 압박감이 들면서 초조함을 느끼게 된다. 열심히 일을 수행하다가도 일이 제대로 성사되지 않으면 쉽게 좌절을 하게 돼 일의 마무리조차 짓지 못하는 경험이 있을 것이다. 일의 성패를 먼저 논하기보다 과정의 중요성을 칭찬해주었을 때 맡겨진 일을 긍정적으로 끝까지 해낼 수 있는 저력을 보이게 된다. 칭찬은 도약의 힘이다. 씨앗은 땅에 떨어져 스스로를 버려야 싹을 틔울 수 있듯 아픔의 과정이 없는 결과는 결코 좋은 결실을 맺을 수 없다. 설령 그 일이 만족스럽지 못한 결과를 가져왔더라도 과정과 경험을 통해 우리는 지혜를 얻고 새로운 도전을 다시 시작할 수 있다는 것을 잊지 말자.

예 결과를 중시한 칭찬 : "네가 이번 시험에 10등 안에 들어서 엄마는 참 기쁘다."

과정을 중시한 칭찬 : "이렇게 10등 안에 들 수 있었던 것은 네가 지금까지 열심히 노력한 결과이기에 엄마는 더욱더 기쁘다."

● 말뿐만 아니라 몸으로 칭찬해준다.

칭찬을 말로만 하면 아이는 칭찬을 농담으로 생각하기 쉽다. 칭찬이 진실된 것처럼 인식하게 하려면 몸으로도 칭찬을 해야 한다. 때로는 열 마디 말보다 몸짓 하나가 더 강렬하고 함축적인 의미가 될 때가 있다. 아이의 손을 꼭 잡아주거나, 따뜻하게 꼭 안아주기, 정감어린 눈빛 보내기 등 다양한 방법으로 표현할 수 있다. 이런 행동에는 '엄마는 너를 믿는다', '지금 너의 행동은 너무 자랑스럽다'라는 말이 포함되어 있다는 걸 아이가 느끼게 해야 한다.

● 즉시 칭찬한다.

칭찬에도 적절한 타이밍이 있다. 칭찬받을 행동을 했을 때 즉시 칭찬을 해주는 것이 가장 좋고 효과도 크다. 즉시 칭찬하지 않고 한참 지난 후에 칭찬하게 되면 그 의미는 반감되며 아이들은 엄마가 기분에 따라 칭찬한다고 생각할 수 있다. 여기에 아이들은 앞으로 어떤 행동을 할 때 엄마의 감정 상태부터 살피는 역효과가 나타나기도 한다.

● 스스로 한 일에 대해서는 더욱 많이 칭찬한다.

칭찬을 많이 하려는 이유 중 하나는 아이가 스스로 할 일을 하게 하려는 데 있다. 그러므로 엄마가 아이에게 시키지 않았는데 아이가 원하는 행동을 스스로 알아서 했을 때에는 더욱 많이 칭찬해주는 것이 필요하다. 이는 아이에게 성공할 수 있는 능력이 자라고 있다는 증거이기도 하므로 최고의 찬사를 해주어도 아깝지 않다.

● 약속을 지켰을 때에도 칭찬은 필수다.

보통 아이가 정한 일을 잘 따라주었을 때는 칭찬을 해주지만 하지 말라고 한 일을 하지 않았을 때에는 당연하게 여기는 경우가 많다. 아이에게 하지 말라는 말을 한 후에도 관심 있게 지켜보다가 아이가 정말 그 행동을 하지 않을 때에는 칭찬을 해주어야 한다. 그래야 아이의 행동이 지속될 수 있다.

● 격려가 아이를 바꾼다.

칭찬과 격려는 아이의 대화목표를 달성하는데 중요한 동기유발수단이다. 칭찬과 격려는 어찌 보면 거의 비슷해 보인다. 그러나 엄연히 칭찬과 격려에는 차이가 있다.

칭찬은 대체로 남보다 잘했을 때, 최고일 때 하게 된다. 또한 남보다 잘한 것이 너무 대견해서 다음에 또 잘하라고 칭찬을 하게 된다. 즉, 성공했을 때 주어지게 되는 것이다. 그러나 격려는 아주 작은 것일지라도 열심히 노력한 것에 대해 주어지는 것이다. 실패했을지라도 노력한 데 대해 주어지는 것이 격려인 것이다. 즉, 칭찬에는 경쟁정신이 포함되어 있고, 격려에는 협동정신이 포함되어 있다.

격려는 아무 때나 하는 것이 아니라 꼭 맞는 시간에, 올바른 생각이나 행동을 했을 때, 알맞게 하는 것이 가장 효과적이다. 격려는 항상 필요한 것이기도 하지만 특히 아이가 자신감을 잃어 도전할 마음이 없을 때, 실천하던 일이 잘 풀리지 않아 곤경에 빠진 때, 쉬울 일인 줄 알고 시작했는데 일이 어려워졌을 때, 기대 수준이 높았는데 기대가 낮아졌을 때 필요하다. 이러한 상황에 빠지면 아이는 어느 방향으로 자신의 생각이나 행동을 바꾸어가야 할지 몰라 어려움을 겪으며, 심지어 좌절에 빠진다.

격려가 아무리 좋다 하더라도 남발하는 것은 삼가야 한다. 격려의 남발은 오히려 아이가 어려운 일에 부딪쳤을 때 혼자 해결하려고 하지 않고 엄마의 도움을 받으려 하기 때문이다. 심하면 모든 일에 대해 의지하려는 마음이 앞서게 되어 도전하려는 의지도 약해질 수 있다. 아이가 자신감을 가질 수 있도록 부모가 해주면 좋은 격려를 보면 다음과 같다.

너는 참으로 나에게 소중한 아이란다.

너는 앞으로도 훌륭하게 해낼 수 있어!

남들에게는 없는 너만의 특별한 능력이 있어!

나는 너를 자랑스럽게 생각하고 있단다.

정말 좋은 시도였어!

나는 너를 믿는다.

너는 무엇이든지 할 수 있단다.

너는 모든 일에 사려가 깊구나.

너는 참으로 지혜롭구나.

나는 네가 해내리라 믿는다.

정직하게 말해주어서 고맙구나.

넌 오늘 나의 마음을 기쁘게 했다.

나는 항상 너와 함께 하고 있단다.

너와 함께 성공의 계단을 오르고 싶다.

나의 인생에 너를 만난 것은 축복이다.

너의 최선을 다하는 모습이 참 좋다.

최고가 되지 않아도 돼, 다만 후회하지 않도록 최선을 다하는 거야.

'엄마표' 기초학습능력 높이기

독서는
공부의 뿌리다

인류의 역사나 개인의 발전은 책에 의해 발전해왔다고 해도 과언이 아니다. 세계 최고의 갑부인 마이크로 소프트학교의 빌 게이츠도 동네의 작은 도서관이 지금의 나를 만들었다고 하며 독서의 중요성에 대해 간접적으로 강조하였다. 인생의 밑바닥에서 가장 성공한 여성으로 손꼽히는 토크쇼의 여왕 오프라 윈프리도 독서로 인하여 지금처럼 성공하게 되었다고 말했다. 독서의 효과는 놀라울 정도이다.

책속에 길이 있고 독서가 곧 국력이라는 말이 있다. 국민의 독서량은 곧 국가경쟁력과 직결된다는 이야기다. 우리는 독서를 단순히 여가를 즐기는 문화활동의 하나로 생각하여 독서를 상대적으로 가볍게 여겼다. 그래서 그런지 성인들은 자녀들이 책 안 읽는 것에 대해서는 뭐라 하지 않지만 공부를 안 하는 것에 대해서는 불안해한다. 심지어 자녀들이 책 읽는 것보다는 공부하기를 권하는 성인도 있다. 이는 공부도 책을 읽는 것이며 독서의 한 부분인 것을 모르기 때문이다.

독서는 책을 읽는 것을 말한다. 책을 읽는다는 것은 교과서도 읽고, 교양도서를 읽는 것도 포함된다. 학년이 올라갈수록 독서능력이 바탕이 되어 배경지식이 풍부하고 지식과 지식을 연결하여 추론하고 다양한 사고를 하는 훈련된 아이가 공부도 잘한다는 것을 발견할 수 있다. 따라서 독서는 공부와 관련이 깊다. 교양도서로 읽은 것도 공부하는 데 배경지식이 되어 이해를 돕고, 지식을 기억하는 데 효과가 있다. 뿐만 아니라 수능시험같이 사고력을 측정하는 시험에 있어서 독서는 매우 효과적으로 작용한다. 독서는 바로 사고력을 높여주기 때문이다. 이처럼 학습능력을 발전시키는 지름길은 독서능력을 키워주는 것이다. 공부를 못하는 학생일수록 마음을 급하게 먹지 말고 기초로 돌아가 책 읽는 습관과 올바른 독서방법을 가르쳐 주어야 한다.

미국의 다국적 여론조사기관인 NOP가 전 세계 30개국을 대상으로 주당 독서시간을 조사한 결과 우리나라 사람이 가장 책을 읽지 않는 것으로 나타났다고 한다. 독서시간도 30개국의 평균치인 6.5시간의 절반에도 못 미쳐 조사대상 30개국 가운데 가장 불명예스러운 꼴찌로 나타났다. 참 부끄러운 이야기다.

독서인구와 독서시간이 떨어지는 것을 불경기 탓으로 돌릴 수도 있다. 국가 전체적으로 경기가 좋지 않기 때문에 우리 출판계가 극심한 불황을 겪고 있다는 것이 이를 반증한다. 하지만 일본은 불황

기일수록 책이 많이 팔린다고 한다. 우리나라와는 대조적이다. 일본은 불경기일수록 불경기를 벗어나려면 공부를 해야 한다는 것이 사회전반적인 가치이기 때문에 독서량이 늘어나고 학원이나 평생교육원의 수강생들이 많아진다. 그러나 우리는 불황기가 되면 학원이나 평생교육원의 수강생이 줄고 독서량도 크게 줄고 있다.

우리는 걸핏하면 일본을 얕잡아 말하지만 일본에서 가장 부러운 것은 국민들의 독서열기다. 일본의 전철을 타보면 세계의 독서인구 세계 제1위를 고수하고 있는 일본의 문화국력이 경제대국의 뒷받침을 하고 있다는 것을 새삼 실감케 한다. 책 한 권 읽은 사람이 열 권 읽은 사람을 무슨 수로 당해낼 것인가. 이 때문에 한국문화는 점차 책이나 노래나 만화나 TV 프로그램 등 거의 모든 분야에서 일본 베끼기와 표절문화로 전락하고 있다는 것을 우리 스스로 부끄럽게도 인정해야 할 판이다.

독서는 습관이지 계몽이나 교육으로 되는 것이 아니다. 독서는 자신의 생존과 성취욕구와 향상을 위해서 영혼의 비타민처럼 필수적이라는 습관적인 인식이 따라야 한다. 어린 시절에 독서습관을 길러 주는 것은 교사나 부모들의 절대적인 책임이자 과제이다. 그러기 위해서는 어른들이 먼저 책을 읽는 모범을 보여야 한다. 그리고 아이들이 수준에 맞으며 재미있어 하는 분야의 책을 권해서 읽게 해야 한다. 그리고 독서에 대한 장점이나 독서를 통해 인생이 변화된 위인들에 대한 이야기를 자주 해줌으로써 책에 대한 관심이 높아지도록 지도해야 한다. 독서는 한 개인의 삶을 부유하게 하는 원동력이며 공부의 뿌리라는 것을 명심하자.

읽기는
공부의 기초다

공부의 기초는 '읽기'에 있다. 독서가 책을 읽는 것이라면 읽기는 글을 읽는 것을 말한다. 수학, 영어, 사회, 과학 등 어떤 과목이든지 교과서의 내용을 확실히 읽고 이해하는 것은 공부의 핵심이다. 교과서를 아무리 읽어도 이해를 하지 못한다면 공부를 할 수 없기 때문이다. 학습할 수 있는 기초체력은 바로 글 읽기를 통해 형성된다. 즉 글을 읽고 이해할 수 있는 힘만 있다면 공부습관의 반은 갖춰진 것이나 마찬가지다.

스스로 글을 읽고 이해하고 사고력이 생기는 것을 읽기능력이라고 한다. 읽기능력은 일생 동안 조금씩 길러지는 것이 아니라 4~5세 때 시작돼 초등학교 시절에 완성되는 능력이다. 이 시기에 읽기능력이 길러지지 않은 아이는 상급학교에 올라갈수록 학습 이해가 어려워지고 더불어 학습에 흥미를 잃게 된다. 반대로 이 시기에 읽기능력을 충분히 기른 아이는 상급학교로 올라갈수록 학습이 수월해진다. 그러나 부모들은 읽기 능력이 무엇인지를 잘 모르고, 중요하다고 생각하지도 않는다. 아이들이 공부를 잘하게 하기 위해서는 매일 조금씩이라도 읽기 능력을 높여주는 것이 부모와 교사의 역할이다.

읽기 능력은 어휘력과 직결된다. 문장을 구성하는 단어의 뜻을 정확히 파악해야 전체 글의 의미를 이해할 수 있기 때문이다. 교과서를 제대로 읽어 본문내용을 정확히 이해하지 않으면 실력향상을 기대할 수 없다. 수업 전 중요하다고 생각하는 문장, 단어에 밑줄을 치며 교과서를 정독하는 방법으로 예습을 하면 좋다. 특히 '사화(士禍)' '당쟁' '붕당정치' '촉매'처럼 어려운 용어가 많이 등장하는 사회과학의 탐구과목은 국어사전 또는 백과사전을 찾아 단어 뜻을 교과서에 메모하고 반복해서 살펴보면 도움이 된다.

중 1때는 초등학교 때 접하지 못했던 생소한 어휘가 많이 등장하기 때문에 어려운 단어가 나올 때마다 사전을 찾아보며 그 뜻을 정확히 익히는 게 중요하다. 특정 단어와 유사한 의미를 갖는 단어 또는 반의어까지 찾아 익히면 어휘력을 효과적으로 향상시킬 수 있다.

'침엽수'란 단어를 익힌 뒤 침엽수에 속하는 나무 종류엔 무엇이 있는지 알아보는 것처럼 특정단어의 하위개념 또는 상위개념을 찾아보는 것도 어휘력 확장에 도움이 된다.

수업이 끝난 후에는 스스로 공부하는 시간에 단원명(제목)부터 학습목표, 본문, 연습문제, 참고 설명까지 교과서를 여러 차례 천천히 읽으며 복습을 한다. '~대한 자기의 생각을 쓰시오' '다음 지문을

5문장 내외로 요약하시오' 같은 쓰기 활동이나 요약하기 같은 쓰기 활동은 글을 제대로 읽고 이해했을 때 할 수 있는 활동이기 때문에 빠짐없이 하는 것이 좋다. 이는 특히 최근 늘어나고 있는 서술형 문제를 푸는데도 많은 도움이 된다. 실제로 최근 학교 시험 문제를 보면 교과서의 학습목표나 학습활동에 해당되는 내용이 그대로 문제로 출제되기도 한다.

국어 교과서는 소설책을 읽듯 편안하게 여러 번 읽으며 줄거리를 파악한 다음 인물의 특징, 인물 간 갈등을 중점적으로 봐야 하는 반면 사회, 과학 교과서처럼 새로운 정보를 전달하는 설명문 식의 글은 용어의 뜻을 정확히 파악한 후 읽어야 전체적인 내용을 이해하기가 더 쉽다.

글의 성격에 따라 읽는 방법을 달리해야 글에 대한 이해도가 높아진다. 무작정 글을 많이 읽는 건 시간낭비에 지나지 않는다. 읽기에도 '전략'이 필요하다. 초등학교에서 중학교로 올라가면 교과서를 펼쳐들자마자 눈앞이 캄캄해진 학생들이 있는데, 나름대로의 교과서 읽기 전략을 가지고 읽기에 임해 보게 하자.

시험에 도움이 되는 읽기 전략

공부를 위해서 교재나 참고서를 읽는다는 것은 단순히 글자를 읽는 것이 아니라 글을 읽으면서 그 의미를 이해하고 학생의 배경지식을 활용해 새로운 의미를 재구성하는 과정이다. 단순 다독이나 속독은 오히려 창의력과 학습능력에 부정적인 결과를 가져올 수 있다.

 독서는 양이 중요한 것이 아니다. 한 권을 읽더라도 책의 내용에 깊이 빠져 웃기도 하고, 눈물을 흘리며 감동을 느낄 수 있는 독서체험이 가장 중요하다. 연구결과에 의하면 어렸을 때 책의 내용을 이해하지 못하고 건성으로 읽는 습관을 들인 아이가 초등학교에 들어가면 고학년이 될수록 책 읽기를 싫어하는 아이로 변하게 된다고 했다.

학생이 공부를 잘하기 위해서는 책을 잘 읽는 방법을 알고 있어야 효과가 더욱 커진다. 책 잘 읽는 방법을 '독해 전략(Reading Strategy)'이라 한다. 전략적으로 책을 읽는다는 것은 자신의 배경지식과 경험을 활성화하면서 예측하고, 분석, 비판하며 읽는 것을 말한다.

가. 읽기 전(前) 단계 :

주제와 관련해 자신이 알고 있는 배경지식을 떠올리며 읽기에 주의를 집중하도록 한다. 배경지식을 끌어내는 것은 책을 읽는 목적을 분명하게 해 그 내용에 집중하게 함으로써 새로운 정보를 효과적으로 찾을 수 있게 한다. 또한 새로운 개념과 이미 알고 있는 것을 연관 짓도록 해 정보를 오랫동안 기억하게 만든다.

● 읽기 전에 미리 상상을 해보게 한다.

책을 읽기 전에 제목이나 그림을 보고 글의 내용을 미리 생각하는 과정이다. 글의 큰 제목과 작은 제목 , 그림과 도표를 훑어보며 글의 전체 구성을 생각하며 자신이 기존에 알던 지식과 결합해 내용을 상상하며 워밍업하는 단계이다.

● 제목을 통해서 예측해 볼 내용

- 제목을 왜 이렇게 정했을까?
- 다음에 이어질 내용은 무엇일까?
- 제목이 궁극적으로 전달하고자 하는 것은 무엇일까?

교재의 텍스트에서 중요한 내용을 찾아내 적절한 방법으로 내용을 구조화한다. 내용을 구조화하기 위해서는 중요내용에 밑줄 긋기, 문맥을 활용해 낯선 어휘 이해하기, 글 내용을 구조적으로 읽기, 요약하기, 어려운 부분 다시 읽기, 노트 필기 등의 방법을 사용하면 효율적이다.

● 중심내용 찾기

중심내용이란 저자가 책에서 말하고자 하는 핵심내용을 말한다. 중심내용은 문단 안에 드러나 있는 경우와 암시되어 있는 경우가 있다.

요약하기

요약하기란 글에 들어 있는 중요한 생각을 간략하게 간추리는 활동을 말한다. 즉 글에 제시된 정보와 자신의 경험을 바탕으로 글의 내용을 압축하고 주제를 찾아내는 활동이다. 중심내용을 잘 파악하려면 평소 글을 읽을 때 문단의 중심내용에 밑줄을 긋거나 단락을 묶어 제목을 짓는 습관을 들여야 한다.

아이들은 공부를 할 때 주로 입력(input) 위주로 한다.

즉, 내용을 계속해서 머릿속에 집어넣는데 열중하는 것이다. 그러나 시험은 입력하는 능력을 보는 것이 아니라 출력(output)하는 능력을 더 중시한다. 평소에 출력하는 연습을 많이 해야 더 이해가 빠르고 암기가 잘 될 수 있다.

요약하기는 좋은 출력방법 중 하나다. 교과서를 여러 번 읽고 나서 공부한 내용을 직접 글로 써보는 작업은 공부한 내용을 자신의 머릿속에 재구성하는 창조적 작업으로 자기주도 학습능력을 기르는데 많은 도움이 되며, 그 과정에서 학습에 대한 흥미와 동기가 강화된다.

● 중심생각 찾기

중심생각이란 글을 통해서 독자에게 전달하고자 하는 작가의 의도나 글을 쓴 목적을 말한다. 책을 읽으면서 생각나는 다양한 질문들을 메모하면서 읽으면 집중력이 높아지고 창의력이 향상된다.

책을 읽으면서 예측할 내용

- 이 글에서 내가 새롭게 배울 수 있는 내용은 무엇일까?
- 이 글은 어떤 방식으로 문제를 풀어 나갔을까?
- 필자가 주장하는 내용의 근거는 무엇일까?
- 필자가 내린 결론에 대한 의견은?
- 왜 이런 내용을 썼을까?

다. 읽기 후(後) 단계 :

읽기, 요약하기 단계를 거친 다음에는 되뇌는 과정을 통해 다시 한 번 복습하고 공부한 내용을 좀 더 정교하게 다듬는 과정이 필요하다. 그러기 위해서는 다른 사람에게 공부한 내용을 설명하는 것도 효과적이다. 이렇게 하면 일종의 가르치는 효과까지 있어서 학습효과가 배가 된다. 즉, 자신만의 방법으로 되풀이하는 것이다. 이 과정에서 새로이 배운 내용을 기존 지식에 통합해 새로운 상황에 적용하는 방법을 찾게 된다. 그러면서 새로이 배운 내용으로 책 내용을 비판하거나 창의적인 생각을 유도한다. 또한 자신의 배경지식을 끌어내어 재확인하거나 수정해가면 지식이 체계화되고 오랫동안 기억에 남게 된다.

● 비판하며 읽기

비판하며 읽는다는 것은 글의 진실성, 정확성 등을 판단하며 읽는다는 뜻이다. 저자가 문제를 바라보는 관점을 파악하고 다른 관점으로 해석하는 일이나 저자의 편견을 찾는 일, 또는 저자의 주장에 대해 정당한 근거를 내세워 평가하는 일, 저자가 독자를 설득하기 위해 사용하고 있는 표현방식 등을 파악하는 것도 비판하며 읽는 것이다.

● 창의적 읽기

창의적으로 읽는다는 것은 책에서 이해한 것을 바탕으로 새로운 상황에 적용하거나 어떤 목적을 위해 책의 내용을 재구성해 통합하고 재창조하는 것을 말한다. 이것은 책 내용을 음악, 영화, 만화, 놀이, 무용 등 다양한 매체와 연관지어 재해석하는 것이기도 하다.

공부의 핵은
'노트필기'

학교현장에서 오랫동안 학생들을 지도해 본 교사일수록 공부 잘하는 아이들 노트는 분명 다르다고 입을 모아 말한다. 지금 시중에는 수많은 공부와 관련된 책들이 난무하지만 그 중에서 노트 필기에 대해 딱히 집고 넘어가는 책이 많지 않다. 그도 그럴 것이 노트필기라는 것이 학생라면 누구나 하는 것, 초등학교에서부터 대학시절까지 주구장창 써대는 것이라, 언뜻 특별해 보이기도 하지만 별 것 아닌 것처럼 보이기 때문이다. 또한 요즘에는 학교 수업이 유인물로 대신하거나 필기를 하지 않아도 되는 과목이 많은 것도 사실이다.

분명한 것은 공부 잘하는 아이들이 노트필기도 잘한다는 것이다. 노트필기의 장점은 수업내용을 이해하고 파악하는데 도움을 줄뿐만 아니라 수업 시간에 들은 내용을 적기 위해서는 정신집중을 해야 하고, 이를 적는 동안 복습효과가 생긴다. 그리고 일부 과목 선생님들은 아직도 필기검사를 내신 성적에 포함하기도 한다. 따라서 노트필기는 꼭 학교에서 성적에 포함되고 안 되고의 차이 때문에 하는 것이 아니라 자신이 공부한 내용을 적고 나중에 복습할 때 활용하도록 아이들에게 지도하는 것이 좋다.

인간의 기억력에는 한계가 있다. 기억한 것을 잊어버리는 속도는 대단히 빠르기 때문에 지속적인 반복을 하지 않으면 아무리 머리가 좋은 학생들도 남는 것이 별로 없게 된다. 교실에서 성적이 나쁜 학생들 중 노트정리를 소홀히 하거나 잘못하는 학생이 많다는 사실도 알고 보면 이러한 이유에 근거하고 있는 것이다. 따라서 아무리 머리가 우수한 학생이라도 모두 기억하기가 어렵기 때문에 수업 중에 중요한 내용들은 필기하게 지도해야 한다. 노트필기는 나름대로 다음과 같은 지도 전략이 있다.

● **각 과목의 단원마다 학습목표를 필기하게 한다.**
학습목표는 바로 그 단원의 가장 중요한 부분이며 기필코 시험에 나오기 때문에 시험보기 전에 필기한 학습목표들은 꼭 공부한다.

● **수업 중에 선생님이 강조하거나 시험에 출제한다고 하는 것은 강조표시를 하게 한다.**
수업 중에 선생님이 꼭 시험에 출제한다고 하는 것은 반드시 시험에 나오기 때문에 강조표시를 하고 시험보기 전에 다시 한번 훑어

본다. 또한 수업 중에 특별히 강조하는 것도 강조 표시를 해서 시험 보기 전에 꼭 본다.

● 필기한 것은 수업이 끝난 후에 꼭 보고 복습에 활용하게 한다.
필기를 하는 이유는 배운 것을 복습하는 의미에서 하는 것이므로 필기한 것을 수업시간이 끝난 후에 꼭 보고, 집에서도 반복적으로 보고, 시험 칠 때도 보면 시험을 잘 치는데 도움이 된다.

● 노트필기는 수업을 들은 후 남는 시간에 필기하게 한다.
노트필기는 수업을 듣고 중요한 것을 복습하는 차원에서 필기를 하는 것이다. 그러나 필기에 너무 집중하다 보면 수업내용을 무시하기 쉽기 때문에 오히려 비효율적이 될 수도 있다.

　노트필기는 수업을 먼저 듣고 필기내용을 나중에 적으면서 선생님의 수업내용 중 중요한 것을 적는 것이 좋다.

● 수업시간의 필기는 자유롭게, 방과 후에는 깨끗하게 정리하게 한다.
수업시간에 필기를 꼼꼼히 정리하기란 힘들다. 수업시간의 필기는 연습장에 자유롭고 편하게 필기를 한다. 그리고 방과 후에 수업시간에 배운 내용을 기억하면서 걸러낼 부분은 걸러내고 교과서에 깨끗하게 정리하면 머릿속에 체계적으로 정리가 되고 복습의 효과가 높다.

● 그림과 도표를 활용하게 한다.

노트를 오직 글자로만 필기하면 답답하게 보일 수 있다. 노트에 글자 대신 그림으로 나타낼 수 있는 것은 이해를 쉽게 하고 응용하므로 기억에 오래 남게 한다. 뿐만 아니라 복합기를 이용하여 사진, 도표 등 자료를 복사해서 붙이면 '그림으로 읽는 노트'와 다름없다. 그림과 사진으로 구성된 노트를 보는 것만으로도 배운 내용에 대한 흥미를 유발하기에 충분하다.

예습은 어두운 밤을 비추는 '손전등'

예습은 배워야 할 내용들을 미리 살펴보는 과정이다. 마치 어두운 밤에 손전등으로 갈 길을 미리 비추는 것과 같다. 갈 길을 미리 비추면 어떻게 가야할지에 대한 계획이 서기 때문에 두려움을 떨칠 수 있다. 또한 길을 미리 보았기 때문에 낯설지 않게 된다.

예습은 공부해야 할 것을 미리 보는 것으로 공부의 방향을 설정하는데 도움을 준다. 공부는 아무런 정보가 없는 상태에서 배우는 것보다 예습을 바탕으로 하면 새로운 지식과 정보를 덧붙이는 것과 같다. 실제로 사람의 두뇌는 어떤 새로운 것을 학습할 경우 기존에 알고 있는 사실과 연관 지을 때 더욱 효과적으로 기억에 남게 된다.

예습은 선행학습이 되기도 한다. 선행학습은 수업에 도움이 되기도 하지만 미리 다 배웠다고 생각하면 정작 수업시간에는 긴장이 풀어져 수업에 방해가 되는 경우도 상당히 많다. 예습의 목적은 미리 공부했기 때문에 학교 수업을 대충들으라는 것이 아니라 예습한 것을 바탕으로 선생님의 수업이 어떻게 다른지, 중요한 것이 무엇인지를 파악하는 것이 예습의 목적이다. 공부를 잘하기 위한 예습을 지도하려면 다음과 같이 해야 한다.

● 쉬는 시간을 이용해 교과서의 본문을 읽게 한다.

예습은 통상 전날 하는 것이 좋지만 시간이 여의치 못하다면 수업이 시작되기 바로 전에 하는 것이 좋다. 예습은 먼저 교과서의 큰 제목 위주로 읽어보고 이번 시간에 어떤 것에 대해 배우는지를 머릿속에 미리 그려본다. 다음은 본문 중에 있는 중요개념인 굵은 글씨를 읽어 본다. 중요개념의 경우는 그에 대한 설명이 함께 나와 있으므로 설명에 밑줄을 그으면서 한 번 읽어두도록 한다. 이렇게 하면 선생님이 하는 수업내용이 귀에 쏙쏙 들어오게 되며, 무엇이 중요한 것인지를 이해하게 되어 기억에 오래 남아 공부에 도움이 된다.

● 오늘 배울 단원에 대한 개념을 정리하게 한다.

수업시간에 배울 내용에 대한 개념정리를 간략히 하는 것만으로도 예습효과는 뛰어나다. 먼저 단원의 제목을 보고 기초적인 개념정리를 하고, 새로 배울 단원의 '탐구활동' 정도만 읽어두면, 수업시간 내내 뿌듯한 마음으로 여유 있게 공부에 임할 수 있다. 눈으로 읽는 정도로도 충분하지만 노트에 개념을 따로 적으면 더 효과적이다.

● 교과서의 '읽기 전에'를 풀어보게 한다.

교과서의 본문이 시작되기 전에 '읽기 전에'라는 난이 있다. 수업시간 전에 이 부분을 읽고 빠짐없이 답을 적으면, 배울 단원에 대한 사전 이해가 확실하다.

● 동영상 강의를 활용하게 한다.

요즘 동영상 강의가 넘쳐나고 있다. 동영상 강의의 장점은 명강사의 강의를 언제 어디서나 반복 수강이 가능하다는 것이다. 여기에 요즘엔 채팅창을 통해 질문을 하면 10분 이내로 답을 해주는 맞춤형 학습지도도 마련되어 있다. 예습·복습할 때 동영상 강의를 들으면 기억을 오래하게 하는데 도움이 된다. 동영상 강의는 전 과목을 다 듣겠다는 욕심보다는 꼭 필요한 과목을 정하거나, 특정과목의 특정단원을 집어내어 듣는 것이 더 효과적이다.

● 평소에 교과와 관련된 쉽고 재미있는 책을 읽게 한다.

국어, 과학, 사회, 국사, 세계사 등의 과목은 교과서 이해만으로는 역부족이다. 특히 요즘 나오는 시험문제는 단편적인 교과서 내용만으로는 자신의 생각까지 엮어낼 만한 심층적인 이해에 도달하기 힘들다. 따라서 교과와 관련된 쉽고 재미있는 책을 읽음으로 풍부한 배경지식을 가지고 수업에 참여할 수 있으므로 수업을 이해하는데 도움을 받게 된다.

장기기억을
높여주는 복습

복습은 학교 수업에서 들은 것이나 스스로 공부한 것을 다시 공부하는 것을 말한다. 예습이 어두운 밤의 손전등과 같다면, 복습은 땅을 튼튼하게 다지는 것이다. 복습은 수업이나 공부를 하고 빠를수록 효과적이며, 최소한 1주일 안에 복습해야 한다. 그리고 모아서 한 달에 한 번은 복습하는 것은 효과적이다. 암기는 결국 반복의 결과이므로 복습을 많이 할수록 암기력은 높아지게 된다.

대학에 수석 입학하거나 높은 점수를 받는 아이들이 잠은 충분히 자고 학원을 다니지 않았어도 고득점을 얻게 되는 것은 바로 예습과 복습을 철저히 하기 때문이다. 복습 습관을 길들이면 시험에 임박해서 벼락치기 공부를 하지 않아도 된다. 복습을 하지 않다가 시험에 임박하여 다시 공부할 때는 이것을 배웠나 싶을 정도로 잘 생각나지 않지만, 한 번 복습한 내용은 다시 보면 빨리 기억이 나고 공부 시간도 단축된다. 결국 나중에는 적은 공부 시간에 매우 높은 효과를 볼 수 있는 것이 바로 복습이다. 공부를 잘하기 위한 복습 지도는 다음과 같이 하면 좋다.

● 남을 가르쳐 보게 한다.

수업이 끝난 후 쉬는 시간에 짝이나 친한 친구를 찾아가 이번 시간에 배운 것을 마치 선생님처럼 알려주게 하자. 친구를 위해 수업시간에 배운 것을 다시 한번 가르치다 보면 자신도 모르게 확실한 복습효과가 생긴다. 뿐만 아니라 남을 가르치기 위해서는 선생님처럼 처음부터 끝까지 철저히 들어야만 가능하기 때문에 수업에 대한 집중도도 좋아지고, 들은 것을 바로 암기하는데 효과가 생긴다.

● 쉬는 시간을 이용하여 복습하게 한다.

수업 종료 후 쉬는 시간에 바로 교실을 나기지 말고 잠시 복습시간으로 활용하게 한다. 방금 배운 내용이므로 기억이 쉬우며, 반복학습을 하므로 암기하는데도 도움이 된다. 복습하는 방법은 전 시간에 필기한 노트나 교과서를 가지고 한다. 집에 가서 복습을 하면 복습시간이 더 많이 소요될 뿐만 아니라 기억에 남지 않는 것도 있기 때문이다.

● 오늘 배운 것은 집에서 다시 전체적으로 복습하게 한다.

쉬는 시간에 복습을 했더라도 집에 가서 다시 한번 오늘 배운 내용

모두를 전체적으로 복습하게 한다. 복습이 다 끝나면 보충교재에 있는 관련단원의 '연습문제와 보충 심화문제', '단원평가문제', '수행과제' 등 기본문제부터 심화에 이르기까지 문제풀이를 해본다. 당일 복습하는 습관을 길들이면 시험 때가 되어 벼락치기 공부를 하지 않아도 기억에 오래 남게 된다.

● 수업시간의 필기내용을 다시 필기하게 한다.
수업시간에 선생님의 설명을 듣고 노트 필기한 내용을 집에 와서 교과서와 비교하면서 책에 밑줄을 긋게 한다. 다음은 참고서를 보면서 요약정리를 한 후 종합하여 노트에 중요한 것들을 필기하게 한다. 그리고 참고서에 나온 확인문제를 풀면 그날 배운 단원 이해는 거의 완벽해진다. 다시 한번 필기를 하는 것은 학습 내용을 완벽하게 기억하는데 도움이 된다.

● 교과서에 나와 있는 문제를 모두 풀게 한다.
본문이 끝나고 단원의 끝부분에는 보충 심화할 수 있는 문제 및 자료들이 수록되어 있다. 교과서에서 제공하는 문제들은 본문내용을 다각도로 활용한 문제들이기 때문에 수업을 듣고 이것만이라도 제대로 풀고 넘어가면 해당 단원의 복습효과는 뛰어나다.

● 수업내용이 기억나지 않으면 참고서로 찾게 한다.
노트나 교재로 복습을 하다 수업내용이 잘 떠오르지 않거나 잘 모르면 참고서를 찾아 읽으며 보충하게 한다. 교과서에는 방대한 내용 중 핵심만 추려서 간결하게 수록되어 있기 때문에 깊은 이해가 사실상 힘들다. 참고서는 전후배경이 자세하게 제시되어 있어 이해가 쉬워 외우지 않고도 머리에 쏙쏙 들어오는 효과가 있다.

● 복습노트를 만들게 한다.

암기과목 중 외울 게 많은 것은 시간이 지날수록 기억하기가 힘들어진다. 따라서 외울 것이 많은 과목은 공부시간도 몇 배로 소요되고 힘은 힘대로 들고 점수는 점수대로 얻기가 힘들어진다. 이런 불편함을 방지하기 위해 '복습노트'를 만들어 그날 배운 내용 중 외워야 할 것들을 요약해서 정리하게 한다. 꾸준히 정리를 해두면, 시험 때 한 번 훑어보는 정도로도 암기과목은 고득점이 보장된다.

● 주말을 이용해 1주일 단위로 복습하게 한다.

학생들 대부분은 중학생이 되면 방과 후에 학원에 가느라 바빠 예습·복습할 시간이 부족하다. 이럴 경우 주말을 이용해 1주일 단위로 몰아서 복습을 하는 것이 좋다. 1주일 정도의 기간이면 그 주에 배운 내용이 어느 정도 기억이 나기 때문에 무리가 없다.

정보의 보고
기억력을 활용하라

기억력은 이전의 인상이나 경험을 의식 속에 간직해 두는 능력을 말한다. 만약 우리가 기억력이 없다면 매일 만나는 부모도 몰라볼 뿐만이 아니라 학교에서 아무리 좋은 교육을 시켜도 하나도 기억에 남지 않기 때문에 의미가 없게 된다. 운전하는 방법도 다 까먹어서 사회는 혼란에 빠지게 되고, 발전도 할 수도 없기 때문에 기억력은 매우 중요하다.

기억이 이루어지는 곳은 인간의 뇌중에서 해마라는 부분으로 알려져 있다. 이곳의 신경세포가 자극을 받으면서 기억이 형성되는 것이다.

기억력은 성장기별로 초등학교 저학년에는 무조건적으로 외우는 기계적 기억이 발달하지만, 초등학교 고학년으로 접어들 무렵에는 이해하고 외우려는 논리적 기억이 우세해진다. 따라서 어릴수록 암기에 능하지만, 나이를 먹을수록 암기보다는 논리적 기억에 의존하는 경향이 있다. 또한 공부와 관련된 암기전략은 거의 도식적 기억에 의존한다. 학습이라는 견지에서 볼 때 단순한 기억보다도 이해가 중시되기 때문에 무조건적인 암기를 강요하는 일은 바람직하지 못하다. 기억의 종류에는 인식에 따른 분류, 기간에 따른 분류, 방법에 따른 분류가 있다.

인식에 따른 분류 :

인식하는 방법에 따른 기억 방법으로는 기계적 기억, 논리적 기억, 도식적 기억으로 나눌 수 있다. 각 기억들은 다음과 같은 특징을 가지고 있다.

구분	내용
기계적 기억	문제의 뜻을 파악하지 않고서 암기했다가 불러오는 일을 말한다. 무의미한 문제나 단편적 지식인 인명·지명·상품명·연대·전화번호 등은, 기계적으로 기억하지 않으면 안 된다. 이 경우에는 반복해서 읽는 방법으로 암기한다.
논리적 기억	문제의 뜻을 잘 파악해서 명기했다가 재생시키는 일을 말한다.
도식적 기억	문제의 뜻을 파악하는 대신 이를 일정한 순서나 틀에 맞추어 암기했다가 재생시키는 일을 말한다.

인식에 따른 기억의 종류

기간에 따른 분류 :

감각 기억

전에 감각하였던 것이 머릿속에 머물다가는 갑자기 기억되는 것을 말한다. 예를 들면 매우 피곤할 때 이전에 들은 말이 환각처럼 들리는 것 따위이다. 또는 어디서 본 듯한 느낌이 드는 것도 마찬가지다. 감각기억은 보고 들은 후 그것이 0.1초 정도 잠시 머릿속에 머물러 있다가 사라진다. 귀를 통한 기억은 눈을 통한 기억보다 오래가는데 이는 귀로 듣는 정보는 눈으로 보는 정보의 스피드를 따라 갈수가 없다.

단기 기억

단기 기억은 임시로 또는 단기간 필요한 정보를 입력하고 저장하고 재생하는 기억을 말한다. 상대방에 대한 전화번호 기억, 오늘 가야하는 약속장소에 이르는 도로노선 같은 것 들을 약 15초에서 20초 정도 기억하는 것이다. 전화번호가 대개 7~8자리로 되어 있는 것도 이것 때문이다. 이처럼 단기기억의 용량은 아주 제한적이기 때문에 주의를 기울이지 않으면 잊어버리게 된다. 따라서 듣고 본 것 중에서 기억에 오래 남기려면 바로 메모하는 습관을 들여야 한다.

장기 기억

장기기억은 보통 기억이라고 부르는 것으로 거의 무한한 용량을 가지고 있으며 기억 기간도 영구적이다. 예를 들면 초등학교 때의 친구들을 오랜 시간이 지나도 기억할 수 있는 것은 장기기억 덕분이다. 그러나 모든 기억들이 장기기억이 되는 것은 아니고, 장기기억이 되기 위해서는 자주 반복 기억하거나, 체계적으로 정리해서 집어넣고, 가끔씩은 무엇을 기억했는지를 확인해야 시간이 지나도 잊어버리지 않는 장기기억이 된다.

방법에 따른 분류 :

경험 기억

주로 과거의 경험으로 인해서 연결된 기억으로 공부하고 나서 시험보기 위해 사용하는 기억이다. 초등학교 저학년 때까지만 해도 무조건 외우는 기계적인 기억을 하지만, 초등학교 고학년으로 갈수록 경험기억을 의존하게 된다.

운동 기억

운동할 때의 속도나 방향 따위에 대한 자기 몸의 감각을 새겨 두는 기억을 말한다. 공을 던지거나 자전거를 탈 때 자신도 모르게 몸이 균형을 맞추는 기억을 말한다. 운동에서 자기만의 변칙적인 자세가 잡히면 나중에 바른 자세로 고치려고 해도 쉽게 고쳐지지 않는 이유가 된다.

지식 기억

머리로 외우는 기억으로 전혀 연관 관계가 없는 지식을 암기할 때 사용한다. 특히 시험공부를 할 때 언어나 구구단처럼 의미없는 기호, 기존 정보와 연결이 없는 지식을 받아들일 때 유용하다. 중학생 때 가장 발달하기 때문에 벼락치기 형태의 임기응변식 시험공부기법이 자연스럽게 나타난다. 그러나 무조건 암기하는 방식은 중학생까지 가능하지만, 고등학교 이후부터는 이해하지 않거나 지속적으로 공부하지 않으면 효과가 생기지 않는다.

나이를 먹어서 암기력이나 기억력이 떨어졌기 때문이 아니라 뇌가 정보를 저장하는 방법이 무조건 외우는 지식 기억에서 이해를 요구하는 기억으로 바뀌었기 때문이다. 따라서 중학교 때까지만 해도 머리가 좋으면 수업만 잘 들어도 공부를 잘할 수 있지만, 고등학교부터는 이해와 반복을 병행해야만 공부를 잘할 수 있다.

무의식적 기억

무의식적으로 기억되는 기억을 말한다. 무의식적 기억은 쉽게 잊혀지지 않으며 오래 유지된다. 따라서 무의식적으로 배운 것은 쉽게 고쳐지지가 않아 마법의 기억이라고 이야기 한다.

무의식적인 기억은 다른 기억에 비해 학습의 전이 현상이 가장 잘 나타난다. 즉 축구를 잘하는 사람은 일반인들이 자주하는 족구와 같은 것을 훨씬 잘하는 이치와 같다.

공부의 달인을
만드는 암기법

공부에서 '암기'란 학습내용을 외우는 것을 말하며, 암기력이란 머릿속에 입력한 것을 잊지 않는 힘을 말한다. 따라서 암기력이 높으면 한번 공부한 것을 오랫동안 기억하게 하는 능력과 기억하고 있는 것을 잊어버리지 않는 능력을 갖게 된다. 암기는 성적을 좌우한다고 해도 과언이 아니다. 수능이나 모의고사는 종합적 사고력이나 문제 해결력으로 풀어내야 하지만 암기가 바탕이 되어야 하고, 교과서의 내용을 단답식으로 질문하는 내신에서 높은 점수를 받으려면, 그 중요한 내용들을 꼼꼼히 암기해야 하기 때문이다.

결국 시험에서 성패를 결정짓는 것은 단시간 내에 많은 양의 학습 내용을 정확하게 암기하는 것이다. 물론 머리가 좋아야 암기가 잘 되겠지만, 너무 머리만 믿고 암기를 하지 않으면 결과는 나쁠 수밖에 없다. 반면에 머리가 나쁘다고 해도 무작정 외우기보다는 암기 전략을 세워서 차근차근 암기하는 것이 바람직하다. 효율적인 암기를 위해서는 전략과 기술이 필요하다. 공부를 잘하기 위한 암기 지도는 다음과 같이 하면 좋다.

● 암기 카드를 만들어 암기하게 한다.
외워야 할 것이 많을 때는 암기 카드를 만들어서 자주 보고 외우는 것이 효과적이다. 암기 카드는 손안에 들어갈 수 있는 크기가 좋으며, 형태는 고리로 연결할 수도 있고, 접는 것도 있다. 형식은 한 장에 외울 것들을 전부 적을 수도 있으며, 앞장에는 단어가 있고 뒷면에는 해석을 넣을 수도 있다.

[영어 단어]

play	놀다
long	길다

③요점 정리

서울의 기후가 제일 특이하다.

● 즐거웠던 일과 연결시켜 암기하게 한다.

암기해야 할 것들을 즐겁고 유쾌한 체험과 연결시켜 기억하게 되면, 그 경험을 회상하는 것만으로도 저절로 암기 내용이 따라 나오게 된다.

예 민물고기의 종류 ; 붕어, 매기, 빠가사리, 매기 등 ⇒ 나는 낚시를 가서 붕어, 매기, 빠가사리, 매기 등을 잡았다.

● 역사는 자신을 주인공으로 만들어 암기하게 한다.

자신을 역사의 주인공으로 만들어 자신이 당시에 어떤 일을 했는지를 암기하는 법이다. 이것은 좌뇌의 텍스트를 만드는 것만이 아니라 우뇌의 이미지 만드는 기능을 이용하는 것으로 한꺼번에 우뇌와 좌뇌를 사용하기 때문에 한번 암기한 것이 쉽게 잊혀지지 않는다.

예 나는 조선 말기에 대원군으로써 나라를 바로잡기 위하여 탕평책을 썼으며, 쇄국정책을 실시하였다.

● 어려운 것은 쉬운 말로 바꾸어 암기하게 한다.

어려운 개념을 외울 때는 이해가 제대로 되지 않은 상태에서 외우기 때문에 기억이 오래가지 못한다. 따라서 어려운 것을 외워야 할 때는 일단 자기가 알기 쉬운 말로 바꿔서 외워본다. 또 자기 식의 말로 바꾸는 작업을 통해 이미지화하는 작업을 동시에 병행하는 셈이 되어 암기가 훨씬 쉬워진다.

예 람세스 2세의 왕비 네페르타리에 ⇒ 람세스 2세의 왕비는 내배를 타라!

● **단어는 문장과 함께 암기하게 한다.**

단어는 그 자체만 독립해서 외우는 것보다는 문장과 함께 외우는 것이 훨씬 효과적이다. 단어 자체는 개별적이고 추상적인 정보에 해당되기 때문에 암기가 어려우나 문장은 이미지나 상황을 연상하기 때문에 암기가 쉬워진다.

예 glad ; 기쁜, ⇒ Your letter made me so glad ; 당신의 편지는 나를 기쁘게 했다.

● **중요한 것은 처음과 마지막에 암기하게 한다.**

사람은 심리학적으로 앞에 암기한 것에 억제를 받아 다음에 암기하는 것은 좀처럼 기억하기가 어렵다고 한다. 따라서 중요한 것을 암기할 때는 맨 처음 외우거나 맨 마지막에 외워야 기억하기 좋다.

예 중요한 것 ; 행복, 사랑 ⇒ 행복, 기쁨, 희망, 비전, 도전, 배려, 사랑

● **암기 내용을 시각화하여 암기하게 한다.**

문장 형태로 외우려고 하면 우리의 좌뇌는 한계가 있어서 잘 외워지지 않는 경우가 있다. 따라서 놀고 있는 좌뇌를 활용하기 위해서는 문장 형태를 도표나 그림으로 그려가며 외우는 것이 효과적이다. 한꺼번에 우뇌와 좌뇌를 사용하기 때문에 한번 암기한 것은 쉽게 잊혀지지 않는다.

예 미래로 가기 위한 현재의 문제점 ; 경제적 어려움, 인구 감소, 수명연장, 노동시장 변화, 교육의 변화

● 뜻을 만들어서 암기하게 한다.

여러 개의 단어나 문장을 한꺼번에 외워야 할 경우, 단어나 문장의 앞 글자를 따서 외우거나, 문장화해서 암기하는 것을 말한다.

앞글자 따서 암기하기

앞글자를 따와서 외우는 방법은 순서나 차례 등을 암기할 때 좋은 방법이 된다. 앞글자만으로는 분명하게 구별되지 않을 때에는 두 번째 글자를 이용한다든지, 조사나 단어를 집어넣어서 나름대로 융통성을 발휘하여 암기하게 한다.

예 앞글자만 따서 암기하기 : 수성, 금성, 지구, 화성, 목성, 토성, 천왕성, 해왕성, 명왕성 ⇒ 수금지화목토천해명

조사나 단어를 집어 넣어 암기하기 : 수성, 금성, 지구, 화성, 목성, 토성, 천왕성, 해왕성, 명왕성 ⇒ 천지해명은 화수목금토

문장 만들어 암기하기

암기해야할 첫 글자를 가지고 재미있는 문장으로 만들어 암기하면 오랫동안 기억할 수 있다. 자기 주변 사람이나 사물과 연관시켜 말이 되게 문장을 만들면 기억이 더욱 잘 된다.

예 국민의 의무 : 납세의 의무, 국방의 의무, 교육의 의무, 근로의 의무, 환경 보전의 의무, 공공복리의 의무 ⇒ 국민은 초등학교 근처에서 공부하면 납 때문에 환장한다.

● **리듬이나 곡을 붙여서 노래하듯이 암기하게 한다.**

여러 개의 단어나 문장을 한꺼번에 외워야 할 경우, 리듬이나 곡을 붙여서 노래하듯이 암기하면 기억이 나지 않다가도 리듬이나 노래만 생각하면 바로 기억이 되는 효과를 가지고 있다.

예 역사를 빛낸 인물들

아름다운 이 땅에 금수강산에 단군 할아버지가 터 잡으시고

홍익인간 뜻으로 나라 세우니 대대손손 훌륭한 인물도 많아

고구려 세운 동명왕 백제 온조왕 알에서 나온 혁거세

만주 벌판 달려라 광개토대왕 신라 장군 이사부

백결 선생 떡방아 삼천 궁녀 의자왕

황산벌의 계백 맞서 싸운 관창 역사는 흐른다

● **사물과 연관하여 암기하게 한다.**

여러 개의 단어나 문장을 한꺼번에 외워야 할 경우, 사물과 연관하여 기억하면 우뇌의 기능에서 이미지를 관장하는 좌뇌를 이용해서

암기하기 때문에 기억이 더욱 잘 된다.

예 할아버지, 할머니, 엄마, 아빠, 삼촌 ⇒ 할아버지는 머리, 할머니는 눈썹, 엄마는 왼쪽 눈, 아빠는 오른쪽 눈, 삼촌은 코

● 유사점과 차이점을 찾아내어 암기하게 한다.

외워야 할 것이 여러 가지인데 서로가 비슷비슷하여 헷갈리는 내용일 경우에는 유사점과 차이점을 찾아내어 암기한다.

예 봄, 여름, 가을, 겨울, 눈, 비, 꽃, 낙엽 ⇒ 봄에는 꽃, 여름에는 비, 가을에는 낙엽, 겨울에는 눈

예습과 복습 능력을
높여주는 인터넷 강의

요즘 학생들에게 인터넷 강의는 빼놓을 수 없는 중요한 공부방법 중 하나다. 얼마 전까지만 해도 인터넷 강의는 얼마 되지 않았으나 최근 강남 수능방송과 메가스터디의 성공으로 인해 인터넷 교육업체들이 경쟁적으로 저인망식 강사 스카웃을 진행하면서 주요 전문학원들의 강좌도 거의 다 인터넷으로 볼 수 있게 되었다. 이제 인터넷에 노출되지 않은 강사나 강좌는 거의 없다고 봐도 과언이 아니다.

인터넷 교육업체들은 '사교육비 절감'이라는 목표로 출범을 했지만, 수강료가 만만치 않은 수준으로 오른 지금 각 지자체나 기관에서 하는 무료강의가 많이 생겨 '교육기회 균등'은 사교육에 목말라 하고 있는 학생들에게 깨소금과 같은 역할을 하고 있다. 강남권 학생들만이 향유할 수 있었던 고급강의를 누구나 보고 들을 수 있게 되었기 때문이다.

　실제로 인터넷 강의는 자신에게 맞는 강사와 강좌를 선택해 시·공간적 제약 없이 들을 수 있다는 점에서 적어도 '주입식 교육' 패러다임 속에서는 대단히 유용한 학습도구라 할 수 있다. 수강료가 다소 비싸다 하더라도 오프라인 학원보다는 가격도 저렴하고, 무엇보다 최고 강사의 강의를 지역적 한계 없이 들을 수 있는 장점도 있다.

　인터넷 강의시장은 고품질의 인터넷 강의가 위세를 떨치면서 대형 단과학원들은 수강생 숫자가 줄어드는 경향을 보이고 있으며, 학원 다니는 시간을 줄이고 자기관리와 복습을 제대로 해낼 수 있다는 측면에서 인터넷 강의로도 충분히 학원 못지않은 효과를 볼 수 있게 되었다. 공부를 잘하기 위한 인터넷 강의를 듣는 지도는 다음과 같이 하면 좋다.

● 좋아하는 과목부터 듣는다.

인터넷 강의를 들으려면 모든 과목을 다 신청할 것이 아니라 우선 자신이 좋아하는 과목부터 수강하는 것이 좋다. 인터넷 강의를 신청할 때는 무엇보다 자신이 공부할 수 있는 시간과 능력을 고려해야 한다. 학생 입장에서는 모니터를 보며 상당한 시간동안 강의를 듣는다는 게 아무래도 힘들기 때문이다. 따라서 처음에는 좋아하는 과목부터 듣기 시작하고, 이후에 차츰 과목을 확대하는 것이 좋다.

● 과목당 30분씩 듣게 한다.

인터넷 강의는 매일 30분 정도씩 꾸준히 들음으로써 자신을 인터넷 강의에 서서히 길들이게 하는 것이 좋다. 말이 인터넷 강의지 동영상을 통해서 주입식으로 진행되기 때문에 오프라인 수업보다 지루할 수도 있다. 따라서 과목당 30분 이상씩 듣는 것은 오히려 인터넷 강의를 듣지 않게 하는 원인이 될 수 있다.

● 예습과 복습차원에서 듣게 한다.
인터넷 강의만 듣는 것은 부적절하며 인터넷 강의는 꼭 예습과 복습 차원에서 해야 한다. 그래야 학교수업과 연관이 있으며, 시험에도 도움이 된다.

● 의지력이 약한 학생은 부모가 적절히 개입해 듣게 한다.
의지력이 약한 학생에게 진도에 맞게 인터넷 강의를 들으라고 하는 것은 컴퓨터 게임의 유혹에 빠지게 도와주는 것과 같다. 따라서 부모가 개입해서 진도에 따라 인터넷 강의를 듣게 하고, 들은 내용을 점검해주며 학습관리를 도와주는 것이 필요하다.

● 무료 인터넷 강의를 우선적으로 고려한다.
인터넷 강의는 꼭 유료가 더 좋다는 고정관념을 갖지 않아도 된다. 무료 인터넷 강의 중에는 유료강의 못지않은 품질의 강좌를 부담 없이 수강할 수 있는 곳이 많다.
　현재 무료 인터넷 강의는 사교육비를 줄이기 위해 16개 시도에서 운영하고 있으며, 양질의 교과서 학습, 학력진단 서비스, 학습상담, 학습법자료 제공, 학습클리닉 관련 정보가 탑재되어 있다.

EBS 인터넷(www.ebsi.co.kr)

곰TV의 곰스쿨(www.gomschool.com)

강남구청 인터넷강의(edu.ingang.go.kr)

서울 꿀맛 닷컴(http://www.kkulmat.com/index.jsp)

부산 사이버가정학습(http://cyber.busanedu.net/)

광주교육포털서비스(http://www.gedu.net/gedu/)

경기도 다높이(http://danopy.kerinet.re.kr/)

대구 e-스터디(http://estudy.dgedu.net/)

인천 e-스쿨(http://cyber.edu-i.org/index.jsp)

대전교육포털(http://www.edurang.net/)

강원 에듀원(http://www.gweduone.net)

경남교수학습지원센터(http://gnedu.net/gnedu/)

경북교육포털서비스(http://www.gyo6.net/index.html)

전남사이버가정학습(http://cyber.jnei.or.kr/)

전북e스쿨(http://cyber.jbedunet.com/cyber.html)

울산교수학습지원센터(http://www.ulsanedu.go.kr/index.jsp)

제주 e-스터디(http://www.jejuestudy.net/index.jsp)

충북교육포털(http://www.cbedunet.or.kr/index.html)

● 상호작용이 가능한 사이트를 선택한다.

일부 인터넷 강의는 동영상만 주입식으로 보여주는 것이 아니라 일방적 교육체계에서 탈피해 실시간 상호의견교환이 가능하다. 공부하는 도중 궁금한 것이 있으면 바로 질문하면 바로 답을 해주는 인

터넷 강의가 있다. 학생들은 선생님에게 직접 대면해 질문하는 것
보다 편하게 익명의 친구들에게 물어볼 수 있고 서로 아는 것들을
확인해 나갈 수 있어서 유용하다.

● 회원 가입수가 많은 사이트를 선택한다.

온라인 학습지들은 대부분 회원제라 오프라인 학습지들처럼 일일
이 내용을 확인하고 가입할 수 없는 어려움이 있다. 인터넷 학습지
는 쏟아져 나오는데 내용을 확인할 길이 없으니 어떤 학습지를 선
택하는지 기준은 모호할 수밖에 없다. 그럴 때는 회원 가입수가 많
은 인터넷 학습지를 선택하는 것이 안전하다. 회원이 많다는 것은
그만큼 공인된 것이고, 우수한 지식정보들이 공유되고 있으며, 콘
텐츠에 대해 신뢰하고 있다는 것을 뜻하기 때문이다.

공부의
습관을 바꿔라

미국의 저명한 심리학자 윌리엄 제임스는 '인간은 습관들의 묶음으로 이루어진 존재'라 여기고 '생각이 바뀌면 행동이 바뀌고, 행동이 바뀌면 습관이 바뀌고, 습관이 바뀌면 인격이 바뀌고, 인격이 바뀌면 운명까지도 바뀐다'고 하였다. 생각과 습관의 중요성을 이야기하고 있다는 그 말이다.

우리는 어떤 습관을 길들이는가에 따라 운명도 달라진다. 공부에 대한 습관도 마찬가지다. 공부를 대할 때 어떤 습관을 가졌느냐에 따라 좋은 결과가 나올 수도 있고, 좋지 않은 결과가 나올 수도 있다. 공부를 잘하기 위해서는 공부의 습관을 좋게 길들이는 게 중요하다. 공부의 습관을 좋게 길들이는 방법을 살펴보자.

● 학습 우선순위를 결정해서 하게 한다.

시간이 부족하다고 생각하는 아이들은 거의 모두가 할 공부가 너무 많다는 불평을 한다. 아이들이 공부하는 내용을 잘 들여다보면 중요하지 않은 내용임에도 불구하고 중요하다고 생각하는 경우가 많다. 더욱이 하지 않아도 될 공부를 굳이 하면서 바쁘다는 것이었다.

이런 경우 공부의 우선순위를 결정해주고 어떻게 우선순위를 정해야 하는지를 도와주면 쉽게 해결할 수 있다.

내가 하루에 해야 할 공부들을 미리 적어보고 그 중에서 가장 우선시해야 할 공부들을 순서적으로 적는다. 하지 않아도 될 공부나 나중에 해야 할 공부를 결정한다. 이렇게 하면 시간을 효율적으로 사용할 수 있는 방법이 보인다.

공부를 할 때에는 가장 효율적으로 진행할 수 있는 순서를 미리 정해두는 것이 좋다. 미리 순서를 정해두고, 그 순서대로 공부를 추진하면 확실하게 마무리를 지을 수 있다. 다음에도 같은 공부를 한다면 공부의 순서를 알고 있기 때문에 안심하고 쉽게 할 수 있다. 지금 공부를 하고 있는 중에 또 다른 공부를 해야 한다면 우선순위를 정확하게 알고 있기 때문에 지금 하는 공부에 열중할 수 있다. 그렇지 않으면 설령 한 가지 공부를 끝냈다고 하더라도 '다음에 무슨 공부를 하면 좋을지' 몰라 우왕좌왕하게 된다.

만약 예측불허의 긴급한 공부거리가 생겼을 때는 지금 하고 있는 공부보다 우선시해야 하는가를 생각해보고, 중요한 경우에는 새 공부에 착수하고, 그렇지 않을 경우에는 지금의 공부를 지속한다.

● 공부에 집중하도록 습관을 들인다.

공부를 잘하고 못하고 차이는 공부에 대한 집중력의 차이가 중요하다. 공부에 대한 집중력이란 자신의 마음이나 주의를 공부에 온통 기울이는 능력을 말한다. 공부에 집중하는 습관을 가지려면 두 가지 방법이 있다.

하나는 주변을 정리하여 오직 공부에만 몰두할 수 있는 환경을 만드는 것이다. 주변에 나를 유혹하는 것들이 있으면 당연히 유혹을 뿌리치지 못하고 다른 공부에 관심을 갖게 된다. 그러다 보면 공부에 집중할 수 없게 된다. 이때에는 주변환경 중에서 공부와 상관없는 것들을 과감하게 없애는 결단력이 필요하다. 또 하나는 공부에 집중하기 위해서 주변의 방해를 받지 않고 공부하는 분위기를 조성해주는 것이 필요하다. 학교나 학원에서 보면 공부는 하지 않고 다른 아이들을 찾아다니면서 수다를 떠는 학생들이 많은데 아이의 집중력을 높이려면 이러한 학생들을 피하게 하는 것이 좋다.

● 감당할 수 없는 공부는 시작하지 말도록 한다.

아이들은 대부분 어떤 공부가 주어지면 그 공부가 어느 정도의 시간이 걸려야 해결할 수 있다는 감을 잡을 수 있다. 공부에 따라서 짧은 시간을 들여서 금방 처리할 수 있는 공부가 있는 반면 아주 많은 시간이 걸려도 달성하기 힘든 공부가 있다. 짧은 시간에 처리할 수 있는 공부는 어떤 공부를 해도 좋지만 너무 많은 시간이 걸리는 공부는 하기 전에 꼭 고려해야 할 것이 있다.

자신이 감당하기 어려운 공부를 누군가 지시하거나 부탁했을 때 자신이 없거나 너무 오랜 시간이 걸리는 공부라면 단호하게 거절해야 한다. 괜히 부담 때문에 자신의 능력에 벗어난 어려운 공부를 하다가 너무 시간을 끌게 되면 오히려 지금까지의 좋은 관계에도 영향을 끼칠 수 있다.

하나의 일에 필요 이상의 시간이 들어가거나 앞으로도 무한한 시간을 들여야 한다는 판단이 들었을 때는 마음은 아프겠지만 이쯤에서 끝내자고 단념하는 것도 시간을 효율적으로 사용하는 방법 중 하나이다.

● 어려우면 확실히 포기하게 한다.

하고 있는 공부라도 너무 시간이 많이 든다면 내가 꼭 해야 할 공부인지 아닌지를 결정해야 한다. 계획상 또는 내가 성공하기 위해서 해야 할 공부라면 꼭 해야 한다. 그러나 꼭하지 않아도 될 공부라면 중간에 포기하는 것도 시간관리를 효율적으로 하는 방법이다.

너무 오랜 시간이 걸리는 공부를 하면 다른 공부들을 전혀 못하게 될 때가 많다. 그만한 가치가 있다면 당연히 그래야 하지만 그만한 가치가 없는데도 공부에 전력투구를 하다보면 오히려 다른 공부를 못하게 되거나 그르치게 되는 경우가 생긴다. 이럴 때는 오랜 시간을 사용해서 공부하는 것보다는 쉽게 할 수 있는 공부들을 여러 가지 해내는 것이 훨씬 효과적일 때가 많다.

● 완벽주의에서 벗어나게 한다.

공부를 완벽하게 하는 것은 정말 바람직한 일이다. 문제는 완벽해지기 위해서는 많은 시간이 필요하다는 것이다. 따라서 모든 공부를 너무 완벽하게 진행하려면 최선의 노력을 들여야 할 뿐만 아니라 시간적으로도 많은 투자를 해야 한다. 그러다 보면 많은 공부를 진행하기는 어렵다. 한 가지 공부를 해야 할 때는 어쩔 수 없겠지만 많은 공부를 해야 할 경우에는 완벽주의에서 벗어나 우선은 대충이라도 시작하여 공부를 해결하려는 노력을 해야 한다. 그렇지 못하면 한 가지 공부밖에는 완수하지 못하는 경우가 생길 수 있다.

심한 경우에는 그릇된 '완벽주의'가 공부의 진행을 방해하는 경우다. 한 가지 공부에만 매달려 시간을 보내면 다음 공부를 추진하지 못하고, 결국에 가서는 어느 것 하나도 제대로 해내지 못하게 된다.

● 자리에 앉자마자 시작하게 한다.

학생들의 시간을 조사한 결과 학교나 집에 도착해서 공부를 시작하는데 걸리는 시간을 측정한 결과 30분이 지나야 비로소 공부를 시작한다는 연구결과가 있다.

학교나 집에 도착하자마자 바로 공부를 시작한다면 하루에 30분 일찍 공부를 끝마치거나 30분 더 공부할 수 있다는 결론이 나온다. 따라서 학교에 도착해서 어떤 공부를 시작할까를 결정하는 것보다 등하교하는 도중에 모든 결정을 마치고 학교에 도착하면 바로 공부를 시작하는 습관을 길러야 한다.

● 어떤 공부든 잘할 수 있다고 결심하게 한다.

맡은 임무를 시작하기로 결정했다면 공부를 하는 동안 나는 무슨 공부든 잘할 수 있다는 자신감을 가져야 한다. 공부를 하면서도 자신에 대한 부정적인 인식으로 공부를 잘 못할지도 모른다고 생각하면 공부는 부담이 되고 결국은 공부를 중도에 포기하게 되거나 좋지 못한 결과를 내기가 쉽다. 따라서 공부를 시작하는 순간부터 나는 잘 할 수 있다는 자신감을 가지고 즐기려는 생각을 지녀야 한다. 나의 자아성취감을 위해 공부를 하고 있다고 자신의 생각을 긍정적으로 갖는다면 목표를 효과적으로 달성할 수 있게 된다.

● 나태함을 버리게 한다.

나태에 대한 사전적의미를 보면 행동, 성격 따위가 느리고 게으른 것을 말한다. 이러한 나태함은 선천적으로 가지고 태어나는 것보다 후천적으로 가정이나 사회, 문화 환경의 영향을 받아서 굳어지는 경우가 많다. 나태함은 단순히 아이를 게으르게 보이게 할 수도 있지만 게으름만이 문제가 아니라 시간을 낭비하게 하는 시간 도둑이기도 하다. 지금까지 공부를 열심히 하던 아이도 공부에 지쳐서 공황상태가 오래가면 나태함에 빠지기도 한다.

"나도 골프가 싫을 때가 있다." 골프의 황제 타이거 우즈가 친하게 지내는 기자에게 한 얘기다. 이처럼 한 분야에서 성공한 사람들도 슬럼프에 빠질 때가 있다. 이 슬럼프를 슬기롭게 탈출하지 못하면 나태함에 빠질 수 있다.

나태는 아주 교활하다. 나태함에 걸린 아이들은 항상 그럴듯한 핑계를 대면서 나태를 합리화시킨다. 이 때문에 그들의 나태는 아주 합리적으로 보이기까지 한다. 그러나 나태는 항상 아이를 흔들리게 하고 끝내는 무너지게 만든다. 나태함을 극복하기 위해서는 다음과 같은 방법들을 고려하면 효과가 있다.

공부를 하지 않았을 때의 결과를 상상하게 한다.

나태함에 빠져 아무 공부도 하지 않았을 때의 결과에 대하여 상상하라. 공부를 하지 않아서 원하는 학교를 못 간다던지, 공부를 게을리 해서 집에서 쫓겨났다거나, 나태함 때문에 가족들의 생계에 막대한 영향을 끼쳤다거나, 나태함 때문에 친구들과의 약속을 어겨 왕따를 당했다거나 등의 결과를 생각한다면 '나태함을 끝까지 유지할 것인가?' 또는 '나태함을 여기서 끝낼 것인가?'를 결정하게 될 것이다.

나태함에 대한 보상체계를 세우게 한다.

나태함에서 벗어나려고 미약하나마 진척을 보인 대가로 스스로에게 보상을 하면 나태함에서 벗어날 가능성이 훨씬 높아진다. 보상은 다양한 형태를 취할 수 있다. 나태함에서 벗어나려는 노력을 보이면 자신이 좋아하는 영화를 보거나, 친구를 만나 수다를 떨거나, 수면을 취하는 것도 보상이 될 수 있다. 이처럼 보상은 대단한 것이 아니고 자신이 원하던 공부를 해주는 것을 말하며, 원하는 공부를 하기 위해서는 나태함에서 벗어나려는 노력을 보일 때마다 보상을 하면 효과가 높아진다.

뒤로 미루는 공부습관을 버리게 한다.

리타 엠멋의『세상의 모든 굼벵이들에게』를 보면 사람들에게는 고질적인 미루기 습관이 있다. 이러한 미루기 습관 때문에 사람들은 종종 어려운 일을 당한다. 미루기 습관은 하기 싫어서 미루고, 귀찮아서 미루고, 곤란해서 미루고, 시간이 많이 남아서 미루는 것이 습관으로 굳어지면서 모든 공부를 습관적으로 미루는 현상을 말한다.

성공으로 가는 가장 기본적인 자세는 지금 해야 할 공부는 지금 바로 하는 것이다. 공부를 잘 못하거나 공부의 속도가 늦은 아이는 지금 해야 하는 공부인데도 불구하고 바쁘다는 이유로 차일피일 시간을 미룬다. 어차피 지금 시간이 부족하다면 나중에도 마찬가지이기 때문이다. 시간을 미루면 자연적으로 해야 할 공부를 잊어버려서 못하는 경우도 있고, 결국 시간적으로 쫓겨 대충하는 경우가 많다. 결국은 미루려는 생각 때문에 자신의 능력이 부족하거나 성실하지 않은 아이로 인식받기 쉽다.

공부 진행과정을 미리 구상하게 한다.

업무나 공부를 시작할 때 아이들은 출발지점이 불명확하거나 논리적 순서에 맞게 공부가 처리되지 않으면 뒤로 미루는 경향이 있다. 공부에 대한 진행과정을 미리 구상한다면 이러한 문제를 충분히 해결할 수 있다. 예를 들면 최고의 소설가 존 그리샴은 자신의 새로운 법정 스릴러 소설을 쓸 때마다 대부분의 아이들이 시도하지 않는 방법으로 먼저 스토리보드를 이용하여 주인공들의 행동과정을 그린다. 그리샴은 스토리보드를 중심으로 주인공별로 포괄적인 개요를 순서대로 작성한다. 이 개요는 60~80페이지에 이른다. 그리샴은 본격적으로 소설을 쓰기 시작할 때나, 실마리를 풀어나갈 때 헤매는 법이 없다. 그는 미리 작성한 포괄적인 개요를 참조하면서 다음에 무엇을 써야 하는지를 정확하게 파악하고 있기 때문이다. 이러한 절차가 공부를 진행하는데도 효과적이 된다. 어떤 공부든 주어지면 그에 따라서 진행순서를 계획하고 구체적으로 사안마다 어떻게 해야 할지를 구상하게 되며 한번 시작된 공부는 순서대로 일사천리로 진행될 수 있다.

아이에 맞는
공부습관을 찾아줘라

학습상황에 따라 학생들은 각자의 고유한 학습습관으로 공부를 한다. 학생들은 지각형태, 인지방식, 조직화과정, 성격, 사고방법, 공부방법, 행동에 따라 나름대로의 공부습관을 가지고 있다. 예를 들면 어떤 학생들은 구체적인 것에 강한 반면 어떤 학생들은 추상적인 것에 강하다. 공부습관을 결정하는 요인은 아이마다 다르기 때문에 꼭 성공한 사람들의 공부방법이 꼭 맞는다고는 할 수 없다. 따라서 아이들에 맞는 공부 방법을 찾아주기 위해서는 먼저 아이들의 체질을 분석하고 이에 맞는 공부방법을 찾아주고 습관화시키는 것이 중요하다. 다음은 아이들의 공부습관 유형검사지이다. 아이들에게 검사지를 풀게 하고 이를 바탕으로 아이들의 체질에 맞는 공부방법을 지도하는 것은 매우 효과적인 공부습관을 위해 필요한 것이다.

공부습관 유형검사지 :

이 질문의 목적은 학생 여러분의 공부습관 유형을 알아보려는 것
이니 질문에 솔직하게 대답하기 바랍니다. 질문에 대한 답은 '네'와
'아니오'로 체크하세요.

공부습관	학습습관 전략은 학생들의 성격이나 체질에 따라 맞는 공부방법을 습관화시키는 것이다.		
순서	문항	네	아니요
1	보고, 듣고, 만지는 것 등 감성적 정보에 관심을 갖는다. 단순한 것을 좋아하고 반복적인 것을 좋아한다.		
2	직관적인 사실과 데이터에 관심을 갖는다. 다양한 것을 좋아하며 반복적인 것을 싫어한다.		
3	그림, 도형, 흐름도, 개요, 도면, 지도 등 시각적인 정보에 관심을 갖는다.		
4	글, 말, 대화 등 언어적 정보에 관심을 갖는다.		
5	구체적인 현상에서 일반적인 원리를 도출하는 사고를 한다.		
6	규칙이나 일반적인 원리로부터 구체적인 현상을 도출하는 사고를 한다.		
7	다른 사람들과 대화하는 것을 좋아한다.		
8	혼자서 곰곰이 생각하는 것을 좋아한다.		
9	전체내용을 이해해 나가는 과정이 연속적이고 단계적으로 진행된다. 부분적인 이해로도 어느 정도 학습능력을 발휘할 수 있다.		
10	전체를 통합적으로 한꺼번에 이해한다. 종합적인 사고와 창의적인 연구를 잘한다.		
11	수업을 잘 듣지 않는다. 벼락치기식 공부를 한다.		

11	공상에 잘 빠진다. 수업에 질문을 하지 않는다.		
12	수업을 잘 경청한다. 꾸준히 공부한다. 수업 중에 공부에만 몰두한다. 수업에 질문을 자주 한다.		
13	공부계획을 세우지 않는다. 과제를 부여해야 한다. 누가 도와줘야 더 잘한다.		
14	공부계획을 세운다. 알아서 공부한다. 누가 시키지 않아도 한다.		

공부습관 유형에 따른 지도 방법

유형	응답	문항	
		유형	분석
지각 형태	1	감성적	감성적인 학생으로 학습내용이 추상적이고 이론적이면 이해가 잘 안 가므로 구체적인 예를 생각하거나 참고도서를 통해 공부하게 한다.
	2	이성적	이성적인 학생으로 자세한 내용이나 반복을 싫어한다. 따라서 시험이나 문제풀이에서 사소한 실수를 하기 쉬우므로 답을 확인하는 습관을 갖도록 한다.
인지 방식	3	시각적	시각적인 것을 좋아하는 학생으로 수업내용과 관련된 도표, 그림, 사진, 흐름도 등 시각적인 자료로 공부하게 한다. 암기할 것을 도표나 흐름도를 표현하는 개념도로 만들어 공부하도록 하면 효과가 좋다.
	4	언어적	언어적인 것을 좋아하는 학생으로 수업내용을 자신이 이해한 언어로 다시 요약, 정리하는 것을 좋아한다. 친구들과 배운 내용을 서로 토론하도록 하면 효과가 좋다.

조직화 과정	5	귀납적	귀납적인 것을 좋아하는 학생으로 관찰과 구체적인 데이터를 많이 참고하면서 공부하도록 하게 한다.
	6	연역적	연역적인 것을 좋아하는 학생으로 규칙이나 원리를 주로 공부하도록 하게 한다.
성격	7	외향적	외향적인 학생으로 그룹을 이루어서 학습하는 것을 좋아한다.
	8	내성적	내성적인 학생으로 혼자 또는 단짝과 학습하는 것을 좋아한다.
사고 방법	9	연속적	연속적인 것을 좋아하는 학생으로 새로운 내용을 배울 때 이미 알고 있는 것과 어떻게 관련이 있는지를 파악하면서 공부하도록 하게 한다.
	10	포괄적	포괄적인 것을 좋아하는 학생으로 공부하기 전 먼저 흐름을 파악하기 위해 목차를 읽어보거나 간략하게 내용을 훑어보면서 공부하도록 하게 한다.
공부 방법	11	소극적	소극적인 학생으로 공부습관이 정착되어 있지 않기 때문에 처음부터 분석해서 수정하게 한다.
	12	적극적	적극적인 학생으로 공부전략을 점검해서 자기주도적으로 공부하게 한다.
행동	13	수동적	수동적인 학생으로 학습코치나 부모의 도움이 필요하다. 공부계획을 세우도록 해준다.
	14	능동적	능동적인 학생으로 잔소리를 삼가고 격려를 많이 해준다. 공부계획을 세운 것을 따라 하도록 도와준다.

'엄마표' 자기주도 학습으로 가는 학습자원

학습자원이란 공부하는데 영향을 미치는 환경을 말한다. 따라서 학습자원이 어떠한가에 따라 공부에 어떻게 영향을 미치는가가 결정된다. 학습자원은 아이의 공부에 대한 집적적인 영향을 주는 교재, 참고서, 문제집, 학원, 인터넷 강의 등이 있고, 집중력에 영향을 주는 주변의 소음, 온도, 습도 등 기상적인 것과 조명, 환기 등도 포함된다.

학습자원은 아이에 따라서 영향을 많이 받느냐, 적게 받느냐의 차이는 있지만 좋은 학습자원은 누구나에게 공부하는데 좋은 영향을 미친다. 따라서 나에게 맞는 최적의 학습자원을 만드는 것은 공부를 하는데 있어서 매우 중요한 역할을 한다.

환경이 아이에게 미치는 영향은 절대적이라고 하듯이 학습자원이 좋으면 공부에 집중할 수 있는 시간이 증가하여 학습능률을 높이는데 도움이 된다. 따라서 공부의 효과성을 높이고자 할 때에는 집중하기 편한 환경을 찾아서 전념해야 한다.

집중력이 특별히 높은 아이를 제외하고는 집에서 공부하는 것보다는 많은 아이들이 집중해서 공부하는 도서관이나 독서실을 더 선호하는 경향이 있다. 이는 도서관이나 독서실이 공부하기에 더 편한 학습환경을 제공하고 있기 때문이다.

아이에 따라 너무 조용하면 오히려 집중이 잘 안되기도 하고, 아이들이 모여서 공부를 하면 경쟁심이 생겨 오히려 스트레스를 가져오는 경우도 있다. 뿐만 아니라 실제로 음악을 들으면서 공부하면 학습능력이 오르는 아이도 있지만 음악을 들으면 집중력이 분산되어 오히려 공부에 지장을 가져오는 아이도 있다. 이처럼 공부에 집중할 수 있는 학습자원은 개인마다 다르기 때문에 자신에게 가장 알맞은 자원을 찾고 만들 필요가 있다.

'절반의 성공'은
부모로부터 나온다

자기주도 학습이 성공하기 위해서는 학생이 적극적으로 학습활동에 참여해야 한다. 이러한 역할을 학생 스스로 알아서 실천에 옮기기는 어렵다. 따라서 교사와 부모는 협력하여 아이가 학생으로서 자신의 역할을 제대로 수행할 수 있도록 도와야 할 것이다.

부모는 방관자가 되어서는 안 된다. 어떻게 보면 부모야말로 자녀를 위해서 자기주도적 학습을 소개하는 사람이라 할 수 있다. 대부분의 경우 부모가 먼저 자기주도적 학습에 관심을 가지고 자녀에게 자기주도적 학습의 기회를 만들었다. 그러나 많은 부모들이 자신의 역할은 여기에서 끝난 것으로 생각한다. 즉 자녀를 자기주도적 학습에 맡기는 것으로 자신의 역할을 다한 것으로, 또 자기주도적 학습에서 부모가 할 일은 없는 것으로 오해하는 경우가 많다. 이 때문에 학생은 자기주도적 학습과정에서 소극적인 태도를 가지게 된다.

자기주도적 학습에서 부모의 역할은 대단히 중요하다. 자기주도적 학습은 무엇보다도 과정을 중시하는 학습이기 때문이다. 자기주도적 학습은 아이가 스스로 목표를 세워서 공부하는 것이기 때문에 아이가 어떤 목표를 세워 어떻게 학습을 하는지, 얼마나 학습목표에 도달했는지 정확히 알 수가 없다. 이러한 정보는 아이를 지도하는데 매우 중요하다. 부모는 이러한 과정을 정확하게 관찰한 뒤 아이의 자기주도적 학습효과를 향상시키는 데 기여해야 할 것이다. 또한 아이로 하여금 올바른 학습습관을 기르도록 옆에서 지원하고, 학습활동에 적극적으로 참여할 수 있도록 학습환경을 만들어 주는 것도 부모의 중요한 역할이다. 부모의 역할을 소홀히 한다면 아이의 자기주도적 학습은 소기의 목적을 달성할 수 없다.

〈공부 못하는 아이의 특징〉

- 시험시간표 발표가 나야 공부를 시작한다. 그러면서도 열심히 해도 성적이 오르지 않는다고 한다.
- 공부계획만 잡는데 시간을 다 소비한다.
- 책상에 앉되 주변정리로 1시간 이상 끌고 실제공부는 5분을 못 넘긴다.
- 잠이 항상 부족하다고 잠만 잔다.
- 참고서와 문제집을 모두 구입해서 책꽂이에 꽉 채워놓고 보기 좋게 장식한다.

- 공부가 스트레스를 준다면서 TV나 컴퓨터가 스트레스를 해소하기 위한 소중한 도구로 생각한다.
- 평상시에는 안 하고 벼락치기 공부만 한다.
- 인생은 공부보다는 인간성이 결정한다고 믿는다.
- 자신이 벼락치기의 천재라고 생각한다.
- 성공한 사람 중에서 학교도 제대로 못 나온 사람도 있다고 위안을 삼는다.
- 공부 못하는 친구들끼리 모여서 서로 위안을 삼는다.
- 친구가 공부보다 중요하여 친구와 사교시간으로 보낸다.
- 수업시간에 딴 짓하는 일이 익숙하다.
- 공부 못하는 것을 머리가 나빠서라고 당연하게 생각한다.

좋은 부교재를 선택하라

부교재라는 것은 자습서, 참고서, 문제지 등을 말한다. 자습서, 참고서의 구별은 구체적인 명확한 선을 긋기는 어렵지만 자습서는 혼자서 공부할 수 있도록 텍스트를 친절하게 설명한 것이고, 참고서는 사전 전문잡지 등 부분적으로 필요할 때 참고할 수 있는 내용이 담긴 것이라 할 수 있다. 결국 참고서와 자습서는 스스로 배워 익힐 수 있게 만든 책을 말하며, 학생이라면 누구나 과목당 1~2권의 자습서나 참고서를 가지고 있다. 따라서 누구나 구입할 것이라면 공부에 도움이 되는 것을 구입하는 것이 좋다. 아이들이 정확하게 어떤 것을 사야하는지를 안다면 모르지만 잘 모르는 경우에는 부모가 좋은 부교재를 선택하도록 도와주는 것이 좋다.

● 참고서 선택방법

- 시험을 바로 앞에 두고 자세한 내용이 들어있는 교과서를 하나 하나 정독하는 것도 비효율적이라 할 수 있다. 시험기간이 얼마 남지 않았다면 짧고 요점만 정리되어 있는 참고서가 공부할 내용을 요약하고 정리하는데 도움이 된다.

- 공부할 내용이 일목요연하게 정리되어 있는 것은 물론 중요한 내용은 요점정리가 잘 되어 있는 것이 좋다.

- 참고서에 나와 있는 문제는 너무 쉽거나 어려운 문제보다는 아이의 수준에 맞는 문제들이 많이 나와 있는 것이 좋다.

- 교사들도 참고서를 보고 문제를 출제하기 때문에 아이의 선배들에게 물어봐서 시험 출제율이 가장 높은 참고서를 선택하는 것이 좋다.

● 문제집 선택방법

문제집은 지금까지 공부한 것을 최종적으로 점검하는데 사용하면 도움이 된다.

- 아이의 학교에서 사용하는 과목의 출판사와 같은 문제집을 사주는 것이 좋다. 왜냐하면 학교마다 교재를 다른 것을 사용하는데 출판사가 좋다고 해서 꼭 좋은 게 아니라 같은 출판사의 문제집은 교과서의 내용에 충실한 문제를 내기 때문이다.

예 A학교의 과학교과서가 ○○출판사 것이면 문제집도 ○○출판사 것을 사용한다.

– 각 과목당 문제집은 1권이 가장 적절하다. 욕심을 부려 2~3개를 사주면 하나도 끝마치지 못하고 돈만 버릴 수 있다. 따라서 한 권을 모두 풀어 시간이 남으면 다른 문제집을 사주는 것이 좋다.

– 대형서점을 찾아가 문제지 코너의 직원에게 여러 가지 문제집 중에서 가장 잘 나가는 것을 추천받아 구입한다. 만약 골고루 나간다면 아이의 수준에 맞고 설명이 잘되어 있는 것을 선택한다.

● 문제집 사용 지도

문제를 처음 풀 때는 답을 직접 문제집에 쓰지 말고, 연습장에 표기해서 답을 맞춰 보게 한다. 문제집을 처음 풀 때 답을 체크하면 다시 한번 풀기가 싫어지게 된다. 뿐만 아니라 또 하나의 문제집을 사게 되는 상황이 오기 때문이다.

연습장에 써 놓은 답을 비교해 틀린 것은 문제 앞에 빨간 펜으로 V표로 체크를 하고 복습할 때는 틀린 문제를 몰아서 풀게 한다. 아는 문제는 다시 풀 필요가 없으므로 틀린 문제만 푸는 것이 시간을 절약하는데 효과적이다.

아이가 원하는
공부방을 만들어라

대부분의 아이들은 자신의 공부방을 가지고 있다. 아이들이 공부방과 친숙해지는 것은 우등생이 되는 첫걸음이다. 그런데 아이들이 귀가 후 자기의 공부방으로 직행하기보다 거실이나 안방에서 미적거린다면 공부방에 문제가 없는지 살펴봐야 한다. 아이들은 자신의 공부방을 자기 마음대로 하고 싶으나 부모에 의해서 일방적으로 주어지다 보면 공부에 집중하지 못하는 경우가 있다. 따라서 아이가 원하는 공부방을 만들어 주려면 다음과 같은 점을 유의하는 것이 좋다.

● 출입구가 시야에 들어오도록 해준다.
아이들은 출입문이 등 뒤에 있으면 부모님들이 갑자기 들어올 수 있다는 생각에 불안함이 앞서 공부에 집중하지 못하는 경우가 생긴다. 공부방에서 출입구는 쉽게 시야에 들어오도록 옆에 두거나 앞에서 볼 수 있도록 책상의 위치를 잡아주면 마음 편하게 공부에 집중할 수 있다.

● 조명은 적정한 밝기를 유지해준다.

공부방의 조명은 공부하기에 적정한 조명을 유지해야 한다. 어두운 조명 아래서 공부를 하게 되면 눈에 피로감을 주기 때문에 눈이 편하게 느낄 정도의 밝기가 좋다. 최소한 3백 룩스 이상의 조도가 유지되어야 눈의 피로를 덜어줌은 물론 대뇌의 각성도를 높여 학습능률을 향상시킨다. 눈의 건강을 위해선 형광등의 떨림 현상을 줄인 인버터형 스탠드가 좋다. 특히 3파장 램프는 자연광에 가까워 눈의 피로를 덜 수 있어 좋다. 스탠드는 갓이 있어 광원을 충분히 가려 직접 빛이 눈으로 들어오는 것을 피해야 한다. 스탠드의 위치는 오른손잡이일 경우 왼쪽, 왼손잡이는 오른쪽이라야 음영을 피할 수 있다.

● 공부방은 자녀들의 취향대로 꾸미게 한다.

바람직한 공부방은 아이들의 공부를 도와줄 수 있는 환경을 마련하는 것이 제일 중요하다. 따라서 부모보다 아이들의 취향을 고려해서 아이들이 꾸미고 싶은 대로 놔둬야 한다. 예컨대 벽에 자녀들이 좋아하는 연예인의 사진이 걸리는 것을 이해해야 한다. 만약 부모의 의지대로 공부방을 꾸미면 자녀들은 어색한 방 분위기로 인해 공부에 집중하기가 어렵다.

● 직사광선이 들어오지 않게 한다.

책상위로 태양의 직사광선이 들어오면 눈이 부셔서 오히려 집중력
은 떨어지고, 직사광선이 학생의 머리에 직접 내리쬐면 머리가 멍해
지기 쉽다. 따라서 방안에 직사광선이 내리쬔다면 커튼을 설치하는
것이 좋다.

● 의자는 편한 것으로 한다.

의자의 경우 쿠션이 너무 좋아 푹신푹신 하면 오히려 근골격에 부
담을 주어 정신을 분산시키는 효과가 있으므로 너무 편하지 않아
야 한다. 또한 바퀴가 달린 이동식이나 회전식 의자는 신체를 조금
만 움직이면 의자까지 움직이므로 좋지 않다. 척추에 걸리는 하중
을 분산하기 위해 등받이는 필수적이며 팔걸이가 달린 의자면 더욱
좋다.

● 책상은 넓은 것이 좋다.

책상은 학습공간을 확보하는 것으로 많은 공부를 하기 위해서는
많은 책과 노트, 참고서를 꺼내 올려놓아야 하기 때문에 되도록 넓
은 것을 선택하는 것이 좋다. 책상의 높이가 너무 높거나 낮으면 척
추 등 근골격에 부담을 준다. 책상의 알맞은 높이는 등이 90도가
유지될 수 있는 높이가 가장 좋다. 무릎이 아래로 처질 경우 발받
침을 마련해 무릎을 높여주는 것이 좋다.

● 공부방은 청결하게 한다.

공부방이나 책상의 주위가 산만한 환경에서는 아이들이 공부에 집
중하기 힘들기 때문에 깨끗해야 한다. 지저분한 공부방이나 먼지가
가득 쌓인 책상에서의 공부는 의욕과 학습능률을 떨어뜨리기 때
문이다.

● 책은 눈으로부터 30cm정도 간격을 두게 한다.

공부할 때 책과 눈이 너무 가까이에 두거나 멀리 두고 보면 눈이
나빠진다. 책과 눈의 적당한 거리는 30cm정도 떨어진 위치에 두는
것이 좋다.

● 공부방을 쾌적한 상태로 만든다.

공부방의 온도는 너무 덥거나 추워도 공부에 집중하기 어렵다 공부
방의 온도는 18℃~20℃정도가 적당하다. 또한 공부방은 자주 환기
를 시켜야 한다. 신선한 공기가 방안 가득할 때 두뇌활동이 왕성하
여 집중력 향상에 도움이 되기 때문이다.

학습을 방해하는 요소를 제거하라

아이들의 학습을 방해하는 요소에는 여러 가지가 있다. 예를 들면 TV, 컴퓨터, 휴대폰, 침대, 음악 등이 있다. 공부를 방해하는 요소들을 효율적으로 관리해야만 아이들은 주의 집중력을 높일 수 있게 된다. 그러나 아이들은 공부를 방해하는 요소를 멀리하기에는 인내력이 부족하기 때문에 부모의 관리가 필요하다. 학습을 방해하는 요소를 제거해주는 방법은 다음과 같다.

● 가능한 한 TV는 눈에 보이지 않도록 한다.

공부하는데 TV가 눈에 보이면 보고 싶어진다. 따라서 TV는 되도록 없애는 것이 좋으나 꼭 있어야 한다면 서재에 배치하고, 되도록 시야에 들어오지 않아야 한다. 아이들이 공부방에서 공부할 때 부

모가 TV를 보려면 소리를 작게 해서 아이가 공부에 집중할 수 있
도록 해줘야 한다.

● 컴퓨터는 거실에 놓는다.

부모들이 걱정하는 것이 아이들의 컴퓨터게임이다. 아이들은 컴퓨
터게임에 빠지면 자제력을 잃게 되고 부모가 보이지 않는 틈을 타
서 게임을 하기 때문에 공부방에 두지 않는 것이 좋다. 따라서 컴퓨
터는 거실에 두게 하고 쉬는 시간동안 컴퓨터게임을 하길 원한다면
거실에서 하게 한다.

● 공부 중에는 휴대폰을 *끄게* 한다.

요즘 학생들은 휴대폰이 없으면 안 될 정도로 문자를 주고받는 것
을 즐긴다. 문제는 공부하는 도중에도 휴대폰을 켜두고 전화를 받
거나 문자를 주고 받는다. 따라서 공부하는 동안 휴대폰을 켜두면
공부에 집중하기 어려우므로, 중요한 전화를 기다리는 것이 아니라
면 공부하는 동안 꺼두는 것이 좋다. 휴대폰을 사용하고 싶다면 쉬
는 시간을 이용해서 몰아서 전화를 하거나 문자를 주고 받도록 지
도하는 것이 좋다.

● 침대에 누워서 공부하지 말게 한다.

책상 앞에 오랫동안 앉아 공부를 하다 침대를 보면 쉬고 싶거나 누
워서 공부하고 싶은 생각이 들게 된다. 잠시 눕게 되면 너무 편안한
나머지 잠들게 되어 학습을 방해하게 할 수 있다. 따라서 공부하는

도중에는 침대에 눕는 것을 자제하게 하는 것이 좋다. 침대에 눕는 것이 자제되지 않으면 공부방에서 침대를 다른 방으로 옮겨 놓고 잠도 다른 방에서 자게 하는 것도 좋은 방법이다.

● 음악을 들으려면 선택해서 듣게 한다.

공부할 때 음악은 독이 되기도 하고 약이 되기도 하다. 요즘에는 음악을 들어야만 공부가 잘되는 학생들이 있다. 따라서 무조건적으로 공부할 때 음악을 듣지 말게 하면 오히려 불안한 아이도 있다. 따라서 음악을 들어야 한다면 무조건 못하게 할 것이 아니라 음악을 선택해서 듣도록 지도하는 것이 좋다. 일반적으로 대중음악을 들으면서 공부를 하는 것은 집중력을 떨어뜨려 학습 효과를 약화시킨다. 그러나 고전음악을 들으면서 공부하는 것은 마음을 안정시켜 집중력 향상에 어느 정도 도움을 준다. 또한 외부에서 들려오는 신경 거슬리는 소음에 대응하는 방법으로 고전음악을 적절하게 사용하면 집중력 향상에 도움을 준다.

잠을
관리하라

아이들에게 잠은 효율적인 공부를 위해서 관리가 필요하다. 무조건 잠자는 시간을 줄여서 공부하는 것이 좋은 것이 아니라 잠을 효율적으로 관리하면 학습효과를 높일 수 있다. 공부는 잠을 줄여서 하는 경우가 많기 때문에 잠을 효율적으로 관리하지 못하면 머리가 멍해져서 공부가 효율적이지 못하게 된다. 따라서 아이들의 잠을 관리해주는 것도 자기주도적 학습에 도움이 된다.

● 잠을 줄여야 한다.

사람은 하루 8~9시간 수면이 필요하다는 연구결과도 있지만 시간에 쫓겨 가며 공부하는 학생들은 하루의 1/3을 잠으로 사용하는 것은 너무 아깝다. 6시간 전후로 수면을 취하면서 가능하면 일찍 자고 일찍 일어나는 습관을 지니도록 한다.

● 낮잠을 활용하게 한다.

가끔 공부하다 머리가 꽉 찼다는 느낌이 들거나 머리가 아플 때 낮잠을 자는 것은 컨디션을 좋게 만든다. 나폴레옹은 전쟁터에서도 낮잠을 즐기기로 유명했다. 나폴레옹은 낮잠 5분이면 4시간만 자도 충분하다고 했다. 따라서 늦은 밤까지 맑은 머리로 공부하기 위해서는 학교에서 오자마자 낮잠을 자는 것이 효율적이다.

● 잠은 최대한 숙면을 취하게 한다.

잠을 충분히 못자면 잠을 자지 않은 상태보다 머리가 멍한 경우가 많다. 이것은 숙면을 못 취했기 때문이다. 따라서 맑은 머리로 공부에 집중하려면 잠을 자되 최대한 숙면을 취하도록 한다. 하지만 숙면이라고 해서 잠을 너무 많이 자면 오히려 머리가 띵할 수 있다. 숙면이라도 적당히 자는 것이 좋다. 숙면을 취하는 방법은 다음과 같다.

- 자기 전에 간단한 스트레칭을 한다.
- 카페인이 든 음료수는 삼간다.
- 따뜻한 물에 몸을 담그거나 샤워한다.
- 소음과 빛을 차단한다.
- 이유없는 낮잠은 될 수 있는 한 피한다.
- 방의 온도는 적당하게 유지한다.

- 자신에게 알맞은 베개를 이용한다.

- 손발을 따뜻하게 한다.

잠이 오지 않으면 억지로 자려고 하지 말고 어려운 책을 읽으면 뇌의 활동이 약해지면서 금방 잠이 오게 하는데 도움이 된다.

주변정리를
잘하라

공부 잘하는 학생들은 늘 주변정리의 중요성을 말한다. 공부에 영양을 주는 것이 주변정리이기 때문이다. 책상이 어지러우면 주의가 분산되어 공부가 잘 되지 않는다. 게다가 평소에 제대로 주변을 정리하지 않으면 중요한 물건을 어디다 두었는지 몰라서 한참을 찾느라 시간을 낭비하게 된다.

뉴 햄프셔 대학에서 연구원으로 있는 택케트 박사는『정리형 인간』에서 정리형 인간이 되면 쫓기는 인생에서 탈출할 수 있을 뿐만 아니라 집중력과 안정되고 여유 있는 생활을 할 수 있다고 했다. 실제로 공부를 잘하는 학생들의 특징을 보면 책상이나 공부방이 깨끗하게 정리가 잘되어 있다. 주변정리 전략이란 공부를 하기 전이나 공부가 끝난 후 주변정리를 잘해서 공부를 효과적으로 할 수 있도록 하는 것을 말한다. 주변정리 전략을 보면 다음과 같다.

● 책상 위를 말끔히 치우게 한다.

열정적인 에너지를 가지고 공부에 집중하고 싶고, 그로 인해 성과를 얻으려면 책상 위를 말끔히 치워야 한다. 그러기 위해서는 웬만한 것은 아까워하지 말고 버릴 줄도 알아야 한다. 너무 오래 한 곳에 두어서 눈에 익숙하긴 하지만 평소에 잘 사용하지 않는 물건들이 많다. 그것들을 버리지 못하고 쌓아두기만 한다면 그만큼 스트레스도 팍팍 쌓이게 되어 오히려 공부에 방해가 된다.

● 이전에 쓰던 것은 모두 치우게 한다.

새로운 발전을 꿈꾼다면 새로운 도전을 하듯, 새로운 공부를 시작하게 되면 이전의 공부에서 사용했던 모든 것들을 정리할 필요가 있다. 정리정돈을 할 때는 꼭 사용할 물건만 남기겠다는 강한 의지와 함께 박스를 3가지 준비한다. 박스에는 쓰레기박스, 재활용박스, 보류박스 등으로 이름을 붙여준다.

책상 위를 정리할 때는 한꺼번에 전부 쏟아낸 다음 정리할 물건들을 주워 박스에 담게 한다. 박스에 넣는 기준은 마지막으로 사용한지 3개월이 넘은 물건이 있다면 앞으로 3개월 동안 역시 사용하지 않을 확률이 높다는 것이 정리정돈의 원칙이다. 과거 3개월 동안 쓰지 않았던 것들 중에서 버려도 될 것들은 쓰레기박스에 넣고, 3개월이 되었어도 버리기는 아깝고 재활용이나 다른 용도로 사용할 수 있는 것이라면 재활용박스에 넣게 한다. 새로운 공부에도 쓰일 수 있거나 다음에 필요할지 모르는 것은 보류박스에 넣는다.

● 과감하게 정리하게 한다.

성격이 꼼꼼한 아이는 정리할 때 너무 세분화해서 정리하는 경향이 있다. 세세하게 분류하게 되면 보기는 좋지만 정리할 때 시간이 많이 들 뿐만 아니라 찾는데 의외로 시간이 많이 걸려 오히려 시간 관리에 역효과가 나기 쉽다. 따라서 책상이나 책꽂이 등을 정리할 때 버릴 것은 버리고, 보류해야 하는 물건들도 다시 나누어야 한다. 보류해야 할 것 중에서도 '보관해야 할 것'과 '다시 사용해야 할 것'으로 정해서 정리하는 것이 좋다.

　다시 사용해야 할 자료는 항목을 정리해서 프린트를 해놓으면 바로 찾아서 쓸 수 있다. 그러나 보관해야 하는 자료까지 항목에 넣는 것이 오히려 일을 더욱 늘리는 원인이 된다. 따라서 보관해야 할 것은 과감하게 보관만 하는 것이 좋다.

● 공부가 끝나면 바로 정리하게 한다.

공부를 하면 그에 따라 여러 가지 자료가 생긴다. 교재나 참고서, 노트 등으로 책상은 온통 아수라장이 되기 쉽다. 따라서 그때그때 정리하지 않으면 금방 쌓이게 된다. 따라서 일단 한 과목이 끝나면 다음 공부에 필요한 자료를 제외하고는 모두 정리하는 것을 습관화해야 한다. 책상의 앞면에는 책꽂이나 임시 보관처를 만들어서 일반적인 자료들은 책꽂이에 넣어두고 꼭 필요한 자료는 임시 보관처에 보관하도록 지도하는 것도 좋은 방법이다.

● 노트나 유인물은 공부 순서대로 정리하게 한다.

노트나 유인물은 공부 순서대로 클리어파일에 담아 보관하는 것도 좋은 방법이다. 공부의 중요도에 따라 'A', 'B', 'C'의 이름을 붙인 3가지 클리어파일을 준비하여 담는다. 가장 중요하고 지금 바로 공부해야 하는 노트는 'A' 클리어파일에 보관하고, 내일까지 공부해야 하는 노트는 'B' 클리어파일에 보관하고, 이번 주까지 공부해야 하는 할 노트는 'C' 클리어파일에 보관한다.

매일 공부를 마칠 때 'A' 클리어 파일을 점검하여 완수했을 때는 보관함으로 보내고 'B' 클리어파일에 보관하고 있던 내용들은 'A' 클리어 파일로 이동한다. 'C' 클리어파일에 보관하고 있던 내용들 중에서 내일까지 해야 할 공부는 'B' 클리어파일로 옮겨 담는다. 이렇게 하면 공부를 놓치지 않고 할 수 있다.

가족과의 식사 시간을 자주 가져라

얼마 전 일본 아키타현의 시골 초등학교가 일본 전국 학력평가에서 1위를 차지해 화제가 됐다. 그곳이 화제가 된 이유는 사교육 없이 가정교육과 학교교육만으로 만들어낸 기적이기 때문이다. 그런데 특이한 것은 아키타현의 초등학생이 가족과 식사를 하는 비율은 아침식사 67%, 저녁식사 91%다.

우리나라에서도 밥상머리 교육이 아이 두뇌 발달에 좋은 영향을 미친다는 결과가 많이 나오고 있다. 국내 조사결과에서도 100개 중·고등학교의 전교 1등생 중 '주중 10회 이상 가족식사를 한다'는 대답이 40%에 육박했다. 특히 학교에서 일어난 일을 가족과 이야기하는 아이들의 성적이 더 높았다. 가족과 식사시간에 이뤄지는 교육이 그 어떤 책이나 교재, 교구보다 효과적이라는 결과가 나왔다.

하버드대학 연구진은 밥상머리 대화는 특히 아이들의 언어능력향상에 큰 영향을 미친다고 발표하였다. 아이가 습득하는 2000여 개의 단어 중 독서로 얻을 수 있는 단어가 140여 개인 반면 가족과의 식사에서 얻는 단어는 1000여 개에 달한다고 했다. 컬럼비아대학 카사(CASA) 연구진은 청소년 1200명을 대상으로 조사한 결과 '가족과 자주 식사를 하는 아이들이 그렇지 않은 아이들보다 A학점을 받을 확률이 두 배나 높았다'고 밝혔다. 탈선 확률이 낮아진다는 연구결과도 있다.

실제로 부모, 형제 등 가까운 사람과 함께 밥을 먹으면 옥시토신 호르몬 분비가 왕성해지고 정신적 만족감과 함께 학습동기, 집중력과 어휘습득능력이 극대화된다고 한다. 이처럼 하루 20분만이라도 가족이 함께 식사를 하면 아이의 미래를 바꿀 수도 있다는 것이다. 따라서 가족과 식사시간만 지속적으로 유지해도 좋은 부모의 요건을 갖출 수 있다.

먹는 것을
관리해라

공부하는 아이들은 공부에 대한 노력과 스트레스로 인하여 많은 영양이 필요한 때이다. 그러나 영양이 필요하다고 해서 과식을 하면 소화관을 피곤하게 하며, 뇌로 가야할 혈류를 소화관 쪽으로 몰리게 하여 집중력이 떨어질 수 있다. 따라서 과식하지 말고 반드시 소화시킬 수 있을 정도로 자주 먹는 것이 좋다. 특히 밤늦게 까지 공부하면 부모님들이 과일이나 과자와 같이 당분이 많은 음식을 주면 뇌의 활동이 활발해져서 좋다. 그러나 과식을 하게 되면 오히려 포만감을 가져와 집중력이 떨어질 수 있다.

기억력을 높이려면 뇌에게도 영양 공급이 필수적이다. 많은 연구에서도 식사의 양이나 질, 먹는 시간, 방법 등을 개선하면 서서히 뇌의 활동을 촉진시킬 수 있다고 한다. 그러나 머리가 좋아지는 식품을 한꺼번에 많이 먹어서 단기간에 효과를 보기는 어렵지만 골고루 규칙적으로 적당량을 섭취하는 것은 기억력을 높이는데 도움이 된다. 먹는 것을 관리하는 방법은 다음과 같다.

● 견과류를 먹으면 뇌가 좋아진다.

사람의 뇌에 좋은 식품으로는 호두나 참깨, 잣 등의 견과류가 널리 알려져 있으며, 기억력 향상을 돕는다. 이들 식품에는 뇌신경세포의 60%이상을 차지하는 불포화지방산이 다량 함유돼있기 때문이다.

● 등 푸른 생선은 두뇌발달에 좋다.

참치, 고등어, 꽁치 등 등 푸른 생선이 두뇌 발달에 좋은 식품으로 권장되는 것도 불포화지방산으로 불리는 DHA 때문이다. 불포화지방산은 신경세포의 돌기를 성장시키는데 필요한 인지질을 구성하는 작용을 한다.

● 인스턴트 음식은 기억력을 떨어뜨린다.

라면이나 햄버거, 피자, 핫도그 등 가공 및 냉동식품 등에는 주로 안산염이 많은데 이는 뇌의 활동에 도움을 주는 체내의 아연성분을 파괴한다. 또한 튀김류는 뇌에 피로를 축적시키는 과산화지질이 많아서 기억에 도움이 되지 않는다.

● 과식을 피한다.

사람이 식사를 하고 나면 소화 작용을 돕기 위해 모든 혈액이 위장으로 모이게 되고 뇌에는 피가 부족해져 집중이 안되고 멍해짐을 쉽게 느낀다. 따라서 과식은 피하고 식사 후에 바로 공부하기 보다는 조금 휴식을 가지고 하는 것이 기억에 도움이 된다.

● 알카리 식품은 기억력 증진에 도움이 된다.

야채류, 과일, 해조류, 우유 등의 알칼리 식품이 좋으며, 특히 채소에는 풍부한 식이섬유가 있어서 기억력에 도움이 되며, 비타민 C가 함유된 양배추나 레몬 등은 스트레스까지 완화시켜 주어 기억력 증진에 도움이 된다.

● 아침 식사를 거르지 않는다.

아침을 거르게 되면 뇌에 충분한 영양이 공급되지 않아 기억력이 떨어지게 된다. 따라서 원활한 두뇌활동을 위해서는 아침식사를 하는 습관을 길들여야 한다.

● 시험 당일 먹는 것을 관리한다.

시험 당일 날은 가볍게 먹고 당분을 섭취하면 뇌의 활동이 활발해진다. 특히 소화가 아주 잘되는 음식을 소량 섭취하여 소화관을 편하게 함으로써 심장에서 나오는 혈액이 되도록 뇌로 많이 가도록 해야 한다.

'엄마표' 시험 잘 보는 비밀

부모들이 가장 고민하는 것은 아이가 '공부를 얼마나 하느냐?'보다는 '시험을 어떻게 잘 치게 할까?'일 것이다. 결국 공부도 시험을 잘 치기 위한 방편으로 하는 것이기 때문이다. 역설적으로 공부를 많이 했다고 해도 시험을 잘못 치는 것을 보면 시험을 치루는 것에도 전략이 있음을 알 수 있다.

공부와 시험을 따로 떼서 생각할 수 있을까? 만약 시험이 없다면 공부하는 학생이 얼마나 될까? 아마 거의 모든 학생이 공부에 긴장을 잃을 것이고, 공부를 해도 기쁘지 않을 것이다. 마치 시합이 없이 운동연습을 하는 선수가 실력이 향상될 수 없듯이 말이다.

공부는 단순히 학습하는 행위에서 끝나는 것이 아니다. 평가라는 부분에서 공부가 완성된다고 볼 수 있다. 즉 시험은 공부의 마지막을 이루는 중요한 부분이다. 사실 시험이 즐겁고 유쾌한 사람은 거의 없을 것이다. 하지만 반대로 시험이 없다면 내가 무엇을 어느 정도 알고 있으며, 얼마만큼 목표를 달성했는지 알 수가 없다. 또한 아는 것을 제대로 표현하지 못하고 설명할 수 없다면 제대로 공부했다고 할 수 없다.

고득점을 얻으려면
시험 출제원칙을 알아야 한다

새로운 곳으로 여행을 가려면 인터넷을 통해서 위치나 거리, 가볼 만한 곳을 미리 조사하게 된다. 마찬가지로 시험을 잘 치기위해서는 먼저 시험에 대한 출제원칙이 어떤가를 알고, 시험범위와 학습전략을 선택하고, 시험계획표를 작성하여 순서대로 암기하는 과정이 필요하다. 이러한 시험공부 과정 중에서 어느 것도 소홀할 수는 없지만 우선 출제원칙을 알아야만 정확한 학습목표에 도달할 수 있다.

만약 시험 출제원칙을 모른다면 시험 출제와 전혀 관계없는 공부를 하게 되어 낭패를 보기가 쉬울 것이다. 따라서 시험에서 고득점을 하기 위해서는 시험출제 기준을 뚜렷하게 아는 것이 중요하다.

모든 시험은 선생님들이 무조건 출제하는 것이 아니라 일정한 원

칙을 가지고 출제를 한다. 초·중·고등학교의 내신 시험 출제원칙은
각 시도 교육청마다 차이가 있지만 일반적으로 다음과 같은 원칙에
의해서 출제를 하게 되어 있다. 내신 시험 출제원칙을 보면 다음과
같다.

● 내신 시험 출제 원칙

- 주관식과 객관식의 비율은 3:7을 유지한다.
- 객관식은 문제당 5개의 지문을 제시한다.
- 주관식은 일부 내용이 맞으면 부분점수를 부여한다.
- 시험문제 출제는 배운 내용을 원칙으로 출제하게 되어 있다.
- 출제시 참고도서는 교과서와 강의 내용 및 유인물을 기준으로 한다.
- 전년도에 보았던 기출문제는 원칙적으로 똑같이 출제할 수 없으나 변형은 가능하다.
- 시험문항을 출제할 때는 시험문제 외에 문항 분석지를 의무적으로 작성하게 되어 있으며, 문항분석지에는 출제근거, 난이도, 영역, 유사답안을 적도록 한다.
- 시험문제를 출제할 때 '~이 아닌 것은'이나 '틀린 것은' 등과 같이 학생들의 부정적 의식을 심을 문제의 출제를 지양하도록 되어 있다. 이러한 문제에 대해서는 '아닌'이나 '틀린'이라는 단어에 대해서 밑줄을 긋거나 굵은 글자로 표시하여 학생들이 혼동을 일으키지 않도록 한다.

수능 시험출제 원칙은 한국교육과정평가원에서 출제원칙을 발표한다. 수능 시험 출제원칙을 보면 다음과 같다.

● 수능 시험 출제 원칙

2011년 수능 시험 출제원칙을 보면 7차 교육과정의 마지막 수능으로서, 변화되는 8차 교육과정에서는 국사과목 필수사항, 문과의 미적분 의무화, 이과 사회탐구 의무화 등이 검토 중에 있다.

- 언어와 외국어는 여러 교과가 관련된 범교과적 소재를 활용하거나 한 교과내의 여러 단원이 관련된 소재를 활용한 문항이 나온다.
- 수리·탐구영역과 제2외국어 및 한문 영역은 개별 교과의 특성을 바탕으로 한 사고력 중심의 문항이 출제된다. 단순한 암기와 기억력에 의존하는 평가를 지양하고 문제 해결력과 추리, 분석 등 탐구 능력을 측정한다.
- 교과 내용의 중요도를 고려하되 점수 분포가 고르게 나올 수 있도록 쉬운 문항과 중간 정도의 문항, 어려운 문항을 균형 있게 출제한다.
- 문항 형태는 5지 선다형으로 하며 수리 영역은 단답형 문항을 30% 포함한다.
- EBS 수능 교재에 수록돼 있는 문항 중에서 교육과정의 중요한 학습 내용은 변형해 출제할 수 있다.
- 교육 과정에서 다루는 핵심적 학습 내용은 필요한 경우 반복

출제가 가능하다.

- 문항당 배점은 언어, 외국어 영역(1, 2, 3점), 수리 영역(2, 3, 4점), 사회·과학·직업탐구 영역(2, 3점), 제2외국어 및 한문 영역(1, 2점)으로 하되 문항의 중요도와 난이도, 소요시간 등을 고려해 차등 배정한다.

영역별 출제방향에 맞추어 시험을 대비하라

중·고등학교의 내신시험과 수능시험을 시험을 잘 치기 위해서는 영역별 출제방향을 주목해야 한다. 어떤 유형의 문제를 출제하며, 시험범위와 과목은 무엇인가를 알아야 한다. 각 영역별 출제방향과 시험대비 공부 전략을 보면 다음과 같다.

● 내신 시험 출제 방향

국어

국어는 기본적이고 핵심적인 개념을 숙지하는 문제와 주제를 파악하는 문제의 출제가 많다. 따라서 국어 공부는 문제 풀이식 공부보다는 주로 교과서에 새로 나오는 개념과 원리 위주로 공부하는 것이 효과적이다. 또한 교과서를 공부할 때 모두 각 단원에서 주제가 무엇인가를 찾아 내는 훈련과 핵심적인 사항에 대해서`암기하는 것이 중요하다.

서술형 문제에 대한 대비는 주관적인 것을 묻는 문제를 출제하게 되면 채점 기준에 대한 논란의 여지가 많기 때문에 이를 줄이기 위해 비교적 명료하면서도 핵심적인 문제 위주로 출제를 한다. 따라서 서술형 문제는 명료하고 핵심적인 문제를 선택해 설명하는 연습을 하는 것이 좋다.

영어

영어는 빈칸 채우기 혹은 단답식 서술형 문제를 출제한 학교들도 있지만, 요즘에는 중학교를 중심으로 완전한 문장과 교과서 외에 독해지문 출제 등으로 변화가 나타나고 있다. 이는 전반적으로 아이들이 영어를 일찍 배우기 때문에 실력이 향상되어 감에 따라 난이도가 높아지고 있음을 의미한다. 이에 따라 지금까지의 영어 공부가 주로 문법과 세부적인 해석에 집중했다면 앞으로는 전체적인 내용을 파악하고 글쓴이가 의도하는 중심 생각을 짚어낼 수 있어야 한다. 영어 시험의 변화를 보고 이에 대한 시험 대비전략을 보면 다음과 같다.

기존의 문장 안에 단어를 채우는 식의 서술형은 점차 완전한 문장 전체를 쓰는 문제가 출제되고 있다. 이로 인해서 영어 공부는 단순히 문장을 외우는 것에서 벗어나 핵심문법 파악에서부터 주어와 동사의 위치, 시제, 수식어의 종류와 위치까지 완벽하게 알아야 한다.

교과서 본문 내용을 요약하는 서술형보다는 교과서 이외의 지문들이 출제되고, 지문을 독해하고 요약 정리하는 영작문제가 출제되고 있다. 따라서 지문의 내용을 처음부터 끝까지 정확하게 파악해서 다시 완전한 영어문장으로 표현해내는 공부를 해야 한다. 따라서 수업시간에 배운 문법을 활용해 영어문장을 마치 우리말 쓰듯이 자연스럽게 쓸 수 있는 연습을 해야 한다.

수학

중학생 수학은 주로 빠르고 정확한 계산능력을 요구하는 문제 위주로 출제를 하고 있다. 고등학교에서는 시험범위가 배운 곳에서만 출제하는 것이 아니라 이전 단원까지 포함하여 시험범위가 넓어졌으며, 전체적인 문제의 수준을 높이고 복잡한 계산문제로 변별력을 높이고 있다.

따라서 수학 시험을 대비하기 위해서는 교과서에 있는 문제들은 전부 풀어 보아야 하며, 평소 많은 문제풀이를 통해 계산능력을 향상시키는 것은 기본이고 논리적인 서술형 문제 풀이를 해야 한다. 그러나 수학 시험 문제 만큼 응용하기 쉬운 것이 없기 때문에 고득점을 받기 위해서는 심화문제에 대한 적응력을 키워야 하며, 활용문제를 많이 풀어보는 것이 효과적이다. 무엇보다 중요한 것은 수학 시험은 문항 수에 비해 시험시간이 짧기 때문에 빠른 시간에 문제를 풀 수 있도록 공부해야 한다. 따라서 모르는 문제나 어려운 문제는 나중에 시간이 남을 때 풀도록 해야 한다.

● 수능 시험 영역별 출제방향

언어 영역(50문항)

언어 영역은 총 50문항을 출제하는데 그중 5문제는 듣기 평가로 이루어진다. 출제범위는 범 교과적인 소재를 활용하여 출제하며, 주로 사실, 추론, 비판, 창의적 사고 등 대학에서 수학하는 데 필요한 언어적 사고 능력을 측정하는 데 역점을 두어 출제된다. 지문은 인문·사회, 과학·기술, 문학·예술, 생활·언어 등 다양한 분야에서 뽑아 출제되기 때문에 독서를 많이 한 학생들에게 유리하다. 따라서 평소 수업을 충실히 들으면서 관련된 단원의 책들을 선택하여 독서하는 것이 효과적이다.

수리 영역

수리 영역은 총 30문항으로 구성되어 있으며, 그중 '가형' 문제는 수학I은 12문항, 수학II는 13문항과 선택 5문항으로 구성되어 있으며, '나형' 문제는 수학I에서 30문항이 출제된다. 수리 영역은 단순 암기로 해결할 수 있는 문제나 지나치게 복잡한 계산위주의 문항에 대한 출제를 지양하고 있는 추세이다. 반면에 계산, 이해, 추론, 문제 해결 능력을 측정하는 문제들이 출제되고 있다. 출제범위는 초등학교나 중학교에서 배운 내용들을 활용해서 출제하므로 초등학교나 중학교에서 배운 내용들은 기본적으로 알아야 하며, 이를 바탕으로 고등학교에서 배운 내용들을 종합해서 문제를 푸는 능력이 필요하다.

외국어 영역

외국어 영역은 총 50문항이 출제되며 듣기와 말하기가 17문항이 출제되며, 범교과적인 소재를 활용하여 출제되고 있다. 외국어 영역의 출제 범위를 공통영어 수준에서 심화선택과목 수준으로 확대해 심화된 의사소통능력을 측정한다. 다양한 길이와 내용의 지문을 사용하고 심화선택과목 수준의 어휘 중에서 사용 빈도가 높은 것을 사용해 출제한다. 따라서 교과서 외에 영어로 되어 있는 소설이나 신문을 자주 읽어서 풍부한 지문을 접해보는 것이 중요하며, 이를 통해서 자주 사용하는 어휘를 암기하는 것이 효과적이다.

사회탐구 영역

사회탐구 영역은 과목당 20문항으로 윤리(윤리와 사상+전통윤리), 국사, 한국 지리, 세계 지리, 경제 지리, 한국 근·현대사, 세계사, 법과 사회, 정치, 경제, 사회·문화 등 11과목 중 최대 4과목을 선택하여 시험 치도록 되어 있다. 사회탐구 영역은 종합적 사고력을 측정하는 것으로 단원간 통합 문제가 다수 출제된다. 또한 교과서를 원칙으로 하되 교과서 밖의 내용도 출제된다. 따라서 일상생활에서 접할 수 있는 내용 및 시사성이 있는 뉴스나 정보도 출제 되기 때문에 독서나 신문을 자주 보는 것이 좋다.

과학탐구 영역

과학탐구 영역은 과목당 20문항으로 물리I, 화학I, 생물I, 지구과학I, 물리II, 화학II, 생물II, 지구과학II 등 8과목 중 최대 4과목을 선택할 수 있으나, 물리II, 화학II, 생물II, 지구과학II 과목 중에서는 최대 2과목까지만 선택이 가능하다. 과학 개념의 이해 및 적용과 관련된 문항을 전체 문항수의 40%를 초과하지 않도록 되어 있으며, 나머지는 학문과 실생활에서 골고루 출제된다.

교시	영역		문항	수시험 시간(분)	출제범위 및 내용
1	언어		50	80	**사실, 추론, 비판, 창의적 사고 측정** 듣기(5문항) 출제, 범교과적인 소재를 활용하여 출제
2	수리	가형	30	100	**계산, 이해, 추론, 문제 해결 능력 측정** 수학 I 12문항 수학 II 13문항 선택 5문항
		나형	30	100	수학 I
3	외국어 (영어)		50	70	**심화선택과목 수준으로 확대 출제** 듣기, 말하기 17문항 범교과적인 소재를 활용하여 출제
4	사회 탐구		과목당 20	과목당 30	**종합적 사고력을 측정** 윤리(윤리와 사상+전통윤리), 국사, 한국 지리, 세계 지리, 경제 지리, 한국 근·현대사, 세계사, 법과 사회, 정치, 경제, 사회·문화 등 11과목 중 최대 택4
	과학 탐구		과목당 20		**과학 개념의 이해 및 적용과 관련된 문항과 학문과 실생활과 관련된 문제 출제** 물리I, 화학I, 생물I, 지구과학I, 물리II, 화학II, 생물II, 지구과학II 등 8과목 중 최대 택4(단, 물리II, 화학II, 생물II, 지구과학II 과목 중에서는 최대 2과목까지만 선택 가능)
	직업 탐구		과목당 20	과목당 30	농업 정보 관리, 정보 기술 기초, 컴퓨터 일반, 수산·해운 정보 처리 등 컴퓨터 관련 4과목 중 최대 택1 농업 이해, 농업 기초 기술, 공업 입문, 기초 제도, 상업 경제, 회계 원리, 수산 일반, 해사 일반, 해양 일반, 인간 발달, 식품과 영양, 디자인 일반, 프로그래밍 등 전공 관련 13과목 중 최대 택2
5	제2외국어 /한문		50	50	독일어I, 프랑스어I, 스페인어I, 중국어I, 일본어I, 러시아어I, 아랍어I, 한문 등 8과목 중 택1

2011년 수능시험 출제 범위 및 내용

고득점을 하려면
시험공부계획표를 짜라

공부에도 계획이 필요하듯이 내신 시험공부에도 시험공부계획을 세우는 것이 시간을 효율적으로 사용하는데 도움이 된다. 내신 시험공부계획에는 시험에 대한 정보와 공부계획을 적는다. 시험에 대한 정보는 과목별로 전 점수를 적게 하고 그에 따른 목표점수를 적게 하여 얼마큼 공부를 해야 하는지 목표를 정하게 한다. 그리고 시험범위를 적어 공부의 양을 얼마나해야 하는지를 참고하게 한다. 또한 학교에서 수업 중에 선생님이 시험을 보기 위해 보라고 하는 참고 서적이 교과서인지, 노트인지, 참고서인지를 적게 하여 무엇을 가지고 공부할 것인지를 정하게 한다. 마지막으로 수업 중에 선생님이 특별히 강조한 것이 무엇인가를 적게 한다.

시험 공부기간은 중간고사는 15여일 전부터 시험공부를 하는 것이 적당하고, 기말고사는 20일 전부터 공부하는 것이 시간에 쫓기지 않으며 공부할 수 있다. 시험 공부기간은 시험일을 기준으로 해서 계획을 세우게 한다. 실제 시험공부계획표를 작성한 예를 보면 다음과 같다.

구분	방법					
	과목	전 점수	목표점수	시험범위	참고서적	특징
시험 범위	국어	80	90	40~70p	노트, 교재	중간고사에서 일부출제
	영어	75	85	45~65p	노트, 참고서	
	수학	85	95	30~70p	노트	일차방정식 위주
	과학	58	70	40~75p	문제집	
	사회	78	88	43~73p	참고서	
	기술	80	90	36~64p	교재, 노트	
공부 계획	D-20	국어		D-10		·
	D-19	영어		D-9		·
	D-18	수학		D-8		·
	D-17	과학		D-7		·
	D-16	사회		D-6		·
	D-15	기술		D-5		·
	D-14	·		D-4		문제집 풀기
	D-13	·		D-3		문제집 풀기
	D-12	·		D-2		총정리
	D-11	·		D-1		총정리
기타						

내신 시험공부계획표

아이가 시험공부계획표를 세우고 체계적으로 실천하기 위해서 부모는 다음과 지도하는 것이 좋다.

	공부 계획
D-20	본격적인 시험공부를 하기 시작하도록 지도한다. 평소에 해 둔 메모와 필기를 중심으로 교과서와 선생님이 주신 학습지부터 읽도록 지도한다.
D-15	주요 과목을 한번씩 더 차근차근히 공부하며 자세한 부분까지 깊게 공부하도록 지도한다. 영어와 수학문제는 평상시에 틈틈이 풀도록 지도한다.
D 10	영어와 수학공부는 끝내도록 하며 종합문제집으로 주요과목의 문제를 풀어보며 문제유형을 파악하도록 지도한다.
D-7	그동안 풀면서 틀린 문제들을 한 번씩 더 풀어보게 하며, 문제의 지문도 읽으며 이해하는 능력을 기르도록 지도한다.
D-6	기타과목을 공부하기 시작하며, 교과서와 학습지를 중심으로 공부하며 주관식을 대비하여 개념들을 정리하도록 지도한다.
D-5	주요과목을 다시 한번 점검하도록 하며, 기타과목 역시 병행하여 공부하도록 지도한다.
D-4	아이에게 가장 취약한 기타과목과 주요과목에 대해 다시 한번 최종 문제집을 풀게 하고 부족한 부분을 골라서 공부하도록 지도한다.
D-3	시험 마지막 날 보는 과목을 공부하며 틀린 문제들은 한 번씩 더 보며 기타과목도 공부하도록 지도한다.
D-2	둘째 날 보는 과목을 공부하도록 지도한다. 선생님께서 수업 중에 강조하신 부분을 떠올리며 부족한 부분을 찾아서 공부한다. 틀린 문제들은 한 번씩 더 보며 기타과목도 공부하도록 지도한다.
D-1	첫날 보는 과목을 공부하도록 지도한다. 마음을 편히 가지며 전체를 보기보다는 요약한 내용들을 읽어보고 틀린 문제들을 다시 풀어보도록 지도한다.
당일	평상시보다 조금 일찍 일어나며 마음을 편히 가지며 일찍 학교에 보낸다. 첫날 시험결과에 신경 쓰지 말도록 하며, 시험이 끝나면 다음 날 시험공부에 몰입하도록 지도한다.

시험공부계획표 실천을 위한 지도 전략

서술·논술형 시험을 대비하라

교육과학기술부의 교육개혁 대책회의에서 '창의·인성 교육 강화 방안'으로 서술·논술형 시험을 단계적으로 확대해 내신 평가 방식을 바꾼다는 정책을 밝혔다. 주요 골자는 주관식 문제를 단답형 중심에서 서술·논술형으로 30%까지 확대한다는 것이다. 이에 따라 서울시교육청은 올해 중간고사부터 서술·논술형 문제 출제를 본격적으로 시행했다. 광주시교육청도 2007년부터 '빛고을 학력신장 프로젝트' 사업 일환으로 지필고사와 수행평가 등을 통해 서술·논술형 문제를 출제하도록 권장해왔다.

실제로 모 고등학교의 1학년 국어 서술형의 문제를 보면 겨울 아시안게임에서 남북한 아이스하키 경기 결과를 다룬 신문의 보도를 지문으로 사용하고 '한국 빙구 북한 꺾었다' '남북한 빙구 명승부

연출'이라는 제목을 뽑은 두 신문의 보도 태도가 다른 이유를 서술하라는 문제가 출제되었다. 자료에 대한 정확한 이해와 분석 없이는 정답을 쓰기 어려운 문항이었다.

이로 인해서 일선 학교의 선생님들은 채점의 어려움을 호소하고, 학부모의 입장에서는 아이들이 혼란을 우려하였다. 그러나 서울시교육청의 발표 이후 첫 시행된 지난 시험들에서 학생들의 성적은 조금 떨어졌지만 학부모들이 우려했던 것에 비해서는 큰 변화가 없었다. 그러나 초등학교에서 객관식과 단답식만 접했던 중학생들의 어려움이 컸다고 한다. 그러나 기존의 단답형 주관식 형태에서 벗어나 각 학교마다 서술, 논술형 출제 유형에 변화가 있었다는 점에 주목해야 한다. 서술형 문제는 이미 일부에서 출제돼 왔기 때문에 어려움은 없지만 학생들이 가장 생소하게 느꼈던 부분은 바로 '논술형'에 관한 것이었다. 이에 대해 교육청 담당자는 "논술형은 정기고사에서는 시간문제 때문에 출제가 어려워 수행평가 내에서 이루어지도록 하고 있다. 서술형 30% 출제는 권장 사항이라 학교별로 비율 조정이 가능하다"고 밝혔다.

수능을 대비, 글쓰기가 본격적으로 내신평가에 반영되는 것이 현실화된 것이다. 문제당 점수 비중도 높아 서술형 문제를 간과해서는 내신관리가 어려워진 셈이다. 서술·논술형 시험문제는 단순 암기로 풀 수 있는 문항이 아니라 학생들이 문제와 지문을 읽은 뒤 깊이 생각해야 답을 쓸 수 있는 문제를 주로 출제하고 있다.

서술·논술형 시험문제에 대비하기 위해서는 제일 중요한 것은 기본적으로 요구되는 쓰기 능력을 기르는 게 필요하다. 쓰기 능력은 하루 이틀에 완성되기는 어렵지만 논제를 정확히 파악하고 문제가 요구하는 답변에 자기 생각을 가미해 논리적으로 전개하는 글 쓰기 연습을 많이 해야 한다. 글 쓰기 능력이 완숙해지면 창의적 문제해결능력과 지식의 통합적 활용 능력을 높이는 공부가 필요하다. 그러자면 교과서 내용을 정확하게 숙지하고 책을 많이 읽거나 신문과 사설을 많이 읽는 것이 필요하다. 논술형 문제에서 자신의 주장을 펼치라는 문제가 나오면 단순히 독자를 설득하기 위해 노력하는 글을 써야 한다. 사례를 제시할 때는 사실적인 내용을 들며, 다른 측면의 주장도 인정해야 한다.

서술·논술형 시험문제는 잘 알고 있는 문제라도 답을 제대로 표현하지 못해 점수를 받지 못할 수 있다. 서술·논술형 시험문제에 대해 친숙해지기 위해서는 먼저 기출문제에서 반복 출제되는 문제부터 확실히 익히는 것이 중요하다. 기출문제를 완벽히 소화한 다음에는 핵심개념을 사용하는 문제 순으로 난이도를 높이는 것이 중요하다. 처음부터 무리하게 고난도 문제에 집착하다 보면 의외로 기본적인 문제를 놓칠 수 있기 때문이다. 뿐만 아니라 채점기준의 서술 원칙을 지켜 감점을 최대한 줄이는 것도 효과적인 방법이다. 예를 들면 국어문제에서는 띄어쓰기와 철자법이 정확했는지, 수학문제에서는 괄호·부호·등식의 사용 등 수학기호의 사용이 정확했는지, 영어과목에서는 전치사·관용어·철자 등이 정확했는지를 살펴야 한다.

보통 서술·논술형 시험문제는 학생들이 얼마나 수업에 집중했는지, 꼼꼼하게 공부했는지를 확인하는 경우가 많다. 이에 따라 교과서 외 수업시간 필기와 나눠주는 프린트 등이 문제 소재로 활용되고 있다. 따라서 수업을 충실히 듣고 기출문제를 충분히 풀어보는 게 중요하다.

시험공부에도
요령이 필요하다

공부는 열심히 하는데 성적이 공부한 만큼 오르지 않아 고민하는 학생들이 많다. 여러 가지 요인이 있겠지만 평소에 시험을 전제로 한 공부를 하지 않은 공부습관 때문이다. 국사를 예로 들면 공부할 때마다 앞부분부터 공부해서 정작 뒷부분에 와서는 집중도가 떨어지는 경우다. 그런 경우 실제시험은 조선이후 근현대사에서 많이 출제되는데 신석기, 구석기 시대를 열심히 외운다면 바람직한 공부라고 할 수 있겠는가?

평소에 '이 부분에서 선생님은 시험에 뭘 출제하실까?' '오늘 수업시간에 배운 내용 중 중요하고 암기할 내용은 무엇이었지?'라고 스스로 물으면서 공부한다면 공부효율이 올라가고 성적도 그에 비례해서 상승할 것이다.

상급학교로 갈수록 배워야 하는 과목은 많고 거기에 따른 참고서나 풀어봐야 할 문제집도 많다. 그러다 보니 항상 시간이 모자라 허둥대야 하고 수면시간까지 줄여가면서 공부를 해도 충분치 못해 시험성적이 좋지 못한 게 사실이다. 그렇다고 해서 누구나 다 똑같은 것은 아니어서 기초실력이나 공부능력이나 노력의 정도가 비슷한데도 어떤 사람은 시험성적을 잘 받고 어떤 사람은 잘 못 받는 것을 볼 수 있다. 그것은 무슨 이유일까?

그것은 시험문제가 출제 될 핵심부분을 찾아내 그 부분을 중점적으로 확실하게 공부하는 것에 승패가 달려 있다는 애기다.

● 수업에 집중하게 한다.

수업 중 선생님이 목소리를 높여 특별히 강조하였거나, 몇 차례씩 반복하여 설명하였거나, 수업을 마칠 시간에 요약을 해주었거나 하는 사항은 핵심이 되는 부분이다. 특히 수업 전에 예습을 해서 핵심이 되는 학습요점을 표시해 두었다가 수업시간에 중점적으로 파악하는 것이 좋다. 학습요점들을 체계적으로 파악하는 것이 좋다는 그 말이다. 이런 학습요점을 체계적으로 정리해서 요점노트를 만들어 교과서나 참고서의 요점표시부분과 함께 시험공부의 핵심으로 활용해야 한다.

● 시험공부를 하기 전 기출문제를 먼저 풀어보게 한다.

시험공부를 하기 전 기출문제를 먼저 풀어 보는 것은 자연스럽게 어떤 단원이 중요하고 어떤 내용이 자주 출제되는지, 문제유형은 어떤지를 알 수 있을 뿐만 아니라 내가 알고 있는 선행지식 수준을 평가하게 된다. 이러한 사전적 지식을 바탕으로 시험공부를 얼마나 해야 할지, 어떻게 해야 할지를 결정하는데 기준으로 삼는다.

● 요점노트로 공부하게 한다.

요점노트는 학교나 학원에서 배운 노트나 교과서를 바탕으로 꼭 기억해야 할 내용들을 요약해서 적은 노트이다. 요점노트는 적는 것이 중요한 게 아니라 활용하는 방법이 중요하다. 요점노트를 활용하는 방법은 시험기간에 모두 생각나는지 다시 한번 암기해보고, 각 단원의 내용에서 중요하게 다뤄지는 중심내용이 무엇인지를 머릿속에 떠올리며 공부한다. 시험기간은 요점정리 노트를 활용하면 가장 큰 효과를 볼 수 있는 시기이다.

● 오답노트로 공부하게 한다.

연습문제를 풀거나 시험이 끝나고 나서 시험지를 덮어버리면 한번 틀렸던 문제를 다시 만나게 되어도 틀릴 확률이 높다. 따라서 오답노트를 만들면 다음에 똑같은 문제를 만나서도 절대 틀리지 않아 시험성적을 높일 수 있다.

오답노트를 작성하는 방법은 틀린 문제를 베껴 쓰고 틀린 이유(몰라서 틀린 문제, 정확하게 기억이 나지 않아서 틀린 문제, 찍어서 틀린 문제 등)를 기록한다. 오답노트는 연습문제나 시험문제 중 틀린 것을 적은 것이므로 시험보기 전에 꼭 한 번씩 보아야 한다.

● **벼락치기 공부는 하지 않게 한다.**

벼락치기 공부는 흔히들 평상시에 예습과 복습을 하지 않고 있다가 시험기간이 가까워지면 그냥 하루에 공부를 다 하고 시험 보는 것을 말한다. 벼락치기 공부는 시험분량이 적은 초등학교에서의 시험에서는 효과를 볼 수 있겠지만 시험분량이나 과목이 많아지는 중학교부터는 효과를 보기 힘든 공부방법이다.

● **공부는 순서대로 한다.**

시험공부는 무작정하는 것이 아니라 일정한 순서를 가지고 해야 효과가 있다. 첫째는 시험을 볼 단원의 학습목표를 전체적으로 보면서 무엇을 배웠고, 무엇이 중요한지 생각한다. 둘째는 그것을 토대로 교과서와 프린트, 노트, 교과서 등을 살핀다. 셋째는 문제집을 풀어서 이미 풀었던 문제들 중 틀렸던 것과 헛갈렸던 문제들을 다시 보는 것이 효과적이다.

금을 캐고 싶으면 우선 금광맥부터 찾아야 하듯이 시험을 잘 보려면 시험문제가 출제될 핵심부터 찾아내야 한다. 핵심사항은 다시 간추리고, 간추린 핵심은 머릿속에 암기해 두었다가 시험 볼 때 꺼내 쓸 수 있어야 좋은 성적을 올릴 수 있다.

시험 공부시간을
줄여주는 암기방법

공부에서 '암기'란 학습내용을 외우는 것을 말한다. 암기는 성적을 좌우한다고 해도 과언이 아니다. 수능이나 모의고사는 종합 사고력이나 문제해결력을 평가하지만, 암기가 바탕이 되어야 고득점을 얻을 수 있기 때문이다. 더욱이 내신은 교과서의 내용을 단답식으로 질문하는 문제가 많으므로 고득점을 얻으려면 내용들을 꼼꼼히 외워야 하기 때문이다.

시험에서 성패를 결정짓는 것은 짧은 시간 내에 많은 양의 학습내용을 정확하게 암기하는 것이 중요하다. 물론 머리가 좋아야 암기가 잘 되겠지만, 너무 머리만 믿고 암기를 하지 않으면 좋은 성적을 얻을 수 없다. 머리가 나쁘다고 해도 무작정 외우기보다는 암기전략을 세워 차근차근 암기하면 높은 점수를 얻을 수 있다.

시험을 잘 보기 위해 무작정 모두 암기하는 것은 매우 비효율적이다. 효율적인 암기를 위해서는 전략과 기술이 필요하다. 그리고 무엇보다 학습내용에 대한 충분한 이해가 먼저 필요하다. 즉 '선 이해 후 암기'를 해야 한다. 이해도 못하고 무작정 외웠다가는 시험 보기 직전에 머릿속에 하나도 생각이 나지 않는 경우가 많다. 따라서 '문제가 원하는 답이 무엇인가?', '왜 그런 결과가 나오는가?', '어떠한 과정을 거쳐 답이 나오는가?'를 잘 알고 외워야 정확하게 시험문제를 풀 수 있다. 예를 들면 수학공식을 외울 때 유도과정을 확실히 안다면, 그것이 쉽게 머릿속에 각인되기 때문에 오래 기억에 남게 된다. 암기과목은 스토리 중심으로 이해하면서 외우면 효과적이다. 국어는 문맥을 이해하면서 단어의 상징성 등을 암기해야 하고, 특별히 중심문장을 단락별로 외울 것이 아니라, 전체를 이해하고 외워야 한다.

사람은 어느 누구나 한번 보고 전부를 외울 수는 없다. 따라서 학습한 내용을 잊어버리기 전에 끊임없이 반복하면 암기가 되어 기억에 오래 남게 된다. 특별히 암기법을 공부하지 않은 평범한 학생이라면 기본적인 암기능력에서 공부 잘하는 학생과 못하는 학생이 크게 차이가 나지 않는다. 다만 암기전략과 기술을 알고 있느냐와 모르느냐의 차이가 시험 성적을 결정한다. 시험을 잘 보기 위한 암기전략을 보면 다음과 같다.

●오감을 활용하여 암기하게 한다.

암기를 할 때 눈으로 교재나 노트를 훑기만 하는 것은 전혀 도움이 되지 않는다. 오히려 시간만 낭비하게 된다. 짧은 시간 고효율의 암기를 하려면 머릿속에 있는 학습내용을 교재나 노트를 보지 않고 오감으로 표현하는 것이 좋다.

오감으로 암기하는 방법은 머릿속에 있는 학습내용을 손으로 써보거나, 입으로 읽어보거나, 몸의 움직임으로 표현하는 것이 좋다. 오감을 전부 활용하면 눈으로 훑는 것보다 훨씬 오랫동안 기억에 남게 된다.

● 남을 가르치며 암기하게 한다.

수업이 끝난 후 쉬는 시간에 친한 친구를 찾아가 전번 시간에 배운 것을 마치 선생님처럼 알려주자. 친구를 위해 수업시간에 배운 것을 다시 한번 가르치다 보면 자신도 모르게 확실한 암기효과가 생긴다. 남을 가르치기 위해서는 처음부터 끝까지 철저히 들어야만 가능하기 때문에 수업에 대한 집중도도 좋아지고, 들은 것을 바로 암기하는데 효과가 생긴다.

● 묵독과 암송을 1대 4로 배분하게 한다.

학습 심리학자 게이츠는 묵독과 암송을 1대 4로 배분하여 암기하는 것이 가장 효과적이라고 했다. 묵독이란 암기할 것을 읽는 것을 말하고, 암송이란 쓰거나 읽는 것을 활용하여 암기하는 것을 말한다. 즉 한번 읽고, 4번 반복해서 쓰거나 소리 내어 외우는 것을 의미한다.

일반적으로 많은 학생들이 묵독이나 암송 어느 한 곳에 집중적으로 투자하는 경향이 많다. 하지만 너무 한쪽으로 치우치게 되면 시간적인 낭비를 하게 됨으로 묵독과 암송시간을 1대 4로 배분하는 것이 필요하다.

● 암기한 것을 그 자리에서 테스트하게 한다.

아이들은 눈으로만 보고 머릿속에서 떠올리면 바로 공부를 끝내는 경우가 있다. 그러나 공부가 끝나고 나면 기억을 못하는 때가 많다. 따라서 암기한 내용을 그 자리에서 기억해 내는 것뿐만 아니라 암기한 내용을 보지 않고 써보게 하는 것은 암기를 더욱 확실하게 한다. 나아가 금방 암기한 것이라도 연습문제나 평가문제 등을 풀어봄으로써 정확한 암기한 것을 확인하여 자기 것으로 만들도록 지도하는 것이 필요하다.

● 취침 전 30분에 집중적으로 암기하게 한다.

미국의 심리학자인 젠킨스 박사는 평균 점수 차가 없는 학생들을 A와 B 두 그룹으로 나누어 각각 같은 수업을 한 후 A그룹은 수업이 끝난 후 바로 자도록 했고, B그룹은 자유시간을 주었다. 실험결과 A그룹은 강의내용 기억량이 평균 56%였는데, B그룹은 9%에 불과했다고 한다. 뿐만 아니라 취침 전 30분에 암기한 것이 가장 기억에 많이 남는 것으로 나타났다. 사람은 어떤 일을 하든지 끝나기 바로 전에 집중력이 가장 높고, 효과도 높다. 예를 들면 마라톤 선수가 목표점에 가까이 오면 최대한 전력 질주를 하는 것을 보면 이해할 수 있다. 따라서 공부를 끝내면 바로 자는 것이 좋으며, 취침 전 30분을 최대한 이용하여 집중적으로 암기하면 다른 때 암기하는 것보다 몇 배의 효과를 얻을 수 있게 된다.

● 암기력을 높이려면 공부하기 전에 유산소 운동을 한다.

암기는 뇌의 상태와 매우 중요한 관련을 갖는다. 뇌가 맑은 상태이면 주의력이 높아져 암기가 쉽지만 머리가 탁하면 주의력도 생기기 어려우며 암기하기가 쉽지 않다. 머리를 맑게 하고 활기차게 하기 위해서는 공부하기 전에 빨리 걷기나 맨손체조와 같이 간단한 유산소 운동을 하는 것이 좋다. 유산소 운동을 하게 되면 혈액순환이 좋아져 뇌에 산소 공급이 원활해지기에 뇌의 활동이 활발해진다. 그러나 심한 운동을 하게 되면 숨이 차고 심장이 빨리 뛰어 오히려 암기에 방해가 된다.

● 장기기억을 위해서는 복습주기를 활용하게 한다.

토니 부잔은 기억을 오랫동안 유지하기 위해서는 1시간 공부한 후 10분간 복습을 하면 일주일 동안 기억이 되며, 24시간 뒤에 2~4분 동안 복습하면 15일 동안 기억되며, 7일 뒤에 2분 동안 복습하면 한 달 동안 기억이 되고, 30일 뒤에도 2분만 보면 6개월 이상 장기기억이 된다고 했다. 그 이후부터는 몇 달 만에 잠시만 보아도 영구기억이 될 수 있다고도 했다.

결국 토니 부잔에 따르면 장기기억을 갖게 하는데 가장 중요하는 것은 일정한 주기에 따라서 반복적인 복습을 하면 기억을 오랫동안 유지할 수 있다는 것이다. 따라서 학습을 하고도 기억이 나지 않

구분	시간경과	복습량(분)	장기기억
1	1시간	10	7일
2	24시간	2~4	15일
3	7일	2	30일
4	30일	2	6개월
5	몇 달 뒤	조금	장기기억

장기기억을 위한 효과적인 복습주기

는다거나, 혼동이 온다고 하는 아이들에게는 주기적인 복습을 지도하는 것이 좋다. 반복적인 복습을 하지 않고 벼락치기 공부를 하면 그만큼 시간의 경과에 따라 기억이 소멸되었기 때문에 공부하는 시간이 오래 걸린다.

시험공부 100% 효과보는 시험 당일 전략

시험공부를 아무리 열심히 했어도 시험 당일 충분한 실력발휘를 할 수 있어야 한다. 시험 당일 충분한 실력발휘를 하기 위해서는 다음과 같이 지도하는 것이 좋다.

● **시험시간보다 일찍 도착하게 한다.**

지나치게 불안하게 되면 알던 것도 잘 생각이 나지 않는데, 이런 경우를 시험불안이라고 부른다. 더욱이 시험 당일 날 늦기라도 하면 더욱 불안해져 시험을 못 볼 수도 있기 때문에 시험당일은 학교에 조금 일찍 도착하도록 해야 한다.

● 불안과 긴장을 풀게 한다.

시험장에서 불안한 마음이 생기면 시험에 대한 생각을 접어두고 심호흡을 하면서 천천히 마음을 가라앉히는 것이 좋다. 적당한 긴장은 자신의 능력을 최대한 발휘하는데 도움이 되지만 너무 긴장하는 것은 오히려 능력을 제대로 발휘하지 못하게 한다. 혹시, 시험불안이 있다면 간단한 스트레칭이라도 미리 익혀두는 것도 도움이 된다.

● 시험지를 전체적으로 훑어보게 한다.

시험지를 받고 이름을 쓴 다음 급히 첫 문제부터 풀지 말고 전체 문제지를 한번 눈으로 대강 훑어보자. 문제가 어느 정도 어려운지, 이 문제들을 푸는데 어느 정도의 시간이 걸릴지를 대충 생각해본 후 문제를 풀기 시작한다. 3분 정도 문제 전체의 내용을 쭉 훑어보는 것이 좋다.

● 쉬운 문제부터 풀고 나중에 어려운 문제를 풀게 한다.

쉬운 문제부터 풀고, 잘 생각이 나지 않는 문제는 따로 표시하고 넘어갔다가 나중에 다시 풀자. 확실히 풀 수 있는 문제에는 '●', 조금 생각할 필요가 있는 문제에는 '△', 못 풀 문제에는 '?'를 해두자. 그런 후 '●'한 문제부터 풀어가는 것이다. 그 다음 당연히 '△'와 '?' 순이다. 이 방법을 사용하면 어려운 문제에 매달리다가 시간이 부족해서 아는 문제까지 못 푸는 슬픈 일은 미연에 방지할 수 있게 된다.

● 문항 전체를 꼼꼼히 읽어 보게 한다.

성질이 급한 학생들은 문항의 앞부분만을 보고 바로 답을 체크하는 경우가 있다. 특히, 객관식문제를 풀 때는 틀린 것을 고르는 것인지 올바른 것을 고르는 것인지 주의해야 한다. 답을 무작정 쓰지 말고 문제를 꼼꼼하게 잘 읽고 이해한 다음에 쓴다.

● 답을 답안지에 이기할 때는 주의 깊게 하게 한다.

답을 답안지에 이기할 때는 객관식 문제의 경우 답이 밀려 쓰지 않도록 주의해야 하며, 다 이기하고 나서는 답안지와 답을 다시 한번 맞추어봐야 한다. 만약 답안지를 밀려 쓰거나 잘못 이기를 한 경우에는 감독교사에게 답안지를 바꾸어달라고 한다.

● 문제를 다 풀었으면 전체적으로 다시 한번 검토하게 한다.

문제풀이가 끝나면 시험을 끝내고 나오지 말고 남은 시간동안 전체적으로 검토하여 답을 잘못 표기한 것이나 빠진 것은 없는지 다시 한번 확인해 본다.

● 알쏭달쏭한 경우에는 답을 고치지 않게 한다.

문제가 알쏭달쏭한 경우에는 한번 답을 고른 다음에 나중에 다시 보면 다른 것이 답인 것 같아 고쳤다가 지웠다가 고민하는 경우가 종종 있다. 이때 처음에 쓴 답이 정답일 가능성이 더 높다. 그러므로 한 번 쓴 답은 분명히 이거야 하는 확신이 없다면 고치지 않는 것이 좋다.

● 문제가 요구하는 것을 정확히 이해하고 답을 적게 한다.

~을 비교하라 : 두 가지나 그 이상의 사실에 대해서 따로따로 정의를 내린 다음 공통점과 차이점을 정리해야 한다.

~을 증명하라 : 제시된 공식이나 개념을 자세한 내용에서부터 전체적인 것으로 적어 나가야 한다.

~을 기술하라 : 관련된 사실을 하나씩 써 나가야 하는데, 적절한 예를 들어준다.

~을 나열하라 : 문제가 요구하는 답을 차례대로 적어 나가야 한다.

● 주관식은 정성스럽게 적게 한다.

주관식은 아는 것만큼은 최선을 다해서 적는다. 글씨는 채점하는 선생님이 알아볼 수 있도록 정자로 써야 한다. 실제로 선생님들이 주관식을 채점하다 보면 글씨를 잘못 읽어 오답으로 채점하는 경우가 있기 때문이다. 또한 답을 모른다고 해서 빈칸을 남겨 두지 말고 정답이 아니더라고 유사한 답은 정성을 다해 적는다.

● 시험이 끝난 직후 다음 시험만 생각하게 한다.

사람은 처음 출발에서 잘못되게 되면 다음까지 영향을 받게 되는 경우가 많다. 마찬가지로 첫 시험에서 원하는 성적이 나오지 않아 낙담하고 실망함으로 인해 다음 시험까지 망치는 경우가 자주 있다. 이미 지나간 일 때문에 고민한다고 달라질 것은 하나도 없을뿐더러 오히려 다음 시험에 나쁜 영향을 주므로 마음을 비우고 다음

시험을 준비하는 것이 좋다. 새로운 마음으로 '다음 시간에 더 잘
봐야지'하는 생각을 가지고 시험에 임하면 한결 마음이 편해질 것
이다. 잊을 것은 빨리 잊는 것만큼 현명한 사람은 없다.

성적을 높이기 위한 시험결과 분석하기

시험은 어쩌다 한번 치르는 행사가 아니다. 학기별 중간·기말고사, 각종 평가시험, 모의고사 등 한 학기에도 성격이 다른 시험이 수차례 진행된다. 시험을 철저히 준비하는 과정에서 실력이 쌓인다. 시험결과는 자신의 미래를 결정짓는 중요한 척도로 작용한다.

시험은 현재진행형이다. 시험성적이 높게 나왔다고 해서 만족해선 안 된다. 반대로 성적이 큰 폭으로 떨어졌어도 낙심하거나 좌절해서는 안 된다. 이전 시험결과를 분석해 잘못된 점을 찾고 꾸준히 개선하며 실력을 키워 나가야 한다.

시험에서 지속적으로 좋은 성과를 얻기 위해서는 체계적으로 계획을 세우고 지키는 것만으로는 부족하다. 철저한 자기반성과정, 즉 '피드백(feedback)'을 거쳐야 한다. 피드백은 자기의 강점과 약점을 파악하고, 이를 효과적으로 개선하는 방법을 알려주기 때문이다.

시험이 끝난 뒤 실망감으로 공부할 의욕을 잃은 학생이라면 자신을 발전시키는 질문을 스스로에게 던지게 하자.

● 지난 시험에서 성적이 낮은 과목의 요인은?

'이번 시험에서 사회점수가 크게 떨어진 이유는 무엇인가' '1학기 기말고사와 비교해 시험이 전체적으로 어려웠는가' 등의 질문에 답하며 시험 전반에 대한 자기의 소감을 글로 적는다. 이렇게 하면 시험을 치르면서 잘못했던 점, 개선할 점을 찾을 수 있다. 단순히 시험에 대한 느낌을 머릿속에 떠올리지 말고 지난번 시험과 비교해 어떤 부분에서 성공했는지 또는 실패했는지 구체적으로 적는다.

● 계획은 적절했는가?

이번 시험에 대비해서 공부를 할 때 시험계획을 잘 세웠는지, 학습량은 적절했는지, 계획한 대로 실천했는지를 스스로에게 묻는다. 이 물음의 답은 다음 시험 대비를 위한 학습계획을 세우는 데 좋은 정보가 된다.

● 계획대로 잘 실천했는가?

시험을 준비하는 기간뿐 아니라 시험을 치르는 기간에 어떻게 생활했는지 뒤돌아본다. 휴대전화, TV, 컴퓨터 등 공부를 방해하는 '유혹거리'를 어떻게 물리쳤는지를 집중 점검한다. 지난 시험에서 TV 드라마 때문에 시간을 낭비했다면? 이번 시험기간에 똑같은 잘못을 반복하지 않도록 이에 대한 대비책을 세운다. 미리 준비를 해두면 다음 시험을 준비할 때 유혹을 물리치는 것이 어렵지 않다.

● 취약과목, 어떻게 정복할 것인가?

이전 시험에서 최악의 점수를 받았던 과목을 확인한다. 시험 당시 취약과목의 난이도는 어땠는지, 어떤 문제에서 헤맸는지를 꼼꼼히 살핀다. '취약과목 오답노트'를 만들어 틀린 문제를 중심으로 그 원인을 분석하고, '해당 관련 문제를 10문제이상 푼다'는 식으로 구체적인 대안을 찾는다.

● 다음 시험을 위한 목표와 새로운 학습계획은?

이전 시험에 대한 반성을 토대로 다음 시험의 목표를 설정한다. 어떤 부분을 가장 시급히 고쳐야 하는지, 더 나은 목표를 위해 내가 할 수 있는 일은 무엇인지를 학습계획표에 구체적으로 적는다. 다음 시험에서 가장 성적을 올리고 싶은 세 과목을 정해 전략과목으로 삼고, 이를 위한 계획을 별도로 세운다. 목표와 계획이 확실하면 수업 시간 집중도도 높아진다.

시험 습관을
바꿔라

지금까지 보아왔듯이 시험은 무작정 보는 것이 아니라 나름대로의 원리를 가지고 있다. 따라서 시험을 치루는 습관도 올바르게 잡아 주는 것이 필요하다. 전략적으로 시험 습관 검사는 아이들이 시험을 어떻게 치고 있는지, 시험의 원리를 얼마나 알고 있는지를 파악하여 부족한 부분을 보충하는데 사용한다. 시험 습관 검사 분석 결과를 가지고 아이의 시험을 잘 보기 위한 원리와 전략을 지도하는데 활용하면 효과적이다.

이 질문의 목적은 여러분이 시험 습관이 어떤지를 알아보려는 것입니다. 이 질문을 통해 나의 시험 원리나 전략의 부족한 부분을 보충하는데 도움이 되길 바랍니다. 솔직하게 대답해 주기 바랍니다. 해당 문항이 맞으면 "네"에 해당문항이 맞지 않으면 "아니요"에 체크해주세요.

순서	문항	네	아니요
1	시험 볼 때 시간이 남는다.		
2	시험 전까지 수업시간에 공부한 것을 복습한다.		
3	문제의 답을 쓰기 전에 문제를 끝까지 읽는다.		
4	시험 기간에 시험계획을 세워 공부한다.		
5	시험공부는 중요한 과목 순서대로 공부한다.		
6	시험볼 때 실수하지 않기 위해 시험지를 다시 한 번 검토한다.		
7	기출문제나 문제지를 미리 풀어 보고 시험을 본다.		
8	오답노트를 미리 풀어 보고 시험을 본다.		
9	시험문제로 어떤 것이 나올 지 몇 가지는 예상할 수 있다.		
10	벼락치기 공부를 하지 않는다.		

[A 유형] 8~10개

– 시험 전략을 잘 아는 형으로 평소 시험을 효율적으로 준비하고 보는 학생이다.

– "아니요"라고 답한 것만을 찾아서 부족한 부분을 지도해주면 된다.

[B 유형] 4~7개

– 시험 전략을 대충 아는 형으로 평소 시험을 잘 보려고 노력하는 학생이다.

– "아니요"라고 답한 것만을 찾아서 부족한 부분을 지도해주면 된다.

[C 유형] 0~3개

– 시험 전략을 전혀 모르는 형으로 평소 시험에 효율성이 없는 학생이다.

– 전반적으로 읽기 전략에 대해 처음부터 숙달되도록 지도해준다.

응답	분석	
	예	아니요
1	시험을 잘보는 방법을 알고 있으므로, 공부습관을 강화할 수 있도록 칭찬이나 격려를 해준다.	시험 볼 때 시간이 부족하다는 것은 모르는 문제가 많기 때문인데 이런 경우에는 모르는 문제는 체크만 해놓고 맨 마지막에 풀도록 지도한다.
2		시험 전에 공부한 것이 기억에 바로 나는 확률이 높기 때문에 시험보기 전에는 시험 볼 내용 중 공부한 것을 복습하도록 지도한다.
3		문제의 답을 쓰기 전에 문제를 끝까지 읽지 않으면 문제를 틀리게 답할 수 있으므로, 문제를 끝까지 읽고 답하는 습관을 기르도록 지도한다.

4		시험 기간에는 시험계획을 세워 공부해야만 시간에 쫓기지 않고 모든 과목을 공부할 수 있기 때문에 시험계획을 세워 공부하도록 지도한다.
5		시험공부는 중요한 과목별로 순서를 정해서 공부해야 효율적으로 공부할 수 있다. 따라서 중요한 과목별로 순서를 정해서 먼저 하도록 지도한다.
6		시험볼 때 모든 문제를 풀고 바로 제출하다보면 실수할 수 있기 때문에, 실수하지 않기 위해 시험지를 다시 한 번 검토하도록 지도한다.
7	시험을 잘보는 방법을 알고 있으므로, 공부습관을 강화할 수 있도록 칭찬이나 격려를 해 준다.	기출문제나 문제지를 미리 풀어 보면 비슷한 문제나 심지어는 똑 같은 문제도 출제될 가능성이 많으므로 기출문제니 문제지를 미리 풀어 보고 시험을 보도록 지도한다.
8		같은 범위의 시험을 보게 될 때 오답노트를 미리 풀어 보고 시험을 보면 틀린 문제이기 때문에 오래 기억이 남아 다시 틀리지 않을 수 있다. 따라서 같은 범위 시험을 볼 때는 반드시 오답노트를 풀어보고 시험보도록 지도한다.
9		시험문제로 어떤 것이 나올 것인지 예상을 못하는 것은 배운 내용 중에서 무엇이 중요한지를 모르기 때문이다. 따라서 공부를 하기 전에 우선 중요한 것이 무엇인지를 파악하고 그것을 중심으로 공부하도록 지도한다.
10		벼락치기 공부를 하는 것은 예습복습을 제대로 하지 않아 한꺼번에 많은 공부를 해야 하기 때문에 효과가 떨어지므로 시험을 잘보기 위해서는 예습·복습하는 습관을 가지도록 지도한다.

자기주도 학습 학년별로 달리하라

모든 부모들은 아이들이 스스로 알아서 공부하기를 바라지만 스스로 알아서 공부할 수 있는 아이는 많지 않다. 자기주도 학습을 위해서는 미래에 대한 비전이 뚜렷하고 공부를 하는 목적이 정확해야 한다. 독해, 필기, 암기, 시간관리, 예습과 복습, 시험관리 등은 어떻게 해야 하는지, 또한 각 과목들은 어떻게 공부해야 하는지 알아야 하며, 이런 것들이 습관이 되어야 한다. 즉, 자발적이고 적극적인 학습동기를 지니고 좋은 공부습관이 되어 있어야 한다. 이러한 학습동기와 공부습관은 아이들이 스스로 익힐 수 있기보다 꾸준한 훈련과 연습을 통해서 만들어지는 것이기 때문에 처음에는 부모가 도움을 주어야 한다.

자기주도 학습은 아이와 부모의 상호작용 속에서 이루어진다. 자기주도 학습을 성공적으로 정착시키기 위해서는 아이의 눈높이를 정확히 알아야 한다. 사람은 자기를 알아주어야 스스로 하고 싶은 마음을 가지기 때문에 아이들도 자신을 정확히 알아주었을 때 공부를 하고 싶은 마음이 생기게 된다. 부모는 자녀를 낳고 기르고 있기 때문에 아이에 대해 아주 잘 알고 있는 것처럼 생각하지만 아이들은 어른들의 생각과 다르게 성장하고 있다. 이번 장에서는 아이들의 발달단계에 따라 어떻게 학습방법을 지도해야 하는지를 알아보자.

초등학교 입학 전 ='기초학습능력'

부모들은 아이들의 공부습관을 언제부터 잡아주면 좋을지 고민이 많다. 초등학교 때는 성적표가 나오지 않기 때문에 크게 반응을 보이지 않고 있다가 중학교에 들어가면 성적표를 보고 놀라는 경우가 많다.

영유아 단계에서 부모 역할을 제대로 했다면 특별한 일이 없는 한 아이는 두뇌발달도 빨랐을 것이고, 책읽기도 좋아해서 스스로 할 것이고, 집중력도 많이 길러져 있었을 것이다. 이런 아이라면 초등학교에 입학해서도 공부 또한 잘 할 것이다. 그러나 자신의 머리만 믿고 공부하는 습관보다 노는 습관에 익숙해지면 공부가 어려워질 경우 쉽게 대응하지 못해 성적이 점점 떨어질 수도 있다. 부모는 아이 머리가 영리하다고 해서 방심하지 말고 늘 최선을 다하는 습관을 길러야 한다.

부모는 아이가 초등학교에 입학해 산만하거나, 학교수업을 잘 따라가지 못하면 공부습관을 정착할 수 있도록 노력을 게을리 하지 말아야 한다. 물론 태어나서 입학 전까지 쌓인 습관을 완벽하게 공부습관으로 바꾼다는 것은 쉽지 않을 것이다. 부모는 인내를 가지고 차근차근 스스로 바꿔 나가도록 유도해야 한다. 만일 저학년 때 공부습관을 잡지 못하면 고학년으로 올라갈수록 힘들어지고 나중에는 공부를 잘하기는 영영 어렵게 될 가능성이 크다.

초등학교 입학 전 공부습관의 정착을 위해 엄마의 역할이 무엇보다도 중요하다. 초등학교 입학 전의 준비에 따라 아이의 초등학교 6년이 좌우되기 때문이다. 그렇다고 뚜렷한 정답이 있는 것은 아니지만 쏟아지는 정보 속에서 엄마가 뚜렷한 주관을 가지고 내 아이에 맞는 교육을 하는 것이 중요하다. 아이가 새로운 조직사회인 학교라는 환경에 적응하기 위해서는 초등학교 입학 전에 반드시 다음과 같은 엄마의 도움이 있어야 한다.

● 공부의 정의를 완벽하게 해준다.

아이들은 공부를 시작하면서 부모에게 '공부는 왜 하는 거야?'라는 질문을 많이 한다. 이럴 때 아이들에게 공부는 '좋은 대학을 가기 위해서', '좋은 직장 가서 돈 많이 벌어야 하기 때문에', '좋은 배우자를 만나기 위해서' 라고 하는 이야기는 아이들에게 상당한 거리감이 있다. 왜냐하면 좋은 대학을 가려면 최소 10년 이상이 걸리고, 좋은 직장과 결혼은 더 멀기 때문이다.

● 자신감을 키워준다.

어릴 때는 뭐니 뭐니 해도 자신감을 잃지 않는 것이 좋다. 아이들은 자신감 하나로 세상을 살아간다고 해도 과언이 아니다. 부모가 매사에 자신감이 생길 수 있도록 칭찬하고 격려하면 아이들은 공부에 자신감도 생기고 학교생활도 재미있어진다.

수업시간에는 좋은 학습태도를 갖게 해야 한다. 수업시간에 선생님 말씀을 하나도 빠짐없이 잘 들어야 시험문제가 어디서 나올지 알기 때문에 시험공부가 쉽다든지, 노트필기를 잘해야 한다든지, 숙제는 어디서 어디까지인지 꼭 적어 와야 한다든시, 질문을 많이 하는 것이 왜 공부에 도움이 되는지 상세히 설명해야 한다.

● 학교생활을 모두 털어놓도록 한다.

수업 중에 일어났던 일, 기분이 좋았던 일이건 나빴던 일이건 남김없이 다 털어놓게 하면 집에 앉아서 학교생활과 아이의 감정까지도 손바닥 들여다보듯 환하게 파악하게 되므로 아이를 이해하는데 도움이 된다.

● 한글을 익히게 한다.

초등학교 1학년 국어에서는 1달 동안 한글을 가르치도록 되어 있지만 요즘 초등학교에 입학하는 아이들은 이미 한글을 깨우치고 온 아이들이 많아 교사들은 수준 차이가 커 고민을 하게 된다. 입학 후 1~2달 안에 한글을 깨우치지 못하면 학습을 계속 진행할 수 없으므로 입학 전에 한글을 미리 익히는 것이 좋다.

　한글을 깨우치는 정도는 완벽한 것보다는 글을 느리게 읽더라도 또박또박 큰 소리를 내서 읽을 수 있을 정도가 좋으며, 받아쓰기는 받침이 조금씩 틀리더라도 간단한 문장이나 단어를 쓸 수 있으면 된다. 발음이 정확하지 않으면 초등학교에 입학해서 아이들에게 놀림을 받을 수 있으므로 되도록 발음을 정확하게 하는 연습을 시키는 것도 중요하다.

● 셈하기의 기본을 익히게 한다.

초등학교 입학 전까지 아라비아 숫자의 읽기, 쓰기와 10이 넘지 않는 두 수의 더하기와 빼기 정도는 선행학습이 필요하다. 더하기와 빼기를 가르치기 위해서는 일상생활 속에서 물건을 세면서 더하거나 빼기를 시켜 자연스럽게 습득하게 하는 것이 좋다. 그 외에 일상생활 속에서 수학의 기본인 길이, 높이, 무게, 넓이, 부피 등의 의미를 알려주는 것이 좋다.

● 공부습관을 길들인다.

한글을 깨우친 아이들에게는 공부습관을 길들이는 것이 좋다. 초등학교 입학 전 아이들에게 공부습관을 길들이기 위해서는 일방적으로 학습지나 문제를 풀게 하는 것이 아니라 공부를 해야 하는 이유와 목적을 아이들에게 이해시키도록 해야 한다. 아이들을 이해시키기 위해서는 어른의 입장에서 아이에게 당위성을 주장하는 것보다 아이가 흥미 있어 하는 것을 지속적으로 하기 위해 공부는 필요한 것이라는 것을 가르쳐야 한다. 공부는 시험을 보거나 학교를 가기 위해서 해야 하는 것이 아니라 밥을 먹거나, 잠을 자는 것처럼 매일 평생토록 해야 한다는 것을 지도해야 한다. 아직 어리기는 하지만 아이들을 무작정 공부나 과제를 주기보다는 계획표를 세워 아이들이 계획표대로 꼭 해야 한다는 것을 규칙적인 습관으로 만드는 것이 중요하다.

● 일정시간 책상에 앉는 습관을 기른다.

학교에 입학하게 되면 지속적으로 책상에 앉아 있어야 하는데 입학 전에 습관이 되어 있지 않으면 학교에서 주의력이 산만해지고 집중할 수가 없다. 매일 10분이라도 좋으니 시간을 정해놓고 반드시 시간이 되면 책상에 앉도록 지도한다. 만화를 보거나 그림을 그리든 상관없이 책상에 앉아서 하는 것을 원칙으로 한다.

● 독서를 생활화한다.

학교에 입학하게 되면 교과서를 보고 공부를 해야 한다. 따라서 아이들에게 책 읽는 방법을 알려주고 독서를 생활화하게 해야 한다. 독서를 생활화하려면 한글을 읽지 못하는 아이에게는 책을 많이 읽어주는 것이 좋으며, 한글을 읽을 줄 아는 아이에게는 수준에 맞는 그림책이나 만화책을 습관적으로 읽도록 지도한다. 독서습관이 길들여지지 않은 아이는 처음에는 오랫동안 하지 말고 10분부터 시작해서 흥미가 생기면 시간을 늘리는 것이 좋다. 엄마는 독서만으로 끝내는 것이 아니라 결과에 대해 느낀 점과 좋은 점 등 논리적인 질문을 통해 아이들의 사고력을 높여주는 것이 좋다. 독서는 아이들의 사고력을 자극하고, 학교에 입학해서 아이들이 공부할 때 배경지식으로 활용되기 때문에 수업에 대한 흥미와 이해도를 높이게 된다.

● 기본예절을 가르친다.

아이는 초등학교에 입학하게 되면 새로운 인간관계가 시작된다. 집에서 충분한 예절교육을 시키지 않으면 친구나 선생님에 대해 어떻게 해야 할지 모르게 된다. 그러다 보면 선생님이나 친구들에게 예의 없는 아이라는 나쁜 인상을 심어줄 수 있다. 부모는 인사하는 방법과 호칭, 말할 때, 식사할 때의 예절을 지도해 자연스러운 습관이 되도록 도와주어야 한다.

● 선생님이나 학교를 좋아하게 한다.

아이들은 자기 반 선생님을 좋아해서 수업도 열심히 듣고 공부에 재미도 느낄 수 있으므로 부모는 담임선생님의 좋은 점을 많이 부각시켜 주어야 하며 절대로 비난하는 얘기를 해서는 안 된다. 학교 또한 자기가 다니는 학교가 좋은 학교라고 생각될 때 자부심을 느끼고 학교생활이 즐겁게 되므로 학교의 여러 가지 장점을 찾아내 아이에게 설명을 하면 애정을 더 가지게 되어 좋다.

● 혼자서 하도록 독립심을 키워준다.

아이가 어리다고 모든 것을 엄마가 해주면 아이는 엄마에게 지속적으로 의존하려 하게 된다. 이런 습관이 들면 학교생활도 의존하게 되고 숙제나 공부도 엄마의 도움 없이는 하지 않으려고 한다. 아이들에게 입학 전부터 스스로 옷 입기, 신발 신기, 화장실 가기, 밥 먹기 등을 할 수 있도록 훈련을 시키는 것이 좋다. 이때 아이들이 잘못한다고 생각해서 측은한 마음이 들어 엄마가 대신해주면 아이들은 금방 원위치가 되므로 주의를 해야 한다. 특히 자기주도적 학습을 아이에게 적용하기 위해서는 모든 일을 혼자 할 수 있도록 능력을 키워주는 것이 무엇보다 중요하다.

초등학교 저학년
='공부습관'

엄마의 영재교육이나 조기교육을 통해서 기초학습능력인 읽기, 쓰기, 말하기, 셈하기의 기본을 갖춘 아이들은 초등학교에 입학해서도 어려움 없이 학교생활에 적응하게 된다. 초등학교 입학 전에 조금씩이라도 규칙적으로 공부를 했던 아이들에게 학교의 공부는 재미있을 수밖에 없다. 이처럼 초등학교 저학년 때 학교생활에 익숙하고, 학교에서 보는 시험만 보면 100점을 맞아오는 아이에게는 예습과 복습하는 방법을 알려주고, 수업시간에 어떻게 수업을 듣고, 중요한 내용에 대해서 노트 필기하는 이유와 방법을 알려주는 것이 좋다.

특히 맞벌이로 인해 자녀교육에 관심을 두지 못했던 부모는 초등학교에 다니며 기초학습능력이 부족한 아이들에게는 하루 빨리 공부방법을 알려줘야 한다, 학교에서 배운 내용에 대해 얼마나 이해하고 있는가를 점검하고 부족한 부분에 대해서는 아이의 자신감이 상실하지 않는 범위에서 지도해야 한다. 아이가 다른 아이들에 비해서 자신이 부족하다고 생각하면 의외로 자신감을 상실해 공부가 더 재미없는 것이 될 수 있기 때문이다.

문제는 이러한 학습부진은 초등학교 저학년에서만 끝나는 것이 아니라 초등학교 고학년으로 올라가면 갈수록 학교에 적응하기 힘들어진다는 점이다. 결국 초등학교 저학년 때 학습부진을 지도하지 않고 고학년으로 보내면 손으로 막을 일을 가래로 막아야 한다. 그리고 시간이 지날수록 공부습관을 만들기는 쉽지 않다.

● 수업시간에 집중하는 습관을 길들인다.

공부를 잘하기 위해서는 어떤 과목이든, 수업시간에 충실히 듣는 것이 중요하다. 수업을 충실히 듣도록 지도하려면 수업 중에 다른 생각이나 행동을 하지 않고 오직 선생님의 수업에 집중하도록 습관을 잡아주는 것이 좋다.

● 건강하게 키워야 한다.

공부를 잘하기 위해서는 우선적으로 필요한 게 집중력이다. 신체가 건강하지 못하면 어떤 방법으로도 집중력을 높일 수 없다. 신체가 건강하기 위해서는 충분한 영양섭취와 운동이 필수적이다. 체력이 받쳐줘야 집중력도 발휘할 수 있다. 저학년 때까지만 해도 아이들이 운동을 좋아하면서 놀기 때문에 신체적으로도 기죽지 않는 아이로 단련시켜 놓는 것도 중요하다. 운동을 할 수 없다면 최소한 규칙적으로 자고 먹는 생활이라도 지도해야 한다.

● 주변을 정리하는 습관을 길들인다.

주변을 정리하여 오직 공부에만 몰두할 수 있는 환경을 만들어야 한다. 아이들은 주변에 자기를 유혹하는 것들이 있으면 당연히 유혹을 뿌리치지 못하고 다른 일에 관심을 갖게 되고 그러다 보면 공부에 집중할 수 없게 된다. 주변환경 중에서 전화, 텔레비전, 컴퓨터와 같은 외부적인 것과 실망, 걱정, 연애 같은 내부적인 것에 마음이 쏠리면 학습할 내용에 집중하기 힘들기 때문에 공부와 상관없는 것들을 과감하게 없애는 결단력이 필요하다.

● 예체능을 경험하게 한다.

초등학교 저학년 때까지는 학습과 관련된 예체능이나 체험학습 등을 다양하게 경험할 수 있는 기회를 주어야 한다. 이러한 다양한 경험은 공부하는데 배경지식이 될 뿐만 아니라 예능 점수를 잘 받아 학업성적을 향상시키는 데 도움이 된다.

● 자신감을 준다.

공부습관이 형성되지 않은 학생들은 자신감이 부족해 학습에 영향을 준다. 학습에 대한 자신감을 갖도록 장점과 잠재능력을 찾아 격려와 칭찬을 해준다.

초등학교 고학년 ='공부방법'

초등학교 고학년은 중학교, 고등학교 공부의 기초를 닦는 시기이다. 이 시기에 공부는 힘든 것, 재미없는 것이라는 인식을 갖게 되면 중학교, 고등학교의 공부는 더욱 어려워지고 결과도 뻔하다. 결국 초등학교 고학년에서는 아이들이 공부에 대한 흥미를 잃지 않게 중고등학교의 기초실력을 습득하게 하는데 중점을 두고 지도해야 한다. 저학년 때 아이에게 습관을 잡아줄 때처럼 옆에 꼭 붙어서 아이들을 지도하기보다는 아이 스스로 공부하려는 마음이 들도록 해야 한다. 아이가 학습에 대한 흥미를 유지하려면 공부에 대한 정확한 목표를 세우고, 아이가 스스로 알아가는 것이 즐겁다는 경험과 스스로 목표를 세우고 그것을 이루었을 때의 성취감을 지속적으로 제공하는 것이 좋다.

● 꿈과 목표를 갖게 한다.

정확한 목표를 세우기 위해서는 자신이 꿈꾸는 사람들의 삶을 보게 하거나 경험하게 하는 것이다. 이러한 경험은 아무리 부모의 충고가 논리적이고 타당하다고 해도 가치가 더 높을 수밖에 없다. 그렇다고 공부하는 학생들에게 현장에서 직접 체험하라고 떠미는 것은 쉽지 않다. 더욱이 학생들에게 삶을 경험시킨다는 이유로 시행착오를 겪게 할 수는 없다.

전문가들의 조언을 보면 '공부 잘하는 학생들에겐 경험할 수 있는 기회를 주고, 공부를 잘하지 못하는 학생은 장기적인 목표를 갖게 하면 성적향상에 크게 도움이 된다'고 했다. 학생들이 의외로 어떤 일이 자신에게 맞는지, 또 어떤 직업을 가질 수 있는지에 대해 정확히 모르기 때문에 관련정보를 주면 학습동기가 유발돼 좋은 결과를 얻는 일이 많다.

● 학습의욕이 높은 친구들과 사귀게 한다.

학교생활에 열정을 갖고 있거나 자신의 학습의욕을 고취시켜 줄 수 있는 친구들과 시간을 많이 갖도록 해줘라. 그러면 그 친구로부터 긍정적인 모습을 배우게 되어 자극이 된다.

● 일일생활계획표를 작성하여 습관화한다.

자기주도적 학습을 하기 위해서는 일일계획표를 만들고 아이와 약속을 한다. 계획표대로 매일 일정한 시간에 공부를 하도록 약속해야 하며, TV와 컴퓨터마저도 시간을 정해 지도한다. 이처럼 계획을 세워서 공부하거나 기기들을 활용하면 아이들은 자기 통제력이 강해지고 나중에 습관으로 정착될 수 있다.

● 책임감을 갖게 한다.

학습목표와 과제를 주고 그에 대한 결과를 평가해 그 결과에 대하여 학생이 책임을 지도록 한다. 자신의 성공과 실패에 대해 자신의 책임으로 여기게 하여 타인에게 의지하지 않고 책임을 지기 위해 노력하게 한다.

● 과제를 부여한다.

독립심이 약하고 의존성이 강한 학생들에게는 지속적으로 과제를 부여하여 도달하게 한다. 과제를 달성하게 되면 칭찬과 격려로 공부 자체를 성취하는 과정으로 즐기고 만족스럽게 해야 한다.

● 도전성을 갖게 한다.

사람은 어느 정도의 도전하는 일에 흥미를 가지고 있다. 항상 목표를 세워주고 목표를 향해 도전하도록 격려한다. 성취인은 목표가 자기능력에 비해 너무 어렵거나 지나치게 모험적일때도 오히려 포기하게 되므로 학생의 수준에 맞게 해야 한다.

● 결과에 대한 관심을 가져준다.

사람은 자신이 하는 일에 관심을 가져주면 잘하려는 마음을 가지고 있다. 학생의 공부에 관련된 모든 것에 대해 관심을 가져주고 지켜보는 것이 중요하다.

● **과목별 공부방법을 알려준다.**

국어

국어는 언어에 대한 이해도를 높인다. 국어는 꾸준한 독서가 가장 좋다. 독서를 통해 얻은 사고력이나 이해능력이 뛰어난 경우 국어점수도 높게 나오게 된다. 만약 독서를 많이 하지 않아 이해가 잘 안 되는 경우라면 새롭게 나오는 단어에 대한 정확한 개념을 알아보고, 그에 대한 동의어, 반대어를 찾게 하는 것이 좋다. 뿐만 아니라 국어에 대한 문법을 알려주는 것이 좋다.

영어

영어는 풍부한 어휘능력을 길러주는 것이 좋다. 초등학교 고학년에서의 영어는 단어나 숙어를 많이 아는 것이 중요하다. 단어나 숙어를 많이 알수록 문장에 대한 이해나 독해가 쉬우며, 영작할 수 있는 기본이 된다.

수학

수학은 많은 문제를 풀게 한다. 교과서에 나온 공식의 정의를 이해한 뒤 공식을 응용하여 다양한 문제를 풀 수 있도록 지도해야 한다. 수학은 공식을 중심으로 변형된 문제의 출제가 제일 다양함으로 공식을 알더라도 여러 종류의 문제를 풀어보게 하는 것이 문제에 대한 적응력을 기를 수 있다. 수학은 문제를 기계적으로만 풀지 말고 문제의 성격을 분석, 정리할 수 있도록 지도해야 한다.

과학

과학은 원리에 대한 이해가 중요하다. 과학은 저학년의 경우 단순 암기로 가능하지만 고학년으로 올라갈수록 물리와 같은 계산문제가 나온다. 과학도 수학과 같은 방법으로 학습하되 역시 원리에 대한 이해가 중요하다는 것을 지도해야 한다.

사회

사회는 문장을 이해하는 능력을 길러준다. 사회는 교과서에 나오는 내용이 가장 중요하므로 참고서를 보거나 다른 문제를 푸는 것보다 교과서에 충실해 있는 글자 하나라도 더 이해하면서 공부하는 것이 좋다. 이해가 잘 되지 않거나 흥미를 갖지 않으면 해당단원과 관련된 배경지식이 될 재미있는 책을 읽게 하는 것도 좋은 방법이다.

중학교
='예습 복습 습관'

아이들이 중학교에 들어가면 많은 새로운 환경이 기다린다. 중학생이 되면 과목마다 가르치는 선생님이 다르고, 선생님이 교실을 옮겨 다니며 가르치는 것이 새롭게 느껴진다. 초등학교보다 공부할 내용이 훨씬 어렵고 그 분량도 많아진다. 중학교는 초등학교에서 하던 것처럼 시험 때만 공부해서는 안 되고 예습과 복습이 습관이 되어야 많은 분량의 내용을 소화해낼 수 있고 좋은 성적을 받을 수 있다.

아이들이 중학생이 되어 변화된 환경에 잘 적응하지 못하거나 예습과 복습습관이 형성되지 않으면 초등학교 때까지는 머리만 좋아도 공부를 잘했는데 중학교에 와서는 성적이 현저하게 떨어지는 현상을 보이기도 한다. 중학교 때는 우선적으로 달라진 중학교 생활에 잘 적응하는 것이 중요하며, 고등학교에서 배울 교과내용의 기초와 예습의 기회로 삼아야 한다.

중학교에 진학하자마자 공부하는 틀을 완전히 잡아야 중학교 3학년까지 좋은 성적을 유지할 수 있다. 중학교 때 공부하는 틀이 잡히지 않고 벼락치기 공부만 한다면 고등학교에 진학해서는 더욱 힘든 상황을 맞게 된다.

● 수업시간에 충실하게 듣도록 습관을 들인다.

공부를 잘하기 위해서는 어떤 과목이든, 수업시간에 충실히 듣는 것이 중요하다. 수업을 충실히 듣도록 지도하려면 수업 중에 선생님이 한 말들이나 중요한 것들을 노트나 교과서에 필기하는 습관을 길들이는 것이 좋다.

● 궁금하면 바로 질문하게 한다.

수업 중에 궁금증을 남기면 공부할 때 궁금증이 떠나지 않아 공부하는데 방해가 될 수 있다. 궁금한 것이 있으면 바로 질문하여 답변을 들으면 바로 문제를 해결할 수 있을 뿐만 아니라 알고 싶었던 것이기 때문에 기억에도 오래 남는다.

● 자투리시간을 활용하게 한다.

공부를 하는 학생들은 시간이 없다는 핑계를 댄다. 역설적으로 이야기하면 시간이 없다고 이야기할 수 있다는 것은 그만큼 여유가 있는 것이다. 진정으로 바쁜 사람은 바쁘다는 생각을 할 수 없을 만큼 바쁘다. 하루를 돌이키면 내가 활용할 수 있는 자투리시간이 얼마나 많은가 생각하라. 우리 생활 속에서 자투리시간만 모아서 잘 관리해도 웬만한 성공은 쉽게 거둘 수 있다. 그러나 꼭 시간이 많다고 성공을 보장하는 것은 아니다. 다만 주어진 시간을 어떻게 짜임새 있게 잘 사용하느냐가 성공의 관건이 된다.

일을 할 때는 작은 일과 큰일을 골고루 해야 한다. 큰일을 먼저 하되 중간 중간 자투리시간을 이용하여 작은 일을 하는 습관을 갖는다면 자기가 원하는 목표를 도달하는데 도움이 된다.

우리는 정말 쓸데없이 소비하는 시간들이 많다. 어떤 이는 이렇게 소비하는 시간이 일하는 시간보다 많은 사람도 있다. 하루에 쓸데없이 보내는 시간을 자투리시간이라고 한다면 우리는 이러한 자투리시간을 모아서 쓴다면 엄청난 시간을 벌 수 있다.

식사를 할 때도 걸어 다닐 때도 화장실 가서도 막연한 상상만 할 것이 아니라 자투리시간을 어떻게 활용하면 좋을지를 고민하라. 그리고 자리에 앉기만 하면 바로 공부를 해보라. 이미 어떤 공부를 할지 얼마나 할지를 생각했기 때문에 밀도 있게 공부할 수 있다. 그리하면 하루 24시간이 길다는 생각과 함께 남는 시간을 생산적으로 사용하려고 할 것이다. 이렇게 한다면 아무 것도 하지 않았던 때보다 훨씬 많은 공부를 할 수 있게 된다.

● 뒤로 미루는 공부습관을 버리게 한다.
미루기 습관은 하기 싫어서 미루고, 귀찮아서 미루고, 곤란해서 미루고, 시간이 많이 남아서 미루는 것이 습관으로 굳어지면서 모든 공부를 미루는 현상을 말한다. 성공으로 가는 가장 기본적인 자세는 지금 해야 할 공부는 지금 바로 하는 것이다. 공부를 잘 못하거나 공부의 속도가 늦은 아이는 지금 해야 하는 공부인데도 불구하고 바쁘다는 이유로 차일피일 시간을 미루는 아이들이다. 이는 어차피 지금 시간이 부족하다면 나중에도 마찬가지이기 때문이다. 시간을 미루다 보면 자연적으로 미루어진 해야 할 공부를 잊어버려 못하는 경우도 있고, 결국 시간에 쫓겨 대충하는 경우가 많다. 결국은 미루려는 생각 때문에 자신의 능력이 부족하거나 성실하지 않은 아이로 인식받기 쉽다.

이러한 미루기 습관도 노력하면 얼마든지 고칠 수 있다. 때로는 생각만 바꾸어 먹는다면 바로 고칠 수 있는 것이 바로 미루기 습관이다.

● 아이에게 맞는 공부방법을 찾게 한다.

아이들이 하루 종일 공부만 하는데도 성적의 변화가 없다고 걱정하는 경우가 있다. 어떤 학생들은 자기는 수업도 열심히 듣고 새로운 공부방법으로 열심히 공부하는데 결과가 좋지 않게 나온다고 한다. 이는 새로운 공부방법이 자신에게 맞지 않다는 것이다. 이유는 각자에게 맞는 학습방법이 모두 다른 것이 당연한 이치인데도 아직까지 학습방법을 제대로 찾지 못하고 남들이 좋다고 하는 공부방법에 매달려 공부하기 때문이다.

지금까지 타인의 공부방법으로 인해 원하는 만큼 성적이 향상되지 않는다면 아이에게 맞는 공부방법을 한번쯤 고민할 필요가 있다. 아이의 학습태도에 문제가 있는지 없는지를 발견해 문제를 해결해야 한다. 아무리 좋은 공부방법이라고 해도 아이에게 맞지 않으면 시간만 소모하게 하는 쓸데없는 도전일 수도 있다.

● 수업 시작하기 전에 예습하고 수업 종료 후에 복습하게 한다.
예습이란 배워야 할 내용들을 미리 공부하는 것을 말하며, 복습은 배운 것을 다시 공부하는 것을 말한다. 예습은 마치 어두운 밤에 손전등으로 갈 길을 미리 비추어보는 것과 같으며, 복습은 학습한 내용을 오랫동안 기억하게 하는데 도움이 된다. 예습과 복습은 바로 공부의 출발이며, 가장 좋은 학습법이기도 하다.

　공부에 집중하기 위해서는 수업시작 전에 착석하여 그날 배울 내용들을 개략적으로 예습을 한다. 수업이 끝나면 바로 일어나지 말고 노트를 중심으로 그날 학습한 내용을 정리하게 한다. 기억에 관한 연구에 따르면 수업 직후 10분간의 복습이 나중에 하는 10시간의 학습효과와 같다고 한다.

● 암기법을 알려준다.
공부에서 '암기'란 학습내용을 외우는 것을 말한다. 암기는 성적을 좌우한다고 해도 과언이 아니다. 수능이나 모의고사는 종합적 사고력이나 문제해결력으로 풀어내야 하지만 암기가 바탕이 되어야 하고, 교과서의 내용을 단답식으로 질문하는 내신에서 높은 점수를 받으려면 중요한 내용들을 꼼꼼히 외워야 하기 때문이다.

　시험에서 성패를 결정짓는 것은 단 시간 내에 많은 양의 학습내용을 정확하게 암기하는 것이다. 물론 머리가 좋아야 암기가 잘 되겠지만 너무 머리만 믿고 암기를 하지 않으면 결과는 나쁠 수밖에 없다. 반면 머리가 나쁘다 해도 무작정 외우기보다는 암기전략을 세워 차근차근 암기하는 것이 바람직하다. 효율적인 암기를 위해서는 전략과 기술이 필요하다.

공부라고 해서 무작정 암기하는 것은 매우 비효율적이다. 효율적인 암기를 위해서는 학습 내용에 대한 충분한 이해가 먼저 필요하다. 즉 '선 이해 후 암기'를 해야 한다. 이해도 못하고 무작정 외웠다가는 시험을 보기 직전에 머릿속에서 하나도 생각이 나지 않는 경우가 많다. 따라서 '문제가 원하는 답이 무엇인가', '왜 그런 결과가 나오는가', '어떠한 과정을 거쳐 나오는가'를 잘 알고 있다면 자연스럽게 문제를 풀 수 있다.

수학공식을 외울 때에도 유도과정을 확실히 안다면 그것이 쉽게 머릿속에 각인되기 때문에 좀 더 오래 기억에 남게 된다. 암기과목은 스토리 중심으로 이해하면서 외우면 효과적이다. 국어는 문맥을 이해하면서 단어의 상징성 등을 암기해야 하고, 특별히 중심 문장을 단락별로 외울 것이 아니라 전체를 이해하고 외워야 한다.

● 과목별 공부방법을 알려준다.
국어

국어과목은 우리말을 바르게 사용함과 동시에 표현과 이해를 정확히 하여 생각하는 힘을 기르는 과목이다. 국어에서 다루는 영역은 어학, 문학, 문법, 작문 등으로 매우 다양한 것을 다룬다.

일부 학생들은 국어는 늘 사용하는 말이니까 쉽다라는 생각으로 국어공부를 소홀히 하기 쉬운데 이는 잘못된 생각이다. 국어는 오히려 우리가 매일 쓰는 것이지만 문법이나 분석을 생활화하지 않고 사용하기 때문에 생소한 것일 수도 있으므로 외국어라 생각하고 공부하는 것이 바른 생각이다. 국어는 다른 수학이나 영어에 비해 기초가 없어도 열심히 공부한다면 충분히 따라갈 수 있는 과목이고, 성적을 높일 수 있는 과목이다.

중학교 국어는 그야말로 수업시간에 얼마나 열심히 들었는가와 아이가 원래 보유한 독서량과 글쓰기, 말하기 등의 기초실력의 영향이 크게 미치는 과목이다. 때문에 선생님이 수업시간에 중요하다고 하는 부분들을 적었다가 집에 와서 복습하도록 한다. 그 다음으로는 학교에서 진도를 나간 만큼 문제집을 푼다. 매일 수업을 듣고 꾸준히 한다면 하루에 20~30분 정도 밖에 걸리지 않는다. 문제집을 풀고 난 후에는 틀린 문제는 확실하게 표시해 두면 막상 시험을 볼 때 틀리는 문제가 없게 된다. 해답지를 보고도 이해가 되지 않는다면 참고서에서 해당부분을 공부하고 그래도 이해가 안 된다면 선생님을 찾아가서 질문하게 한다.

예습을 철저히 하게 한다.

수업을 듣기 전에 예습하는 습관이 가장 중요하다. 예습을 하지 않고 수업을 들으면 선생님이 무슨 소리를 하는지 알기 어려울 때가 많다. 수업을 듣기 전에 미리 배울 내용을 예습한다면 정작 수업시간에 선생님의 수업내용이 머릿속에 쏙쏙 들어오게 될 뿐만 아니라 이해도가 높아서 장기기억이 되기 쉽다.

종합적으로 공부하게 한다.

국어는 한 과목 안에서 어학, 문학, 문법, 작문 등 다양한 영역들을 다룬다. 다양한 영역들은 어찌 보면 다들 별개의 공부라 생각할 수 있지만 국어라는 커다란 테두리 안에서 서로 연관되어 있는 영역들이다. 국어는 어느 한 부문만을 편식적으로 공부하면 안 되고 다양한 영역들에 대해서 종합적으로 공부해야 한다.

교과서를 읽을 때 생각하면서 암기하게 한다.

교과서의 내용들을 단순하게 문자적으로 암기하려고 하지 말고, 교과서의 내용을 분서적, 추론적, 비판적, 창의적으로 읽는 연습을 한다. 교과서에서 알려주고자 하는 것이 무엇인지 분석하고, 그에 따라 추론을 하고, 객관적 입장에서 비판하며, 새로운 생각을 가지려는 마음이 장기기억으로 발전하게 된다.

어휘의 의미를 정확하게 파악하면서 암기하게 한다.

국어과목에 나오는 내용들은 문학작품들이 많으며 이들은 일반적으로 사용하는 단어나 어휘보다 풍부한 단어나 어휘들을 사용한다. 암기를 쉽게 하기 위해서는 기초적인 단어나 어휘의 의미를 정확하게 습득하고 문장과 문단을 정확하게 알며 글 전체의 내용을 정확하게 이해하는 능력을 길러야 한다.

교과서 외의 작품들도 폭넓게 공부하게 한다.

국어공부를 잘하기 위해서는 평상시 교과서에 수록된 작품을 중심으로 깊이 있는 감상을 해야 한다. 교과서에 있는 작품만 읽게 되면 비교대상이 없어서 단편적인 지식으로 끝나기 쉽다. 분석과 비판력을 높이기 위해서는 교과서 외의 작품들도 폭넓게 읽어야 한다.

수학

수학은 암기보다 이해하는 과목이라고 생각해 암기를 하지 않는 학생들이 있다. 수학도 엄밀하게 말하면 암기가 절대적으로 필요하다. 굳이 비율을 따지자면 수학공부는 암기 10%와 이해 90%로 이루어진다고 할 수 있다. 암기의 비율이 10%라고 해서 그 중요성이 떨어지는 것은 아니다. 왜냐하면 수학은 10%의 암기를 바탕으로 하여 90%의 이해가 필요하기 때문이다.

중학교 수학은 수업시간에 개념과 공식을 완벽하게 이해하기 위해 집중해서 듣는 것이 좋다. 수업 중에 선생님이 중요하다고 강조하는 공식이나 문제에 대해 체크를 해두었다가 복습할 때 공부하는 것이 좋다. 수업을 들은 후 집에서는 문제집을 가지고 같은 진도 내에 있는 문제를 모두 풀게 한다. 그 후 주말에 한번 전체적으로 틀린 문제를 풀고, 시간적으로 여유가 생기면 새로운 문제집을 구입해서 풀도록 한다. 수학은 학교수업을 놓치기 시작하고, 복습을 하지 않고 있다가 나중에 한꺼번에 하려고 하면 기억이 나질 않게 되어 엄청난 노력과 시간이 걸린다. 수학은 따라서 그날그날 소화를 완벽하게 해야 한다.

중요한 공식만 암기하게 한다.

초등학교 수학에서는 공식이 그리 많지 않으며 대부분 넓이를 구하는 공식들이 많지만 중학교 수학에서는 방정식을 구하면서 공식도 많아진다. 그러나 많은 공식이 나온다고 해서 무조건 불필요한 공식까지 모조리 암기하면 공식들 간에 헷갈리게 되어 문제가 될 수 있다. 공식의 우선순위는 얼마나 자주 출제되는지, 얼마나 다양하게 사용되는지, 공식을 대체할 방법이 있는지 없는지, 선생님이 중요하다고 강조했는지에 따라 결정된다. 이들 4가지 중에서 한 가지만 만족해도 중요한 공식이라 할 수 있고, 반드시 암기해야만 문제해결이 가능하다.

응용문제를 많이 풀어보게 한다.

공식은 암기하는 것만이 중요한 게 아니라 실제로 적용해서 풀어보는 것이 중요하다. 자꾸 비슷한 문제를 풀어보는 것은 공식의 유도과정을 충분히 이해하게 만들어 어떠한 문제도 쉽게 풀게 하기 때문이다. 실제로 교과서에 있는 문제는 잘 풀지만 조금만 변형하면 틀리는 경우가 비슷한 유형의 문제를 많이 풀어보지 않았기 때문인 경우가 많다.

기초가 부족하면 처음부터 다시 시작하게 한다.

수학은 영어와 마찬가지로 기초가 없으면 따라가기 어려운 과목이다. 수학은 기초를 모르고 '나중에 공부하면 되지'라는 생각을 허락하지 않는다. 기초가 부족하다고 생각하면 그 문제의 기초가 되는 학년의 교과서나 참고서를 가지고 공부를 다시 해야 한다.

복습을 많이 하게 한다.

수학은 영어와 마찬가지로 내신이나 수능에서 과목의 비중이 큰 과목이다. 수학과목의 점수를 높게 받고 싶으면 어떤 일이 있어도 그날 배운 수학 교과내용은 그날그날 복습을 해서 완벽하게 내 것으로 만들어야 한다. 그렇지 않고 나중에 공부하려고 하면 기억도 나지 않을뿐더러 새롭게 혼자 공부해야 하기 때문에 결국 수학을 포기하게 된다. 다른 과목도 마찬가지지만 수학은 꼭 복습을 습관화해야 잘할 수 있다.

오답노트를 작성하게 한다.

수학은 문제 위주로 되어 있기 때문에 문제를 많이 풀게 된다. 문제를 풀다 보면 틀리는 문제들이 발생하는데 이때에는 꼭 오답노트를 작성해 틀린 부분이 어디인지를 체크해 시험에 가까운 때에 복습하면 비슷한 문제가 출제되었을 때 틀리지 않을 수 있다.

영어

영어는 주지교과로서 내신 성적이나 수능에서 비중이 매우 큰 과목이다. 영어공부는 예전에 배웠던 지식들이 누적되어 기초를 튼튼하게 해야 효과를 보기 때문에 짧은 시간에 열심히 한다고 해서 효과를 보기 어려운 과목이다.

기초가 부족한 학생들은 무조건 단어와 문법내용을 암기하는 방식으로 영어공부를 하려고 한다. 그러나 영어는 기초가 한번 무너진 상태에서 무조건 단어나 문법을 암기한다고 해결되는 것이 아니다. 영어를 잘하기 위한 영어 암기법은 먼저 문장을 외우고 그것을 바탕으로 단어와 문법을 암기하는 것이 좋다.

집을 지을 때 골조를 튼튼히 하고 벽돌을 쌓고 인테리어를 하는 것처럼 영어를 공부할 때 문장을 암기하면 집을 짓는데 골조를 튼튼히 하는 것과 같다. 문장을 먼저 암기하게 되면 그 문장을 바탕으로 문법이나 단어를 전부 아우르면서 저절로 영어를 습득하는 방법이 된다.

영어는 충분한 문장의 암기를 통해서 기본이 형성되면 의사소통의 기본단위인 회화나 변형된 문장을 만들기 위해 문장의 기본인 단어나 어휘를 암기해야 한다. 단어나 어휘를 암기하는 이유는 골격이 아무리 튼튼해도 벽돌을 쌓아야 집의 형태가 갖추어지는 것처럼 기본을 튼튼히 하는 배경이 된다. 여기에 아무리 많은 단어나 어휘를 암기하고 있다고 해도 이를 적절히 조합할 수 있는 문법을 알아야 한다.

문법은 무수히 많은 문장들의 공통된 법칙을 찾아 수학공식처럼 정리한 것이기 때문에 필수적으로 알아야 응용력과 적용력이 커진다. 문법을 암기하면 단어만 바꿔치기 하면 말하고 쓰고 읽고 이해하는 게 가능하기 때문이다. 따라서 단어와 어휘를 충분히 암기하고 문법을 암기하는 것은 영어학습의 가장 효율적이고 경제적인 방법이다.

중학교 영어는 고등학교 영어의 기본적인 문법이나 기초가 된다. 따라서 되도록 중학교 영어교과서에 나오는 것들은 전부 외우도록 하는 것이 좋다. 외우는 것은 새롭게 나타난 단어나 숙어를 외우는 것부터 문장을 통째로 외우는 것이 좋다. 외우는 것이 힘들다면 해석되지 않는 문장들만이라도 외워야 한다. 영어는 교과서에 나오는 단어, 숙어들은 필수적으로 외워야 한다. 영어성적을 높이기 위해서는 교과서에 나와 있는 문장들에 대해 자습서를 참고로 하여 문법들을 꼼꼼히 따지면서 외우면 바로 효과를 볼 수 있다. 문법을 이해하고 문장을 외우면 원리를 알고 외우는 것과 같아서 기억에 오래 남지만 문법을 모르고 무조건 외우게 되면 기억에 오래 남지 않는다. 외운 것들은 아침, 저녁, 밤에 반복하여 암기하면 암기력이 아무리 떨어지는 아이라도 거의 잊어먹지 않게 된다.

눈으로만 암기하지 말고 손으로 암기하게 한다.

단어를 암기할 때 쉽게 범하는 것이 눈으로 익숙해지도록 암기하면 된다고 생각하는 경우이다. 이는 눈을 떼고 바로 암기한 단어를 썼을 때 써진다면 문제가 안 되지만 써지지 않는다면 암기방법이 잘못된 것이다. 암기는 눈으로만 암기해서는 도움이 안 되고, 보지 않고 손으로 쓸 수 있도록 암기를 해야 한다.

입으로 암기하게 한다.

영어는 다른 과목에 비해서 발음이 중요하다. 다른 과목은 손으로 써서 암기할 수 있지만 영어는 소리를 내서 자신의 발음을 귀로 들을 수 있도록 암기해야 효과가 높다. 더욱이 영어는 발음이 자연스럽게 조금의 주저함도 없이 입에서 튀어나올 정도가 되어야 한다. 영어는 오감을 이용해서 암기해야 더욱 효과가 높다. 눈으로도 보고, 손으로도 써 보고, 입으로도 발음을 해야 암기가 잘된다.

분석한 후 암기하게 한다.

영어단어 중 많은 단어는 조합이 많다. 단어의 근간이 되는 어근에 대해 충분히 이해를 하고 그것을 바탕으로 단어를 조합하면 같은 시간에 많은 단어를 외울 수 있으며, 단어의 활용도도 높아진다. 따라서 암기해야 할 단어를 보고 어근이 무엇이며, 무엇이 합성되어 있는지 분석하면 쉽게 암기할 수 있다.

스스로에게 질문하면서 암기하게 한다.

'I am happy; 나는 행복하다'라는 문장을 암기해야 한다면 '나는 왜 행복하지?' 또는 '왜 하필이면 happy라는 단어를 썼을까 나 같으면 angry라는 단어를 사용했을 텐데'라는 질문을 스스로에게 하고 자신에게 설명하듯 종이에 쓰는 것이 좋다. 자신에게 질문을 하고 그에 대해 가르치듯이 하면 문장이 구체화 되면서 질문한 내용과 연상돼 암기가 된다.

발음을 우리말과 연관시켜 암기하게 한다.

수많은 영어단어를 암기하는 것은 어렵다. 영어단어를 쉽게 암기하는 방법 중 하나는 영어 단어의 발음을 국어에서 비슷한 말로 대치해서 암기하는 것이다. 스펠링은 잘 몰라도 비슷하게 발음한 것을 기억한다면 스펠링을 찾아내 기억하는 데 도움이 된다.

영어는 자주 현장에서 직접 사용해야 실력이 는다. 일상 속에서 한국어를 쓰는 대신 아는 영어를 사용하면 암기한 것이 장기기억이 되어서 도움이 된다. 영어를 사용하는 방법은 단어나 숙어 회화 등 모든 것을 사용하는 것이 좋다.

예를 들어 '아버지' 대신에 'father!'라고 하거나 '좋아요' 대신에 'I am fine'이라고 해보자.

과학

과학이라는 과목은 대자연의 오묘하고도 신비스러운 현상을 연구하여 자연 속에 숨겨진 질서와 비밀을 찾아내고, 이것을 이용하여 미래의 세계를 설계하는 학문이다. 과학은 물리, 화학, 생물, 지구과학 등으로 구성되어 있다. 이 4개의 과목 모두 자연의 현상을 연구하고 질서와 비밀을 알아내는 학문이다.

과학에서 다루는 자연현상이 재현 가능하다는 특성에 따라 자연과학은 실험이 가능하고, 자연현상 속에서도 나름대로의 진리나 법칙을 찾아내려는 특징이 있다. 과학과목에 대해 학생들은 실험과 관찰만 하면 된다고 가볍게 생각하는 경향이 있다. 과학은 단순한 실험 실습에 참여해 이해만 한다고 해서 공부가 다 되는 것이 아니라 암기가 필요하다. 실험과 관찰만 하면 된다고 생각하는 학생들은 과정이 단순하게만 느껴져 과학이 재미없는 과목이 되기 쉽다. 과학과목의 암기법은 한마디로 원리를 파악하고 암기를 해야 하는 과목이다. 원리를 알아야 실험과 관찰도 재미있는 공부가 된다.

과학은 사회와는 달리 이해와 암기가 종합적으로 섞인 과목이다. 때문에 원리에 대한 이해를 하지 못하고 탐구력, 분석력, 추리력, 문제해결과과 같은 사고력이 부족하면 어려운 과목이다. 과학공부를 잘하기 위해서는 수업시간에 단원마다 원리가 무엇인지 그로 인해서 어떤 원인과 결과가 나오는지 생각을 하면 과학공부에 대한 이해도를 높일 수 있다. 아울러 나타난 사실에서 무엇이 중요한지를 분석해 중요한 것만 찾아서 암기하는 것이 효과적인 방법이다.

과학은 개별적인 지식의 나열로 암기하는 것보다 원인과 결과를 연계하여 이야기로 만들어 암기하는 것이 좋다. 수생생물인 말류, 프랑크톤, 어류에 대해 암기를 해야 한다면 단편적인 지식으로 암기해야 하기 때문에 재미없지만 이것을 상상과 탐구로 이야기를 만들어 암기한다면 재미있을 것이다. 예를 들어 말류는 프랑크톤이 먹고, 프랑크톤은 어류가 먹고, 어류는 사람이 먹는다는 먹이사슬과 연계한다면 기억하기도 쉽고 재미도 생긴다.

그림으로 만들어서 암기하게 한다.

과학과목을 재미있게 암기하는 방법 중 하나는 그림으로 만들어 암기하는 것이다. 예를 들어 동물에는 척추동물과 무척추동물이 있으며, 척추동물에는 어류, 양서류, 파충류, 조류, 포유류가 있다는 내용을 암기해야 한다고 할 때 평면적으로 암기하는 것은 어렵지만 개념도나 마인드맵으로 만들어 암기한다면 지식이 체계화되면서 훨씬 암기하기 쉽다.

실험과 관찰을 하면서 원인과 결과를 생각하면서 암기하게 한다.
과학과목에서 상당한 비중을 차지하는 것이 실험과 관찰이다. 이러한 관찰과 실험시간에 과정을 지켜보기만 한다면 공부에 전혀 도움이 되지 못한다. 관찰과 실험과정에 '원인이 무엇 때문에 이러한 결과를 가져왔는지?' '지금처럼 한다면 과연 어떤 결과가 나올지?'를 상상하면서 관찰과 실험을 하면 중요한 내용을 암기할 수 있다. 이처럼 의식 있는 관찰과 실험은 경험한 것과 같기 때문에 장기기억으로 남는다.

국사와 사회

사회는 일반사회나 역사, 지리 같은 과목으로 구성되어 있어서 그 어떤 과목보다 암기할 내용이 많다. 때문에 사회과목을 암기과목이라고만 생각하기 쉽다. 이해를 주로 요구하는 과목인 수학이나 과학을 좋아하는 학생들일수록 단순한 암기를 해야 하는 사회과목을 재미없어 하는 경우도 있다. 암기할 내용이 많기 때문에 일일이 암기하는 것은 매우 귀찮은 일이기 때문이다. 사회과목을 암기과목이라고만 단정 짓지 말고 이해와 같이 병행한다면 의외로 쉽게 암기할 수 있는 방법이 있다. 특히 전반적으로 모든 과목의 성적이 낮은 학생일수록 사회과목에 대한 암기방법만 익힌다면 바로 성적을 올릴 수 있는 장점이 있는 과목이기도 하다.

국사와 사회는 흐름과 상황을 이해하며 공부하면 큰 도움이 된다. 수업 전에 공부할 부분에 해당하는 교과서 부분을 읽어두고 수업을 듣는 것이 좋다. 뿐만 아니라 배운 것을 현실생활 속에서 알고 있는 지식과 연관시키거나 자신의 입장에서 생각하고 비판하는 습관을 기르면 국사와 사회는 쉽게 이해가 될 수 있다.

용어의 개념을 명확히 암기하게 한다.

사회과목은 새로운 용어 투성이다. 새로운 용어들에 대해 정확히 이해하지 않으면 암기가 어렵다. 요즘 학생들은 한자교육을 받지 않은 탓에 새로운 단어가 나오면 개념 정의가 되지 않기 때문에 암기하는 것이 쉽지 않다. 교과서에 새롭게 나오는 전문적인 용어나 낯선 개념들에 대해서는 사전을 찾거나 선생님에게 정확한 뜻을 물어 원래의 뜻부터 이해해야 한다.

개념을 연결하거나 개념도를 만들어 암기하게 한다.

사회과목은 대부분 사회현상과 역사에 대한 내용들이 많은데 이들은 어떠한 중심을 바탕으로 하위개념으로 발전하거나 범주화시킬 수 있는 내용이 많다. 사회과목의 내용들을 단편적인 지식의 나열로 암기할 것이 아니라 개념을 연결하거나 개념도를 만들어 암기한다면 연상 작용과 함께 장기기억으로 만들 수 있다.

나뭇잎보다는 줄기를 보는 암기를 하게 한다.

사회과목은 암기할 내용이 많다고 해서 무작정 암기하려고 할 것이 아니라 흐름과 역사적인 시각으로 암기를 해야 한다. 특히 국사 교과서의 구성은 사건들의 나열이기 때문에 단편적인 지식으로 암기하면 암기한 내용이 뒤죽박죽이 되기 쉽고, 기억의 간섭현상으로 기억도 제대로 나지 않는다. 따라서 줄기인 고대, 중세, 근세 또는 국가별로 암기할 내용들을 분류하고 이를 바탕으로 나뭇잎인 세부 내용들을 암기해야 장기기억으로 만들 수 있다.

문제를 많이 풀어보게 한다.

사회과목은 암기할 것이 많기 때문에 암기를 다했다고 해서 바로 공부를 끝낼 것이 아니라 문제풀이를 반드시 병행해야 한다. 암기한 것을 바탕으로 문제를 풀다보면 암기한 지식을 점검하는데 도움이 된다. 뿐만 아니라 암기내용을 재구성하여 장기기억으로 만들 수도 있으며, 다양한 문제해결을 통해 응용하는 방법을 익히기 때문에 비슷한 문제가 출제되었을 때도 문제해결이 쉬워진다.

고등학교 = '내신과 수능'

고등학교에 입학하면 구체적으로 지원하고자 하는 대학교와 학과를 결정하는 것이 좋다. 결정한 대학교와 학과의 입시전형이 무엇인지를 파악해 그에 맞도록 수능과 내신의 비율을 따져보고, 수시로 전형할 것인지를 결정하면 고등학교 공부를 내실 있게 할 수 있다. 이러한 생각을 전혀 하지 않으면 고등학교 3년을 공부만 하다가 나중에 낭패를 볼 수도 있다.

● 수능과 내신을 정확히 이해하고 공부하게 한다.

중학교에서는 내신만 열심히 하면 되지만 고등학교에서는 대학입시 때문에 수능과 내신 두 가지 시험을 준비해야 한다. 수능은 고등학교 3학년 학생들이 대학을 가기 위해 치루는 수학능력학력평가를 말한다. 학교에서 치루는 시험과 달리 언어영역, 수리영역, 사회탐구영역, 과학탐구영역, 외국어영역 등으로 나눠 고등학교에서 배운 내용들을 중심으로 치러진다. 예전에 수능은 거의 대입을 좌우하는 중요한 시험이었지만 요즘에는 내신 반영율이 높아지다 보니, 다소 그 영향력이 줄어들었다. 하지만 수능은 변함없이 대입에 있어서 큰 영향을 미친다.

내신은 학교에서 받는 일반성적을 말한다. 내신에는 고등학교 생활 중 받은 상장이나 봉사시간 등 많은 것이 포함된다. 중학교 때의 내신은 고등학교에 진학만 하면 되니까 큰 신경을 쓰지 않는 게 보통이지만 고등학교의 내신은 대학을 가는데 중요한 변수다. 내신은 고등학생이 되면 학기마다 중간고사, 기말고사를 치르게 되어 일 년에 총 4번의 시험을 보게 되고, 고등학교 3년 동안에는 총 12번의 시험을 치르게 된다. 이 성적들은 학생부에 기록되어 대학 입학원서를 쓸 때 내신반영률에 따라 영향을 미치게 된다. 이처럼 좋은 대학교를 가기 위해서는 고등학교에서의 내신성적을 무시할 수 없고, 그렇다고 수능을 염두에 두지 않을 수도 없다. 따라서 내신과 수능 두 가지를 같이 공부해야만 원하는 대학교에 자녀를 보낼 수 있다.

고등학교는 중학교에 비해 배우는 수준이 높아 자칫 잘못하면 뒤처지기 쉽다. 특히 중학교 때 벼락치기를 하던 아이들은 고등학교에 와서 공부를 지속적으로 하는 공부습관을 바꾸지 않으면 좋은 성적을 얻기 어렵다. 중학교 때까지 머리가 좋아서 특별히 공부를 하지 않아도 높은 성적을 유지했던 아이들도 고등학교에 들어가면 많은 시간 지속적으로 공부를 해야 한다. 그렇지 못한 경우 성적이 좋게 나오지 않는다. 따라서 중학교 때까지 하던 공부습관을 분석해 자기주도적 학습습관이 완전히 정착하도록 하는 것이 중요하다.

내신은 선생님들의 수업에 충실히 임하고 수업 받은 내용을 정확히 외우기만 하면 높은 점수를 받을 수 있지만 수능은 너무 세세한 것은 나오지 않고 사고력을 평가하기 때문에 사고력을 높이는 것이 중요하다. 그렇다고 수능과 내신이 완전히 다른 것은 아니다. 결국 내신을 충실히 공부하면 수능에 도움이 된다.

수능시험을 잘 치르기 위해서는 시험의 유형을 분석해서 그에 맞는 공부를 해야 한다. 이를 위해서는 과거에 출제되었던 대학수학능력시험 문제를 풀어보는 것도 출제경향을 예측하는 데 도움이 된다. 기출문제를 풀어보는 것도 자신의 수준이 어떤지, 자신이 공부를 어떻게 해야 하는지, 어떤 것을 준비해야 하는지를 결정하는데 도움이 된다.

내신 강, 수능 강

내신과 수능성적이 높은 아이들은 현재의 상태를 유지할 수 있도록 학습자원들을 관리할 필요가 있다. 공부를 잘하는 아이들은 실수를 하게 되면 자신감을 급격히 잃게 되는 경우가 생기므로 자신감을 잃지 않도록 격려와 칭찬을 해주는 것이 중요하다. 또한 스트레스를 받지 않도록 지나친 경쟁의식이나 학습에 대한 압박감을 갖지 않도록 해야 한다.

내신 강, 수능 약

내신성적은 좋은데 수능 모의고사를 보면 성적이 잘 나오지 않는 아이들은 자신의 공부방식을 다시 한번 검토해봐야 한다. 여기에 속하는 아이들은 교과내용은 완벽하게 이해하고 있으나 수능식 시험문제에 숙달되지 않아 문제풀이에 어려움을 느끼는 경우가 많다. 이러한 경우에는 기존에 출제되었던 수능문제들을 구해서 풀어보고, 모의고사 문제들을 풀어 틀리는 문제에 대한 분석을 하면서 공부하는 것이 효과적이다.

내신 약, 수능 강

내신은 약한데 수능이 강한 경우는 여러 가지 원인이 있다. 첫째는, 아이들이 특목고나 좋은 학교에 다니는 경우다. 둘째는, 공부는 잘하는데 내신을 우습게 알거나 예습 복습 습관이 제대로 형성되어 있지 않은 경우다. 셋째는, 책을 많이 읽어 사고력이 풍부한 아이들에게도 나타나는 경우다. 넷째는, 모의고사 문제를 많이 풀어본 경우다. 이러한 경우에는 아이들의 학교시험을 위한 학습방법들을 점검해 부족한 부분을 보충해야 한다.

내신 약, 수능 약

내신도 약하고 수능 모의고사도 낮게 나오는 아이들은 우선 그러한 결과가 나온 원인이 무엇인지를 알아야 한다. 대개 공부에 대한 관심이 없거나 기초학습능력이 부족한 경우라고 할 수 있다. 이러한 아이들은 학습습관을 분석하여 학습습관과 학습전략들을 지

도할 필요가 있다. 고3인 경우에는 이미 내신점수를 높이는 것에
는 한계가 있으므로 학교공부는 공부대로 충실하게 하고 수능시험
에 대비하도록 해야 한다. 일반적으로 이러한 아이들에게는 구체적
이고 체계적인 학습목표를 세워 공부하도록 지도해야 한다. 이러한
아이들은 국어, 영어, 수학을 비롯한 주요 과목에서 기초가 부족
한 경우가 많은데, 이들 과목의 특징은 짧은 기간에 고득점이 쉽지
않다. 따라서 수능 시험날짜가 얼마 남지 않았다면 전 과목에 걸쳐
고득점을 해야겠다는 생각보다는 자신 있는 과목부터 공부해서 실
수를 하나라도 줄여 만점에 가까운 점수를 받는다는 전략으로 접
근하는 게 더 효율적이다.

● 과목별로 집중도를 달리해서 공부하게 한다.

과목별로는 수능에서 비중이 높은 국어, 영어, 수학의 경우 수업시
간에 배우는 것만 의존해서 좋은 성적을 거둘 수 없다. 때문에 국
어, 영어, 수학 공부는 전념하는 것이 좋다. 수업을 충실히 듣고 집
에서는 문제지를 지속적으로 풀어 부족한 부분들을 찾아 보충해야
한다. 암기과목들은 되도록 수업시간에 다 이해할 수 있도록 수업
에 집중을 하고 문제지로 점검하는 것이 좋다.

● 계열별로 집중도를 달리 공부하게 한다.

고등학교 2학년이 되면 문과, 이과 계열로 분리됨에 따라 공부하는
방법을 달리해야 하다. 즉 이과를 선택한 학생은 수학과 과학 과목
의 비중이 커지고 내용도 어려워지므로 공부시간에 대한 비중도 높

게 책정해야 하며, 수업에서 놓치지 않도록 많은 신경을 써야 한다. 반면에 문과 학생은 문과 교과목의 비중이 커지므로 신경을 써야 한다.

● 고등학교 3학년 때는 지원하는 대학에 맞춰 조건을 맞추게 한다.

고등학교 3학년 때는 고등학교 1, 2학년 때부터 배운 내용을 심화시키면서 총정리를 하는 기간이라 할 수 있다. 3학년 2학기 전까지는 지금까지 들었던 수업에 대한 전반적인 검토를 통해 부족한 부분을 메우는데 최선을 다해야 한다. 3학년 2학기에는 지금까지 준비한 공부와 자신이 지원하고자 하는 대학교 학과의 조건과 얼마나 일치하는가를 살펴보고, 재차 조정하는 시기이다. 자신의 지원 가능한 대학을 알아보기 위해서는 모의고사를 보고 그 결과를 가지고 자신이 위치한 점수대에 따라 지원학교를 결정하게 된다. 이때에는 지원대학과 학과를 결정하고 그에 맞는 준비를 해야 하는 시기라 할 수 있다.

경상남도 교육청(2001). 자기주도적 학습활동 자료

경상북도교육과학연구원(1998). 자기주도적 학습이론과 실제. 안동 : 영남사

교육부(1998). 자기주도적 학습. 그 논리와 실천방안. 교육월보 9월호

김경희(1998). 열린 사회를 위한 자기주도적 학습. 교육 월보. 1998

김은실(2004). 사교육 1번지 대치동 엄마들의 입시전략. 이지북

서울시교육청(2009). 자기주도학습장학자료(고등학교). 서울시교육청

서울시교육청(2009). 자기주도학습장학자료(중학교). 서울시교육청

서울시교육청(2009). 자기주도학습장학자료(고등학교). 서울시교육청

스즈키겐지(2008). 결정적 순간에 성공하는 기억력 트레이닝

소경희(2002). 자기주도적 학습과 교사의 역할. 새교육

전도근(2003). 자격증 이야기. 일진사

전도근(2004). 한방에 끝내는 취업전략. 크라운 출판사

전도근(2009). 자기주도적 공부습관을 길러주는 학습코칭. 학지사

전도근(2009). 명강사가 되기 위한 명강의 비법. 학지사

전도근(2010). 학습동기 유발전략. 학지사

전도근(2010). 읽기능력 향상 전략. 학지사

전도근(2010). 쓰기능력 향상 전략. 학지사

전도근(2010). 사고력 향상 전략. 학지사

전도근(2010). 주의력 향상 전략. 학지사

전도근(2010). 암기력 향상 전략. 학지사

전도근(2010). 스터디 플래너. 학지사

전도근(2010). 엄마표 초등 읽기 쓰기 길잡이. 북포스

정선숙(2001). 학습자 중심의 수준별 교육과정 운영을 통한 자기주도적 학습 능력 신장. 교실수업개선 실천 연구보고서

정영하역(2003). 에밀-루소, 연암사

정영하역(2010). 자유와 행복의 가치를 배우는 학교 서머힐-알렉산더 수더랜드 닐. 연암사

조혜정역(2002). 딥스-버지니아 M. 액슬린. 샘터사
한순미(2004). 평생학습 사회에서 자기주도적 학습전략. 양서원
Knowles. M. (1975). Self-directed learning: A guide for learners and teachers.
Chicago. IL: Follette Publishing Co.

학원 안보내고 상위 1% 만드는
'엄마표' 자기주도 학습법

지은이 | 전도근
펴낸곳 | 북포스
펴낸이 | 방현철

1판 1쇄 찍은날 | 2010년 08월 25일
1판 1쇄 펴낸날 | 2010년 09월 03일

출판등록 | 2004년 02월 03일 제313-00026호
주소 | 서울시 영등포구 양평동5가 18 우림라이온스밸리 B동 512호
전화 | (02)337-9888
팩스 | (02)337-6665
홈페이지 | www.bookforce.co.kr
전자우편 | bhcbang@hanmail.net

ISBN 978-89-91120-45-7 13590

값 15,000원